全国高等医药院校药学类专业第五轮规划教材

计算机程序设计

主　编　梁建坤

副主编　翟　菲　郑小松　张晓帆

编　委　(以姓氏笔画为序)

王　菲　毕占举　李定远

佟　欧　张晓帆　郑小松

宗东升　梁建坤　翟　菲

中国健康传媒集团

中国医药科技出版社

内容提要

本教材为“全国高等医药院校药学类专业第五轮规划教材”之一，共分10章，主要内容包括计算机及程序设计概述，窗体和控件，程序设计基础，分支与循环，数组，过程，界面设计，文件操作，图形与动画和访问数据库等。同时，紧密结合教学实践配套编写了《计算机程序设计上机指导与习题解答》（第四版），更加完善了计算机程序设计课程体系。本教材为书网融合教材，即纸质教材有机融合电子教材、教学配套资源（PPT、微课、视频、图片等）、题库系统、数字化教学服务（在线教学、在线作业、在线考试），使教学资源更加多样化、立体化。

本教材适用于本科药学类专业教学使用，也可供其他非计算机专业学生以及广大科技人员开展计算机程序设计创新活动参考使用。

图书在版编目（CIP）数据

计算机程序设计/梁建坤主编．—4版．—北京：中国医药科技出版社，2019.12

全国高等医药院校药学类专业第五轮规划教材

ISBN 978-7-5214-1506-3

Ⅰ.①计…　Ⅱ.①梁…　Ⅲ.①程序设计-医学院校-教材　Ⅳ.①TP311.1

中国版本图书馆CIP数据核字（2019）第301818号

美术编辑　陈君杞

版式设计　友全图文

出版　**中国健康传媒集团**｜中国医药科技出版社

地址　北京市海淀区文慧园北路甲22号

邮编　100082

电话　发行：010-62227427　邮购：010-62236938

网址　www.cmstp.com

规格　889×1194 mm 1/16

印张　16 1/4

字数　361千字

初版　2006年3月第1版

版次　2019年12月第4版

印次　2019年12月第1次印刷

印刷　三河市航远印刷有限公司

经销　全国各地新华书店

书号　ISBN 978-7-5214-1506-3

定价　55.00元

获取新书信息、投稿、为图书纠错，请扫码联系我们。

数字化教材编委会

主　编　梁建坤

副主编　翟　菲　郑小松　张晓帆

编　委　（以姓氏笔画为序）

王　菲　毕占举　李定远

佟　欧　张晓帆　郑小松

宗东升　梁建坤　翟　菲

常务编委会

出版说明

“全国高等医药院校药学类规划教材”，于20世纪90年代启动建设，是在教育部、国家药品监督管理局的领导和指导下，由中国医药科技出版社组织中国药科大学、沈阳药科大学、北京大学药学院、复旦大学药学院、四川大学华西药学院、广东药科大学等20余所院校和医疗单位的领导和权威专家成立教材常务委员会共同规划而成。

本套教材坚持“紧密结合药学类专业培养目标以及行业对人才的需求，借鉴国内外药学教育、教学的经验和成果”的编写思路，近30年来历经四轮编写修订，逐渐完善，形成了一套行业特色鲜明、课程门类齐全、学科系统优化、内容衔接合理的高质量精品教材，深受广大师生的欢迎，其中多数教材入选普通高等教育“十一五”“十二五”国家级规划教材，为药学本科教育和药学人才培养做出了积极贡献。

为进一步提升教材质量，紧跟学科发展，建设符合教育部相关教学标准和要求，以及可更好地服务于院校教学的教材，我们在广泛调研和充分论证的基础上，于2019年5月对第三轮和第四轮规划教材的品种进行整合修订，启动“全国高等医药院校药学类专业第五轮规划教材”的编写工作，本套教材共56门，主要供全国高等院校药学类、中药学类专业教学使用。

全国高等医药院校药学类专业第五轮规划教材，是在深入贯彻落实教育部高等教育教学改革精神，依据高等药学教育培养目标及满足新时期医药行业高素质技术型、复合型、创新型人才需求，紧密结合《中国药典》《药品生产质量管理规范》(GMP)、《药品经营质量管理规范》(GSP)等新版国家药品标准、法律法规和《国家执业药师资格考试大纲》进行编写，体现医药行业最新要求，更好地服务于各院校药学教学与人才培养的需要。

本套教材定位清晰、特色鲜明，主要体现在以下方面。

1. 契合人才需求，体现行业要求　契合新时期药学人才需求的变化，以培养创新型、应用型人才并重为目标，适应医药行业要求，及时体现新版《中国药典》及新版GMP、新版GSP等国家标准、法规和规范以及新版《国家执业药师资格考试大纲》等行业最新要求。

2. 充实完善内容，打造教材精品　专家们在上一轮教材基础上进一步优化、精炼和充实内容，坚持“三基、五性、三特定”，注重整套教材的系统科学性、学科的衔接性，精炼教材内容，突出重点，强调理论与实际需求相结合，进一步提升教材质量。

3. 创新编写形式，便于学生学习　本轮教材设有“学习目标”“知识拓展”“重点小结”“复习题”等模块，以增强教材的可读性及学生学习的主动性，提升学习效率。

4. 配套增值服务，丰富教学资源　本套教材为书网融合教材，即纸质教材有机融合数字教材，配套教学资源、题库系统、数字化教学服务，使教学资源更加多样化、立体化，满足信息化教学的需求。通过“一书一码”的强关联，为读者提供免费增值服务。按教材封底的提示激活教材后，读者可通过PC、手机阅读电子教材和配套课程资源（PPT、微课、视频、图片等），并可在线进行同步练习，实时反馈答案和解析。同时，读者也可以直接扫描书中二维码，阅读与教材内容关联的课程资源（“扫码学一学”，轻松学习PPT课件；“扫码看一看”，即可浏览微课、视频等教学资源；“扫码练一练”，随时做题检测学习效果），从而丰富学习体验，使学习更便捷。

编写出版本套高质量的全国本科药学类专业规划教材，得到了药学专家的精心指导，以及全国各有关院校领导和编者的大力支持，在此一并表示衷心感谢。希望本套教材的出版，能受到广大师生的欢迎，为促进我国药学类专业教育教学改革和人才培养做出积极贡献。希望广大师生在教学中积极使用本套教材，并提出宝贵意见，以便修订完善，共同打造精品教材。

中国医药科技出版社

2019年9月

前言

《计算机程序设计》第一版于2006年出版，被多所院校选作教材，并于2010年再版，作者深受鼓舞。经过几轮教学实践，总结发现的问题，在全国高等医药院校药学类专业第五轮规划教材常务编委会指导下，现在重新修订编写了第四版。

本教材保留了第三版的基本宗旨和风格，继续注重计算机程序设计的实用性；对部分章节做了一些调整，使全书结构更加合理；对部分章节进行了重写，使其知识体系更加完善；更换了部分实例，使之更加贴近医药专业，同时又兼备启发性；保留了第三版的附录，介绍键盘和鼠标操作，使之实用性更强。

全书由10章组成。第1章简述了计算机及程序设计的概念，程序设计语言的发展，VB的集成开发环境、对象和类、属性、事件和方法等特性。第2章介绍窗体和控件，包括标签、文本框、按钮控件、单选按钮、复选框、图形控件及它们的属性和方法等，这样就可以构成程序的基本界面，为简单的程序设计做好准备。第3章介绍程序设计基础，包括数据类型、常量、变量、运算、常用函数和常用程序语句。第4章分支与循环、第5章数组、第6章过程是本书的重点，除介绍程序设计概念外，还重点介绍了常用算法的实现。第7章界面设计更加贴近实际应用程序的开发，包括常用窗体控件、分组控件、列表选择控件、滚动条、RichTextBox、时间日期控件，还有通用对话框、自定义对话框、菜单、多窗体等。第8章介绍文件操作、文件系统控件与数据文件定义，包括文件的建立、打开、读写和关闭以及综合应用举例。第9章介绍了计算机绘图的基础知识，包括自定义坐标系、设置绘图属性、绘制直线、绘制矩形、填充矩形、绘制圆、绘制椭圆、绘制圆弧和制作动画。第10章介绍了数据库概念和VB中的可视化数据管理器、Data控件、ADO数据控件、结构化查询语言（SQL）和数据库应用。两个附录，一个是程序调试，另一个是键盘、鼠标、拖放和OLE拖放等。

本教材定位于高等医药院校的学生和医药行业就职人员及相关工程技术人员，培养读者计算机程序设计的基本能力，指导读者短时间内学会开发计算机程序，解决医药科研、生产和生活中的常见问题。作者根据近几年的教学和软件开发经验，对第四版内容的取舍、组织编排和经典实例再次进行了精心设计和筛选。本书在难易程度上遵循由浅入深、循序渐进的原则；在写作风格上突出实用性，突出了案例先导。书中大量实例程序代码都经过调试，可以直接运行。

本教材为书网融合教材，即纸质教材有机融合电子教材，教学配套资源（PPT、微课、视频、图片等）、题库系统、数字化教学服务（在线教学、在线作业、在线考试），使教学资源更加多样化、立体化。

本书的再版是辽宁省精品资源共享课“计算机程序设计基础”、教育部高等学校计算机基础课程教学指导委员会规划的“计算机基础课程教学改革与实践项目”立项课题“药学类计算机基础课程典型实验项目建设研究”等多项课题的研究成果之一。通过教材的编写，我们期待为深化教学改革和教材建设做出一定的贡献，开辟药学类计算机基础课程体系建设的新路。

本书由梁建坤主编，翟菲、郑小松、张晓帆副主编。参加第四版编写修订的有王菲（第5章）、毕占举（第4章）、李定远（第3章）、佟欧（第2章）、张晓帆（第7章）、郑小松（第8、10章）、宗东升（第9章）、梁建坤（第1章、附录A、附录B）、翟菲（第6章）。最后由梁建坤统稿。

由于编者水平所限，不足之处在所难免，恳请广大师生读者批评指正。

编　者

2019年10月

目录

第1章 概　述

扫码“学一学”

内容提要

- 计算机和程序设计
- Visual Basic 语言的特点
- Visual Basic 的集成开发环境
- Visual Basic 的程序设计步骤
- 对象和类的相关概念
- Visual Basic 中的基本属性、事件和方法

1.1 计算机和程序设计

计算机是一种能够自动地、高速地、精确地进行信息处理的现代化电子设备，这些处理是按照事先规定好的指令进行的，这些有序指令的集合就是程序。计算机程序是使用某种程序设计语言并按照相应的语法规则编写的代码集合。

1.1.1 计算机程序设计语言的发展

随着人们对软件的功能、开发效率和可维护性的要求越来越高，计算机程序设计语言也在不断地发展，以解决日益突出的软件危机问题。按照程序设计语言的发展历程通常划分为五代，但是具体每个时代的划分并没有统一的国际标准，目前世界上大概有四种划分观点，其中接受度最高的划分是：机器语言、汇编语言、高级语言、查询语言和人工智能语言。

第一代语言又称机器语言，属于低级语言，由0和1组成，可以由CPU直接执行。其执行速度最快，开发难度最高，可读性最低。由于不同种类计算机的处理器具有不同的专用机器指令集合，按照某种计算机的机器指令编制的程序不能在另一种计算机上执行，因此在不同平台之间不可直接移植。目前已经没有人采用机器语言来编写程序。

第二代语言又称汇编语言，属于低级语言。它使用助记符代替机器指令的操作码，用地址符号或标号代替指令或操作数的地址，因此其可读性比机器语言高。汇编语言必须经过汇编器转换成可执行的机器代码后才可以被执行，这个转换过程称为汇编。由于特定的汇编语言和特定的机器语言指令集是一一对应的，因此和机器语言一样在不同平台之间不可直接移植。虽然其开发效率比高级语言低，但其运行速度比高级语言快，占用的内存更少，因此在对时效性要求较高的核心模块以及工业控制方面（例如嵌入式系统的底层驱动）仍有一定的应用。

第三代语言又称高级语言，其程序语句的书写比较接近自然语言，因此易于理解、开发效率高、可维护性好。由于它不再依附于硬件，其指令与具体的处理器无关，因此利用高级语言编写的程序可移植性和可重用性好，但是需要通过特定的编译程序（包括分析器、

编译器和连接器）将源代码转换成可执行的目标文件。目前常见的编程语言几乎都属于高级语言，例如，Fortran、Pascal、C、C++、C#、Java、Visual Basic、Delphi、R、Python等，其中Fortran是世界上的第一个高级编程语言。

第四代语言又称查询语言，以数据库管理系统所提供的功能为核心，进一步构造了开发高层软件系统的开发环境，其语法规则较接近人类语言，优点是具有“面向问题”、“非过程化程度高”等特点，程序员只需要告诉计算机做什么，而无需告诉计算机怎么做，因此可以成数量级地提高软件生产效率，缩短软件开发周期。例如ADF、Power Builder等。主要应用于面向数据库管理系统的大数据商务处理领域。

第五代语言又称人工智能语言、知识库语言、自然语言，使用人工智能技术的知识库系统，主要用于人工智能研究领域，目的是让电脑直接处理人类语言所书写的问题，目前还处于研究发展阶段。

1.1.2 计算机程序设计方法的发展

随着人们对程序开发效率要求的不断提高以及计算机程序设计语言的发展，计算机程序设计方法也经历了初期程序设计、结构化程序设计和面向对象的程序设计三个阶段。

初期程序设计是最原始的程序设计方法，通常每行一个语句，每行都有一个唯一的编号，其涉及的程序设计语言既包括低级语言也包括部分高级语言（例如BASIC、COBOL等）。由于早期的计算机硬件性能较低，因此程序员必须花费大量精力考虑如何提高程序的运行效率，导致在程序中大量使用GoTo从某个语句直接跳转到另一个语句，导致程序的可读性、可维护性、通用性都非常差。人们习惯于把它比喻为“一碗意大利面条（a bowl of Spaghetti）”，因此这种设计方法非常不利于结构复杂的大型程序的开发。

结构化程序设计（Structured Programming）是20世纪70年代由著名的荷兰计算机科学家埃德斯加·狄克斯特拉（Edsgar Wybe Dijkstra）提出的。它采用自顶向下、逐步求精的设计方法，以过程为核心围绕功能进行设计，将整个复杂问题按照功能分解为多个子过程，再进一步分解为更具体的子工程，如此反复直到分解为执行单一功能的子过程为止，每个子过程称为一个模块。整个程序和每个模块都只有一个入口、一个出口，不管程序多么复杂，都可以利用顺序、选择和循环三种基本结构来实现。与之前的非结构化程序设计方法相比，程序的可读性、可维护性大大提升。但存在的问题是该方法将数据和对数据处理过程分离为相互独立的实体，当程序复杂时维护困难、容易出错。

面向对象的程序设计（OOP，Object Oriented Programming）是一种系统化的程序设计方法，它强调的是从现实世界（问题域）中的事物作为中心来思考问题，并按照事物的本质特征把其抽象成“对象”。核心思想是将数据以及处理这些数据的操作都封装到被称为“类”的数据结构中，一个复杂的问题按照现实世界的概念可以分解成多个独立的类，每个类还可以根据现实概念分解为更小的类。通过定义该类的变量就可以得到该类的具体实例，称之为对象。通过调用对象的数据成员来完成对类的使用。在设计完“类”之后，我们无需关注“如何做”，而是重点关注“做什么”。面向对象的程序设计最重要的两个概念是类和对象，最大的特征是封装、继承和多态。

1.2 Visual Basic 概述

Visual Basic是Microsoft公司在Basic（Beginner's All－Purpose Symbolic Instruction Code）

语言的基础上开发的一种通用的、面向对象的、事件驱动的可视化程序设计语言。Visual Basic 1.0 于1991 年推出后经过不断发展，1998 年升级为 Visual Basic 6.0。之后 Visual Basic 进入了.NET 时代，但是.NET 系列与之前的版本不再兼容，目前的最新版本是 Visual Basic 2019。Visual Basic 6.0 具有如下特点。

1. 可视化界面设计 使用传统的面向过程的编程语言开发软件时，展示给用户的界面要开发者通过代码进行描述。最终的界面效果在设计过程中只存在于开发者的脑海中，只有经过编译运行后才能实际展现。通常一个简单的图形界面需要反复多次地修改调试才能达到满意的效果，因此大大降低了软件的开发效率。

Visual Basic 提供了可视化的集成开发界面环境，只需要简单的鼠标操作就可以把最终的图形界面效果“画”出来，至于界面设计的代码完全由 Visual Basic 自动产生，也就是说 Visual Basic 是所见即所得的界面设计，因此大大提高了程序设计的效率。

2. 结构化程序设计语言 Visual Basic 将 QBasic 的结构化设计优点很好地继承了下来，不使用 GOTO 语句只利用顺序结构、选择结构和循环结构就可以完成每个过程的代码。

3. 面向对象的程序设计 Visual Basic 采用面向对象的程序设计方法，具有对象的封装、继承和多态的特征。在 Visual Basic 中主要有三种对象：窗体对象、窗体中添加的各种控件、系统对象（例如 Printer、App、Err 等）。

4. 事件驱动的编程机制 在传统的面向过程的程序设计中，程序按照编程人员设计的代码流程执行。而在图形用户界面设计的程序中，程序是按照用户动作所触发的事件顺序执行的。所谓事件是指在对象上所发生的事情，每个事件都对应一段程序（事件过程）。这样程序开发者就无需再花费大量精力研究程序的流程，而重点关注当用户执行某个动作时做什么。

5. 开放的数据库功能与网络支持 Visual Basic 具有很强的数据库访问功能。利用数据访问控件可以轻松访问和编辑多种数据库系统，包括 Access、Excel、FoxPro 等。另外，还提供了 ODBC、ADO、DAO、RDO 等数据库访问功能以实现和大型数据库 SQL Server、Oracle 的连接，以及网络编程能力可以在网络环境中开发基于 C/S 结构的程序。

6. 完备的帮助功能 除了代码输入过程中的智能提示外，Visual Basic 还提供了强大的帮助服务。Visual Basic 的帮助文件使用 MSDN（Microsoft Developer Network）Library 文档的方式，MSDN 内容详实，容量超过了 1GB，内容包括开发人员知识库、示例代码、技术文档和规范等。如果安装了 MSDN 那么在代码窗口中，随时将插入点置于某个关键词（函数、过程、事件以及其他关键字）后按下 F1，就会弹出此关键词的详细帮助，非常实用。

1.3 Visual Basic 6.0 集成开发环境

Visual Basic 集成开发环境（IDE，Integrated Development Environment）提供了集设计、编辑、调试、运行和测试应用程序于一体的高度集成环境。该环境除了主窗体外还包括工具箱、对象窗口、代码窗口、工程资源管理器窗口、属性窗口、窗体布局窗口等，如图 1－1 所示。

1. 主窗口 主窗口是 Visual Basic 6.0 应用程序的运行窗体，包括标题栏、菜单栏、工具栏。标题栏左侧显示有当前工程的名称和当前的工作模式，例如“设计”。Visual Basic 有三种工作模式，分别为设计（Design）模式、运行（Run）模式和中断（Break）模式。

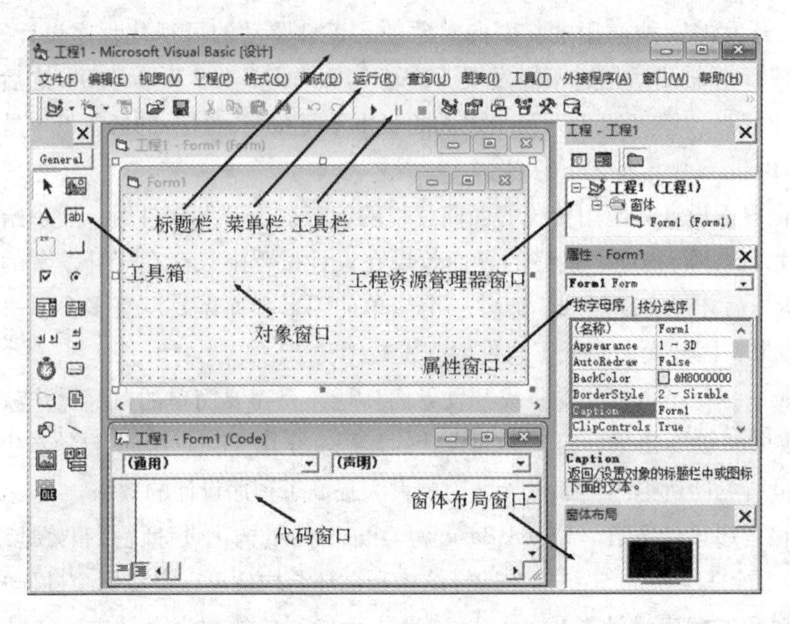

图 1－1　Visual Basic 集成开发环境

设计模式下既可以设计程序界面也可以编辑程序代码，运行模式下既不能修改程序界面也不能修改程序代码，中断模式下不可以修改程序界面可以修改程序代码。

2. 工具箱　工具箱（Tool Box）窗口中列出了目前可以使用的不同种类的控件，如图 1－2 所示。工具箱中的控件分为三类。

①标准控件（又称内部控件）。Visual Basic 安装完毕首次运行时，在工具箱中默认显示的 20 种控件就是标准控件，由 Visual Basic 的 EXE 文件提供，不能从工具箱中移除。

②ActiveX 控件。它们由利用 ActiveX 技术创建的一个或多个控件组成的扩展名为 ocx 的独立文件提供。使用前需要通过菜单项“工程”、“部件”调出“部件”窗口，在“控件”选项卡中勾选相应类的控件，将其添加到工具箱中才可以使用。

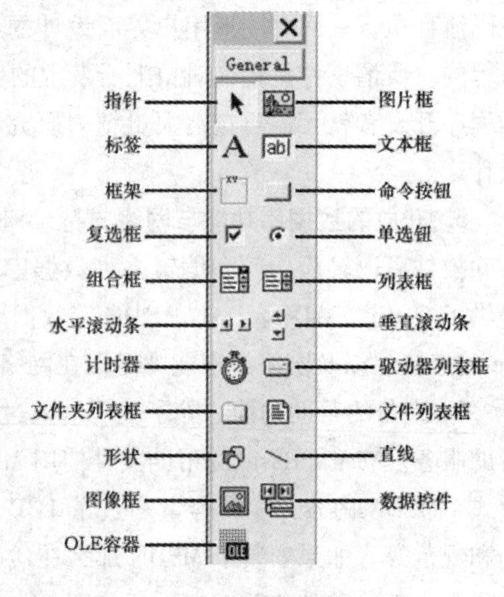

图 1－2　工具箱

③可插入对象。它们是 Windows 应用程序的对象，例如 Word 文档、Excel 图表等。使用前需要通过菜单项“工程”、“部件”调出“部件”窗口，在“可插入对象”选项卡中勾选相应的控件，将其添加到工具箱中。

3. 对象窗口　对象窗口又称窗体（Form）设计窗口，它是设计 Windows 风格应用程序界面的场所，提供所见即所得的设计效果。

4. 代码窗口　代码窗口是 Windows 风格应用程序界面的后台代码编辑区域，用于编写、和调试代码。每个窗体都有自己的对象窗口和代码窗口。打开对应窗体的代码窗口的方法有以下几种。

①双击对象窗口中的某个控件或对象窗口的空白区域，就可以打开该窗体的代码窗口，

同时光标定位于该对象的事件过程中。这是应用最广泛的方法。

②在工程资源管理器窗口中选择某个窗体，然后单击该窗口上方左侧的第一个“查看代码”按钮。

③当对象窗口为活跃窗口时，单击“视图”下拉菜单中的“代码窗口”。

④当对象窗口为活跃窗口时，按下快捷键 F7。

5. 工程资源管理器窗口 工程资源管理器（Project Explorer）窗口列出了当前程序所涉及的资源，包含窗体、模块、类等，如图 1-3 所示。顶部的三个按钮，自左向右依次为查看代码、查看对象、切换文件夹。功能分别为打开当前选中窗体的代码窗口、打开当前选中窗体的对象窗口、是否通过文件夹的格式对这些资源进行分类显示（左侧为分类显示，右侧为取消分类显示）。

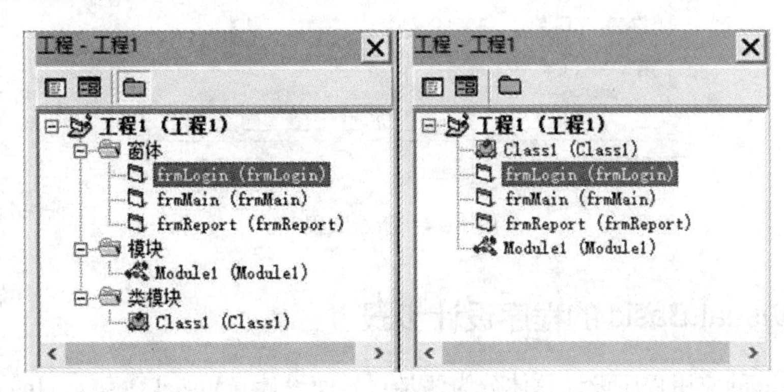

图 1-3 工程资源管理器窗口

6. 属性窗口 属性（Properties）窗口用来显示和设置当前选中对象的属性。属性窗口中的列表信息有两列，左侧列为属性的名称，右侧列为属性的值。这些属性有两种排序显示方式：按照字母顺序排序、按照分类排序。当选中某个属性时，在属性窗口的下方会显示对该属性的解释，如果属性值的右侧显示…的按钮说明单击该按钮可以弹出一个设置该属性值的对话框，如果属性值的右侧显示▾的按钮说明单击该按钮可以从给定值的列表中选择合适的值，如果右侧什么都没有说明用户可以直接录入属性值。

7. 窗体布局窗口 窗体布局窗口中有一个显示器和表示当前选中窗体的图标，拖动代表窗体的图标可以调整该窗体启动时的显示位置。可以通过设置 StartUpPosition 属性来替代这个窗口的功能，因此建议大家直接关闭这个窗口，以便于给属性窗口分配更多的空间。在 Visual Basic 6.0 以后的版本中，窗体布局窗口已经被取消。

提示：如果这些窗口不小心被关闭，可以通过“视图”下拉菜单将其重新显示出来。

1.4 Visual Basic 的启动和程序设计步骤

1.4.1 Visual Basic 的启动

从开始菜单中启动 Visual Basic 后，首先弹出的是“新建工程”对话框，如图 1-4 所示。其中有三个选项卡：新建、现存、最新。

“新建”是默认打开的选项卡，在这个选项卡中可以指定新建工程的类型。本课程中统一选择默认的“标准 EXE”，也就是创建一个可以运行的 Visual Basic 程序。

“现存”选项卡和Word等程序的打开对话框的功能与操作相似，可以通过浏览磁盘，指定一个现有的工程文件。

“最新”选项卡列出的是最近使用过的工程列表，当我们在一段时间内开发同一个软件时非常实用。

完毕，单击“打开”按钮就可以进入Visual Basic集成开发环境界面。

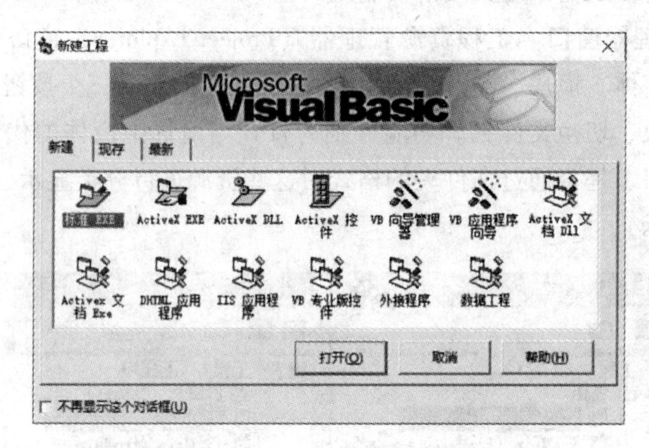

图1－4　新建工程

1.4.2 Visual Basic的程序设计步骤

Visual Basic的应用程序设计总体分为两步：界面设计（Visual Design、Interface Design）和代码设计（Code Design）。下面以一个简易的减法计算器设计为例进行说明。

1. 界面设计

① 用户界面构思。根据本窗体的功能，绘制本窗体的效果图，包括控件的种类、个数、位置关系等，对于简单的窗体在脑海中构思即可。例如本程序的窗体中应该有三个文本框分别对应减法中的两个操作数和结果、两个标签分别对应减号和等号、两个命令按钮分别对应“计算”和“退出”。这七个控件的相互位置关系如图1－5所示。

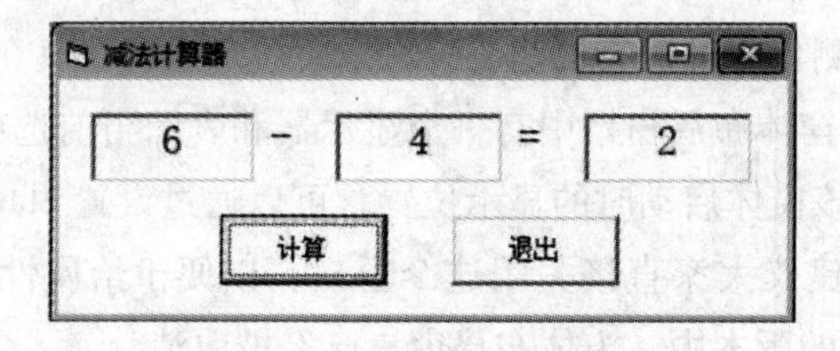

图1－5　程序界面的构思效果

② 添加控件。从工具箱向对象窗口中添加控件的方法有两种：第一，在工具箱中双击某个类的图标可以在对象窗口的中心位置创建一个该类默认大小的具体实例（对象）。第二，在工具箱中单击选择某个类的图标，然后在对象窗口上拖动鼠标绘制出该类的对象。本例中双击文本框（TextBox）三次、标签（Label）两次、命令按钮（CommandButton）两次即可。

③ 属性设置。最常见的属性设置包括调整位置、大小、显示内容等。本例中可以通过鼠标拖动的方法将控件调整到合适的位置，大小保持默认值不变，依次选中每个文本框后在属性窗口中将Text属性清除，依次选中每个标签和命令按钮后在属性窗口中将Caption属性设置为对应的内容。

注意：如果创建多个相同类而且外观也相似的控件时，通常会先创建一个该类的对象并修改属性，设置好以后通过复制、粘贴的方法快速创建其它控件。但是此时会弹出一个消息对话框，提示“已经有一个控件为‘xxx’。创建一个控件数组吗?”。此时要选择“否”，因为我们在前四章中还不能够对控件数组进行编程操作。如果不小心选择了“是”，可以先把新创建的控件删除，然后在第一个控件的属性窗口中找到 Index 属性，将 Index 属性的值清空即可。

通过工具栏中的“启动”按钮或快捷键 F5 运行该程序，你会发现虽然我们没有编写任何代码但是程序也可以运行，而且展示在用户面前的效果和我们的构思几乎相同，因此我们说 Visual Basic 6.0 的界面设计是所见即所得的。单击窗体右上角红色的叉结束程序的运行。

2. 代码设计

① 选择合适的事件。由于 Visual Basic 6.0 是面向对象的以事件驱动为编程机制的程序设计语言，因此编写代码前一定要认真思考针对哪个控件的什么事件进行编程。通俗地说，就是希望用户在哪个控件上执行什么操作时运行我们编写的代码。在本例中，可以显示减法结果的方法很多，第一：用户输入完两个操作数后单击“计算”，第二：用户输入完两个操作数后在第三个文本框中单击，第三：用户输入完第二个操作数后直接回车等操作都可以显示运算结果，甚至可以随着用户修改某个操作数实时显示计算结果，以上方法对应的控件和选择的事件过程均不相同。本例中选择用户最容易接受的操作，即单击“计算”按钮时显示运算结果。

② 编写代码。在对象窗口中双击某个控件（本例中为“计算”命令按钮），光标将定位于弹出的代码窗口中该控件的默认事件（该类对象最重要、最常用的事件）过程中。如果我们设计的事件不是其默认事件，可以通过代码窗口右上角的事件下拉列表框进行调整，如图 1-6 所示，本例中不需要调整。输入图中给出的代码。

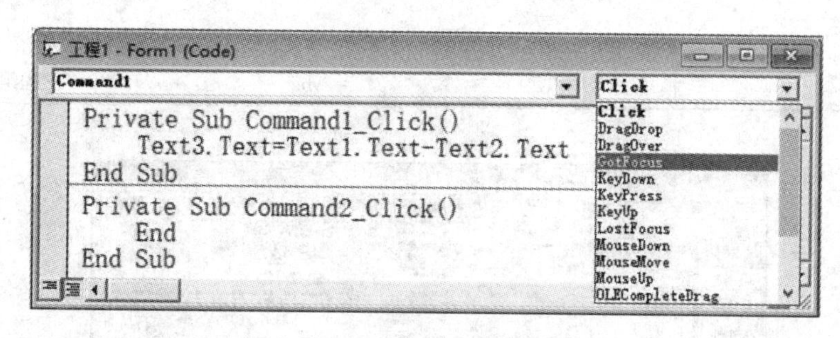

图 1-6 选择合适的事件过程

③ 运行和调试。Visual Basic 6.0 有两种运行模式，解释运行模式（默认）和编译运行模式。通过菜单或工具栏中的“启动”命令运行程序，或利用快捷键 F5 运行程序，开启的都是 Visual Basic 6.0 的解释运行模式，在这种模式下，解释一句运行一句，运行速度慢，但是便于遇到问题时及时进行调试。程序运行结束后不生成目标程序，下次运行仍需逐语句解释、执行。通过“文件”下拉菜单中的“生成…. exe (K)”运行程序，开启的是编译模式，首先将程序代码编译成目标程序（前提是程序没有语法错误，能够编译成功），以后就可以多次通过这个目标程序直接运行了，通常在发布程序时才采用这种运行模式。在稍微复杂的程序中，通常很难做到一次性完美编写全部代码，如果遇到问题，需要进行程序的调试，详见附录 A。

说明：这是第一个入门程序，能够执行正确的减法计算即可，目的是了解程序设计的主要流程，至于文本框的居中对齐、字体大小、窗体的标题等细节问题在后续的学习中逐步介绍。另外由于加法运算的特殊性，在前两章的学习中还不能使用。

1.4.3 Visual Basic 工程的保存

在 Visual Basic 6.0 的标准 EXE 工程中每个工程至少包括一个窗体，实际应用中一个工程由多个窗体、模块、类模块等组成。每个窗体、模块、类模块都对应一个独立的文件，其扩展名如表 1－1 所示，这些文件记载的是本窗体、模块、类模块自己的信息。例如窗体文件记载的是本窗体上添加了哪些控件、该控件所属的类、用户修改了该控件的哪些属性、代码窗口中的内容等信息。工程文件记录的是本工程的类型（本例为标准 EXE 工程），本工程包括哪些窗体（这些窗体的名称、对应的文件名和保存路径）、模块、类等，以及本工程运行时从哪个窗体启动等信息。因此在保存 Visual Basic 6.0 的工程时一定是先独立保存类模块、模块、窗体等文件，完毕才可以保存工程文件。

对于初学者来说，使用 Visual Basic 6.0 开发程序会感到困惑，新建一个工程后会出现三个 Form1，如图 1－7 所示，它们代表不同的含义只是默认值相同。图中①处的 Form1 为本窗体的标题（Caption），决定着本窗体标题栏中显示的内容，建议修改为本窗体功能的描述，例如“登录”“减法计算器”等；②处的 Form1 为本窗体的名称，用于在代码中调用该对象，例如，在其他窗体的代码中调用本窗体时就需要使用该窗体的名称，建议根据窗体的功能修改为以 frm 为前缀的英文描述名称，例如“frmLogin”“frmCalculator”等；③处的 Form1 为记录本窗体信息的保存在存储器中的文件名，默认情况下和窗体名称保持一致即可。

表 1－1　Visual Basic 6.0 中常见文件的扩展名

扩展名	含义	扩展名	含义
*.vbp	工程文件	*.cls	类模块文件
*.frm	窗体文件	*.res	资源文件
*.bas	模块文件	*.vbg	工程组文件

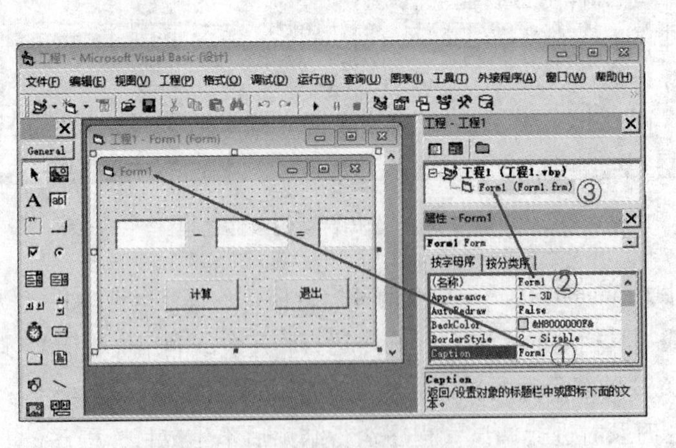

图 1－7　标题、名称和文件名的区别

1.5 对象和类

1. 对象　对象是面向对象程序设计的核心，是构成应用程序的基本元素，它是可以作为一个单位处理代码和数据。例如窗体、命令按钮、文本框、滚动条、菜单项等。每个对象都有自己唯一的名称以便于在代码中进行调用。我们也可以单独修改每个对象的大小、位置、字体、颜色等信息。在 Visual Basic 6.0 的学习中，一定要重点关注对象的三要素：属性、事件、方法。

2. 类 类是对同一种对象抽象的描述，是创建对象的模板。对象是类的具体实例。例如窗体中的所有文本框，不论其大小、形状、颜色、字体等特征如何，都隶属于同一个文本框类。Visual Basic 6.0 自带很多内置的类，例如窗体、打印机以及工具箱中的文本框、标签、命令按钮等，通过工具箱中的类在窗体上创建的对象又称为控件。此外，用户还可以开发自己的新类或者在现有类的基础上开发子类，例如，可以在现有命令按钮类的基础上开发具有各种形状、颜色漂亮的“多彩按钮”子类。当一个类被创建完毕后，该类具有哪些属性、识别什么事件、支持什么方法就确定了，因此说同一类的对象具有相同的属性（属性的值可以不同），不同类的对象具有不同的属性（可以有部分属性是相同的，例如所有对象都有 Name 属性）。

由于类是一个抽象概念的定义，因此在代码中不可以对类直接操作，只能对类的具体实例（对象）进行操作。就如同“苹果”这个抽象的概念不能吃，而拿在手里的某个具体的红色富士、黄色黄元帅等是可以吃的。

3. 属性 属性是对象特征的描述，保存的是对象中封装的数据。属性的种类很多，例如有些属性涉及到外观（大小、颜色、字体等），有些属性涉及到功能（能否自动换行、是否可操作、是否接收焦点等）。

调用属性的语法格式为：对象名 . 属性名

例如，Text1. Text 表示名称为 Text1 的文本框中显示的内容，Text1. FontName 表示名称为 Text1 的文本框中内容的字体名称。

对象属性值的修改有两种方法：在设计模式下通过属性窗口进行修改，在运行模式下通过代码进行修改。绝大部分属性利用这两种方法都可以修改，部分属性只能在设计模式下修改（例如 Name 属性），部分属性只能在运行模式下修改（例如 SelStart 属性）。

4. 事件 事件是预先定义的、可以被对象识别的动作，例如鼠标的单击、双击、移动等。Visual Basic 6.0 中对象的每个事件都关联着一个名称固定的事件过程，程序员不可以自行修改事件过程的名称。例如名称为 CmdExit 的命令按钮，其鼠标单击事件对应的事件过程名称固定为 CmdExit_Click。事件过程的结构为：

```
Private Sub 对象名_事件名([参数列表])
    语句块
End Sub
```

同一类的对象可以识别相同的事件，例如所有命令按钮都可以识别鼠标的单击、拖动、移动等操作但都不识别鼠标的双击操作，而列表框类可以识别鼠标的双击。

5. 方法 方法是预先定义的、对象可以完成的特定功能，是附属于对象的行为和动作。方法的本质是被封装在类中已经被事先定义好的过程和函数，可以供编程人员直接调用。借助于方法，我们只需要告诉对象做什么（例如打印“Hello”），而无需考虑对象如何去做。因为方法是面向对象的，所以在调用方法时必须指明对象。

调用方法的语法格式为：对象名 . 方法名 [参数列表]

1.6 Visual Basic 中的基本属性

1.6.1 常用的公共属性

扫码“看一看”

Visual Basic 6.0 中的标准控件有 20 种，内置的常用 ActiveX 控件有 37 种，其它不常用和第三方提供的 ActiveX 控件有几百种，每种类型的控件都具有各自不同的属性，后续学习中需要根据该控件的主要功能重点学习其特有的属性。下面介绍一些诸多控件都涉及到的公共属性。

1）Name　用于返回和设置对象的名称。任何对象都一定有 Name 属性，该属性只能在设计模式下修改，在运行模式下是只读的，而且在同一个窗体中任何对象的 Name 属性都是唯一的（控件数组除外，控件数组中各控件的 Name 属性相同，依靠不同的 Index 值进行区分），其作用是在代码中引用该对象。Name 属性的命名规则为

- 必须以字母（或汉字）开头，实际中应避免使用汉字。
- 可以包括字母、数字、下划线（和汉字），不能有标点、空格等其他符号，最多为 255 个字符。
- 避免使用 VB 的关键字。
- 建议将控件的默认名更改为有意义的名称并带有通用的前缀，如表 1-2 所示。例如，用 txtAge 表示输入年龄的文本框，而用 lblAge 表示文本框 txtAge 前面显示“年龄”的标签。

表 1-2　常用控件的名称前缀

控件类型	前缀	控件类型	前缀	控件类型	前缀
窗体	frm	图片框	pic	驱动器列表框	drv
文本框	txt	图像框	img	目录列表框	dir
标签	lbl	框架	fra	文件列表框	fil
命令按钮	cmd	水平滚动条	hsb	通用对话框	dlg
单选钮	opt	垂直滚动条	vsb	RichTextBox	rtf
复选框	chk	形状	shp	日期时间选择器	dtp
列表框	lst	直线	lin	进程条	prg
组合框	cbo	数据控件	dat	Data grid	dgd
计时器	tmr	OLE 对象	ole	选项卡控件	sst

2）Caption　用于设置和返回对象上显示的、用于表明该对象功能的文本信息。Caption 属性在运行模式下用户不可以交互式修改。例如，用于退出的命令按钮上显示“退出”或“Exit”，登录窗体的标题栏上显示“登录”或“Login”。注意：Name 属性是给程序开发人员使用的，目的是在代码中引用该对象；Caption 属性是给用户看的，目的是让用户了解该对象的功能。Caption 设为什么对程序代码的编写没有任何影响。

3）Text　用于设置和返回对象上显示的、用于程序运行中从该控件获取的表示用户操作结果的文本信息。例如，利用文本框 txtAge 的 Text 属性获取用户输入的年龄，利用列表框 lstCandidate 的 Text 属性获取用户的投票结果等。

4）Font　用于设置和返回对象中显示文本的字体信息，包括字体名称、字号、加粗、倾斜、下划线等。说明如下

➢ 字体属性的调用有两种形式：将每个具体属性视为一个独立属性（例如，FontName、FontSize、FontBold 等）、将每个具体属性视为 Font 的子属性（例如，Font. Italic、Font. Strikethru、Font. Underline 等）。

➢ FontName 属性的值为字符型，需要用英文引号括起来。例如

txtMajor. FontName = "华文中宋"

➢ FontSize 属性的值为数值型，单位是磅（1 英寸 =72 磅），常用中文字体大小和磅值的对应关系如表 1 –3 所示，因此将录入专业信息文本框的字体大小设置为三号的正确写法为 txtMajor. FontSize =16。

表 1 –3 常见中文字体大小和磅值的对应关系

中文字号	磅值	中文字号	磅值	中文字号	磅值
初号	42	二号	22	四号	14
小初	36	小二	18	小四	12
一号	26	三号	16	五号	10.5
小一	24	小三	15	小五	9

➢ FontBold、FontItalic、FontStrikethru、FontUnderline 属性的值为布尔类型。这些属性常见的设置方法有两种，以 txtMajor 的 FontBold 为例：

①将其确定设为粗体：txtMajor. FontBold = True

②使其在加粗和非加粗之间进行转换：

txtMajor. FontBold = Not txtMajor. FontBold

5）ForeColor 和 BackColor　用于设置和返回控件内的文字颜色和背景颜色。既可以在设计模式下通过属性窗口设置，也可以在运行模式下通过代码设置。通过代码设置颜色常见的有三种方法：

➢ 利用 VB 提供的颜色常量 vbBlack、vbRed、vbGreen 等赋值，例如

Text1. ForeColor = vbGreen

➢ 利用 QBColor(n) 函数赋值。其中，n 的取值范围 0 –15（0 –黑；1 –蓝；2 –绿；3 –青；4 –红；5 –洋红；6 –黄；7 –白；8 –灰；9 –浅蓝；10 –淡绿；11 –淡青；12 –浅红；13 –浅洋红；14 –淡黄；15 –亮白），例如

Text1. ForeColor = QBColor(2)

➢ 利用 RGB(n,n,n) 函数设置。n 的取值范围 0 ~255，三个整数 n 分别代表红、绿、蓝的颜色浓度（n/255）。例如 Text1. ForeColor =RGB(0,255,0)

红色 RGB(255,0,0)，绿色 RGB(0,255,0)，蓝色 RGB(0,0, 255)

黄色 RGB(255,255,0)，黑色 RGB(0,0,0)，白色 RGB(255,255,255)

6）Left 和 Top　用于设置和返回对象的位置，分别表示该对象的左上角距离该对象所属容器的左边界和上边界的距离。说明

➢ 通过在工具箱中双击添加的控件所属的容器都是当前窗体。但是被粘贴到框架（Frame）、选项卡（SSTab）、图片框（PictureBox）等本身就可以作为容器的对象中的控件，其所属容器就是该框架、选项卡、图片框。

➢ 由于窗体默认坐标系的原点位于左上角，X 轴向右为正向，Y 轴向下为正向，因此 Left 属性越大控件越靠右、Top 属性越大控件越靠下。

7）Width 和 Height　用于设置和返回对象的大小，分别表示对象的宽度和高度。

8）Visible　用于设置和返回对象在运行模式下是否可见。例如，以普通用户身份登录后，系统管理功能的相关命令按钮都不可见。

9）Enabled　用于设置和返回对象在运行模式下是否可操作。例如，当没有被选中的文本内容时，剪切和复制命令按钮都是灰色的不可操作。

1.6.2 窗体常用的特有属性

窗体除了前面介绍的 Name、Caption、Visible、Enable、Width、Height 等属性外，还有自己特有的属性，例如窗口状态、边框风格、控制按钮等，如图 1－8 所示。

1）Icon 和 Picture　分别用于设置和返回窗体标题栏左侧的图标和窗体的背景图片。设置方式有两种

- 在设计模式下，从窗体的属性窗口中分别找到 Icon 和 Picture 属性，单击属性值右侧的“…”弹出加载图标和加载图片对话框，指定合适的图片文件即可。其中 Icon 属性对应的图片必须为扩展名是 ico 的图标文件，Picture 属性对应的图片可以是 bmp、jpg、ico、gif 等多种格式。

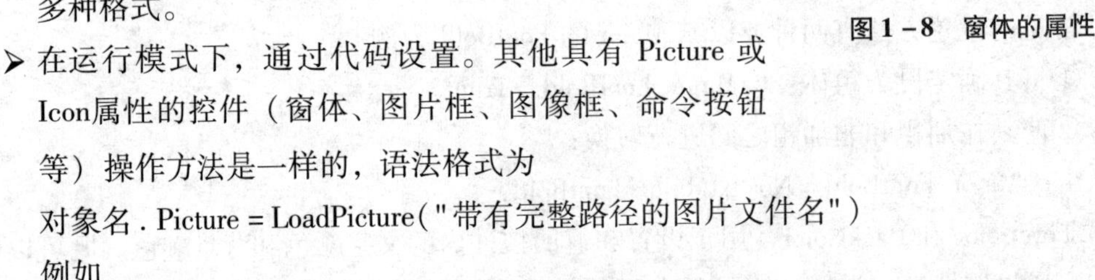

图 1－8　窗体的属性

- 在运行模式下，通过代码设置。其他具有 Picture 或 Icon属性的控件（窗体、图片框、图像框、命令按钮等）操作方法是一样的，语法格式为

  对象名 . Picture = LoadPicture("带有完整路径的图片文件名")

  例如

  Form1. Picture = LoadPicture("D:\Campus\Library. jpg")

说明：在运行模式下，单击窗体的 Icon 图标可以弹出控制菜单，双击 Icon 图标可以关闭该窗体。

2）MaxButton 和 MinButton　用于设置窗体是否显示最大化和最小化按钮。这两个按钮是一个功能组，当两者同时设置为 False 时，这两个按钮均不可见。其中一个设置为 False 时，设为 False 的按钮为灰色（不可操作）。

3）ControlBox　该属性包括 Icon、MinButton、MaxButton、CloseButton 四个按钮。当 ControlBox 设置为 False 时，这四个按钮同时消失。在强制用户必须通过程序员提供的“退出”或“返回”按钮关闭窗体的情况下使用。

4）BorderStyle　用于设置和返回窗体边框的状态，其取值范围为 0 ~ 5。说明：只有取值为 2 时才显示 MinButton 和 MaxButton，常用的取值为 0、2、3。

0 – None：没有边框，不能移动和改变窗体大小

1 – Fixed Single：窗体为单线边框，可以移动，不可改变大小（Win3. x 遗留的格式，在新版操作系统中其外观已经和 Fixed Dialog 没有太多区别，很少使用）

2 – Sizable（缺省值）：窗体为双线边框，可以移动，也可以改变大小

3 – Fixed Dialog：窗体为粗线边框的对话框，可以移动，不可改变大小

4 – Fixed ToolWindow：窗体外观与工具条相似，无 Icon，不能改变大小

5 – Sizable ToolWindow：窗体外观与工具条相似，无 Icon，可以改变大小

5）AutoRedraw：用于设置或返回当窗体、图片框等对象被调整尺寸或者被遮挡又重新

露出时，窗体、图片框中原有的通过代码绘制的文本、图形等内容是否被自动在原有位置重新绘制（显示）出来。默认值为 False。

6）StartUpPosition　用于设置和返回窗体启动时的窗口位置，通常用这个属性取代窗体布局窗口的功能。取值范围 0~3，含义如下

0 - vbStartUpManual：手动（没有指定初始设置值）

1 - vbStartUpOwner：所有者中心（所属的项目中央）

2 - vbStartUpScreen：屏幕中心（建议值）

3 - vbStartUpWindowsDefault（缺省值）：窗口缺省（屏幕的左上角）

7）WindowState：用于设置和返回窗体启动时的状态，取值范围 0~2。

0 - vbNormal（缺省值）：正常

1 - VbMinimized：最小化（最小化为任务栏中的一个图标）

2 - VbMaximized：最大化（全屏最大化）

8）KeyPreview　用于设置和返回是否在本窗体中按下键盘按键时首先触发窗体的 KeyPress 事件。缺省值为 False，意思是当窗体中存在能够获得焦点的控件时，按下键盘时不会触发窗体的 KeyPress 事件；当设置为 True 时，无论在哪个控件中按下键盘都会在触发该控件的 KeyPress 事件前首先触发窗体的 KeyPress 事件。例如，在具有 50 个用来接收成绩的文本框窗体中，就可以利用一个窗体的 KeyPress 事件过程完成对 50 个文本框中录入数据的格式检查工作。

9）ScaleWidth 和 ScaleHeight　用于设置和返回窗体自定义的坐标系尺寸。例如，无论窗体本身的 Width 和 Height 值为多少，如果把 ScaleWidth 和 ScaleHeight 分别设置为 200 和 100，此时在窗体中创建一个 Width 为 40、Height 为 10 的文本框，那么这个文本框的宽度就是窗体宽度的 1/5，文本框的高度是窗体高度的 1/10，从而方便于我们设计窗体中控件的大小和布局。

说明：在 Visual Basic 6.0 中，每类控件都有自己最常用或最重要的一个属性，我们称之为该控件的默认属性。在程序代码中该属性可以省略不写。例如，txtAge.Text 可以简写为 txtAge。常用控件的默认属性如表 1-3 所示。

表 1-3　常用控件的默认属性

控件类型	默认属性	控件类型	默认属性	控件类型	默认属性
文本框	Text	列表框	Text	驱动器列表框	Drive
标签	Caption	组合框	Text	目录列表框	Path
命令按钮	Value	图片框	Picture	文件列表框	FileName
单选钮	Value	图像框	Image	形状	Shape
复选框	Value	水平滚动条	Value	直线	Visible
计时器	Enabled	垂直滚动条	Value	通用对话框	Action

1.7 Visual Basic 中的基本事件

1.7.1 鼠标操作类事件

1）Click 事件。鼠标单击对象触发的事件。

2）Double Click 事件。鼠标双击对象触发的事件，通常对双击事件编写代码时，不对单击事件同时编写代码，否则系统依次执行单击和双击两个事件。

3）MouseDown 和 MouseUp 事件。鼠标按下和释放时触发的事件。用户单击一下鼠标依次执行 MouseDown、MouseUp、Click 事件。

4）MouseMove 事件。鼠标在对象上方移动时触发的事件。

5）DragOver 事件。用鼠标拖动对象 A 经过对象 B 的上方时，会触发对象 B 的 DragOver 事件。

6）DragDrop 事件。用鼠标拖动对象 A 在对象 B 的上方释放鼠标时，会触发对象 B 的 DragDrop 事件。

1.7.2 键盘操作类事件

1）KeyPress 事件。当对象 A 拥有焦点时，单击键盘上某个跟字符录入有关的键时触发对象 A 的事件。注意：按下字母、数字、空格、特殊字符等与内容录入有关的按键时会触发 KeyPress 事件，但是按下功能键（F1、F2、……）、Shift、Ctrl、Alt、方向箭头、Home、End、PageUp、PageDown 等辅助键时不触发 KeyPress 事件。

2）KeyDown 和 KeyUp 事件。当对象 A 拥有焦点时，按下和释放键盘上的某个键时触发对象 A 的 KeyDown 和 KeyUp 事件。用户在文本框中单击一次键盘上的某个字母键，将会依次执行 KeyDown、KeyPress、Change、KeyUp 事件。

1.7.3 窗体和图片框类事件

1）Load 事件。当窗体被加载到内存时（显示之前）触发的事件。通常用来对属性和变量进行初始化。

2）Unload 事件。当窗体被从内存中卸载时触发的事件。通常用来检查在窗体卸载前是否还存在没有保存之类的收尾工作。

3）Paint 事件。在窗体和图片框对象被放大或遮挡后重新显露时触发的事件。例如下面的程序可以保证该窗体永远在固定位置上显示固定的文本和红色实心矩形。因为每当该窗体被遮挡重新显露出来时，Paint 事件过程就会被重新执行一次。但是如果把 Form1. Cls 语句去掉，就会在原有内容位置的基础上向下继续添加新内容（原有内容就不能保证显示了）。这一点和把窗体、图片框的 AutoRedraw 属性设置为 True 不同，将 AutoRedraw 属性设为 True 时，会自动在原有位置将原有内容显示出来，而且此时 Paint 事件不再被触发。因此使用 AutoRedraw 属性比 Paint 事件更受程序员的欢迎。

```
Private Sub Form_Paint()
    Form1. Cls
    Form1. Print "There is a solid rectangle"
    Form1. Line(500, 500) - (3000, 3000), vbRed, BF
End Sub
```

1.7.4 焦点事件

1）GotFocus 事件：当对象获得焦点时触发的事件。

2）LostFocus 事件：当对象失去焦点时触发的事件。

1.7.5 其他事件

1）Change 事件。当对象的内容发生改变时（例如文本框中的内容发生改变、驱动器列表框中选择的驱动器发生改变等）触发的事件。

2）Timer 事件。计时器每隔规定的时间间隔自动触发的事件。

1.8 Visual Basic 中的基本方法

Visual Basic 6.0 中不同类型的控件具有不同的方法，本章以 Cls、Move 和 Print 三种常用方法为例，介绍方法的概念和用法。

1.8.1 Cls 方法

Cls 方法用于清除程序运行过程中通过代码绘制的文本和图形。语法格式为

对象名.Cls

例如，Picture1.Cls

说明：如果对象名为本窗体可以省略不写。例如，在窗体 Form1 中

```
Private Sub Command1_Click()
    Cls
End Sub
```

就是清除窗体 Form1 中用代码绘制的文本和图形。其中 Cls 也可以写为 Form1.Cls 或 Me.Cls。

1.8.2 Move 方法

Move 方法用于移动对象的位置同时也可以调整对象的大小。语法格式为

对象名.Move Left[,Top [,Width [,Height]]]

说明

- 当对象名为本窗体时可以省略不写。
- 第一个参数是必须的，后面三个可选，但这四个参数必须顺序书写不允许跳跃。例如下面移动文本框 Text1 的三个语句功能分别为：水平移动到 Left 为 500 的位置，垂直位置和大小不变；水平移动到 Left 为 500 的位置，宽度调整为 300，垂直位置和高度不变；水平向右移动 100，垂直位置不变，宽度和高度都增加 10。

```
Text1.Move 500
Text1.Move 500, Text1.Top, 300
Text1.Move Text1.Left + 100, Text1.Top, Text1.Width + 10, Text1.Height + 10
```

- 除 Move 方法外，还可通过修改对象属性的办法实现移动和调整对象位置和大小。下面语句块的功能和上面第三个 Move 方法的语句功能相同。

```
Text1.Left = Text1.Left + 100
Text1.Width = Text1.Width + 10
Text1.Height = Text1.Height + 10
```

1.8.3 Print方法

Print方法用于在对象上输出文本信息。常见的输出对象种类有窗体、图片框、打印机等。语法格式为

对象名.Print [定位函数;] [输出表达式列表] [分割符]

其中

➢ 当对象名为本窗体时可以省略不写。

➢ 如果关键字Print后面什么参数都没有，表示直接回车换行。

➢ 定位函数有两种：Spc(n)和Tab(n)

① Spc(n)表示将打印指针从当前打印位置向右移动n个字符。

② Tab(n)表示将打印指针移动到本行第n个字符的前面。如果这个位置已经存在打印的内容，则自动跳到下一行相同列的位置。

➢ 分隔符有两种：（英文）逗号和（英文）分号

① 逗号表示将打印指针从当前位置移到本行下一个打印区的开头。每个打印区宽度为14个英文字符。

② 分号表示打印指针保持当前位置不动，后续打印内容从当前位置继续。

③ Print语句的最后没有提供分隔符，表示回车换行，下一个打印语句从下一行的开头进行。

➢ 输出表达式列表是输出表达式的集合。

① Print语句输出的是表达式的运算结果。

```
Print 3 +5                    '输出结果为8
Print 3 +5 =8                 '输出结果为True
Print "3 +5 =8"               '输出结果为3 +5 =8
Print "Hello "& " "&"China"   '输出结果为Hello China
```

② 表达式结果为数值时,输出结果的前后都有一个空格（前面的空格为符号位，对于负数符号位上直接显示负号）。

③ 表达式列表的多个表达式之间通过分隔符（，或;）或连字符（&）连接。

➢ 输出多行英文内容时，由于英文字符宽度不同（例如iii和www）通常导致上下行相同位置的字符无法对齐，为了解决这个问题可以采用等宽字体（例如Courier New）。

➢ 在Form_Load事件中使用Print方法时，由于此时窗体还处于后台处理阶段相当于被遮挡状态，因此窗体显示后看不到打印的结果。解决方法有两种：在第一个Print语句的前面添加一个语句Me. Show；或将本窗体的AutoRedraw属性设置为True。

例1.1　利用Print方法在窗体上打印学生信息，结果如图1－9所示。学生信息如表1－4所示。

表1－4　学生信息

学号	姓名	性别	专业	有机化学	计算机
191010101	陈嘉雯	女	生物医学工程	91	94
191020101	李楷耕	男	药物制剂	95	98
191030101	欧阳硕	男	中药资源开发	72	84
191040101	秦佳玉	女	药学	81	77
191050101	张诗琪	女	理科基地班	74	83

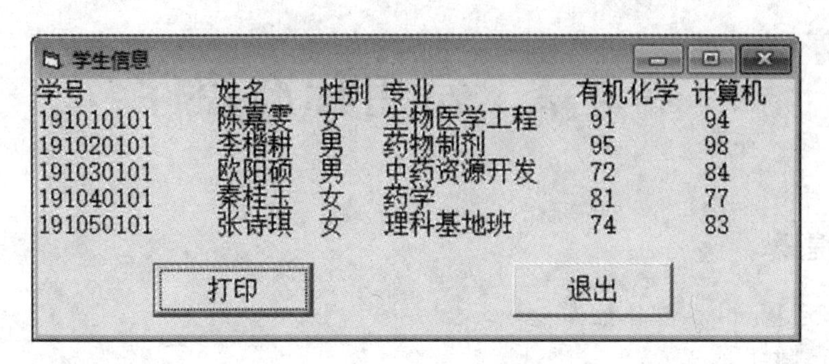

图1-9 学生信息打印结果

```
Private Sub Command1_Click()
    Print "学号","姓名";Spc(4);"性别";Spc(1);"专业","有机化学";Spc(1);"计算机"
    Print "191010101","陈嘉雯";Spc(2);"女";Spc(3);"生物医学工程",91;Spc(5);94
    Print "191020101","李楷耕";Spc(2);"男";Spc(3);"药物制剂",95;Spc(5);98
    Print "191030101","欧阳硕";Spc(2);"男";Spc(3);"中药资源开发",72;Spc(5);84
    Print "191040101","秦桂玉";Spc(2);"女";Spc(3);"药学",81;Spc(5);77
    Print "191050101","张诗琪";Spc(2);"女";Spc(3);"理科基地班",74;Spc(5);83
End Sub
Private Sub Command2_Click()
    End
End Sub
```

扫码“学一学”

第 2 章　常用标准控件

内容提要

- 基本的 Windows 窗体控件
- 焦点和 Tab 顺序

Visual Basic 是一种可视化的高级程序设计语言，它不但具有所见即所得的优点，而且还为我们提供了大量的 Windows 窗体控件，只要我们熟练掌握了这些控件的使用，就可以轻松编写出具有 Windows 风格的图形化界面的应用程序。

本章将介绍 Visual Basic 中最基本的几个标准控件，更多的控件将在第七章介绍。

2.1 文本控件

与文本有关的标准控件有两个，即标签(Label)和文本框(TextBox)。区别在于标签只能用来显示文本，用户不可以交互式编辑；而文本框既可以显示文本，又可以提供交互式编辑功能。

2.1.1 标签（Label）

扫码“看一看”

使用标签的目的一般是为了对其他控件进行功能说明，或者用来显示运行结果。图 2－1 中，标签 Label1 的功能是表明文本框 Text1 是用来输入姓名的；标签 Label2 的功能是表明文本框 Text2 用来输入年龄。

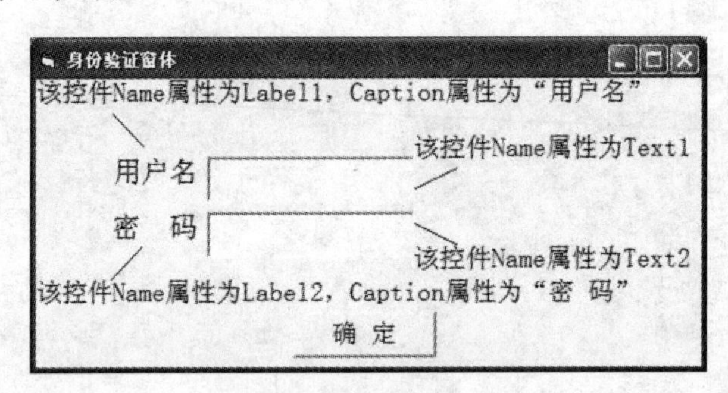

图 2－1　标签的功能示例

标签除具有前面讲过的公共属性 Name，Caption，Top，Left，Height，Width，Visible，Font 外，还具有以下属性。

(1) Alignment

该属性用于设置标签中文本的对齐方式，有三种取值情况：

0－Left Justify(缺省)标签中的文本左对齐

1－Right Justify 标签中的文本右对齐

2－Center 标签中的文本居中对齐

（2）BackStyle

该属性用于设置标签的背景风格，有两种取值情况：

0 - Transparent 标签的背景为透明的，就像是在一块透明玻璃上书写文本一样，无论BackColor设置为什么颜色都不会显示

1 - Opaque(缺省)标签的背景为非透明的，会遮挡标签后面的内容

（3）BorderStyle

该属性用于设置标签的边框风格，有两种取值情况：

0 - None(缺省)标签无边框

1 - Fixed Single 标签有边框

（4）Appearance

该属性用于设置标签外观是否具有立体的效果，有两种取值情况：

0 - Flat 标签为平面效果

1 - 3D(缺省)标签为立体效果(前提是将BorderStyle设置为1)

（5）AutoSize

该属性用于设置标签的大小是否随标题文本内容多少的改变而改变，有两种取值情况：

True 标签的大小随标题文本大小的改变而改变

False(缺省)当标题太长时，只能显示其中的一部分内容

（6）WordWrap

该属性用于设置标签标题文本的显示方式（前提是将Autosize属性设置为True）。有两种取值情况：

True 标签在垂直方向上随标题文本的改变而变化，水平方向上大小不变

False(缺省)标签在水平方向上扩展到标题中最长的一行，在垂直方向上显示标题的所有各行

【例2-1】标签属性的练习

如图2-2所示标签的属性练习，在窗体Form1上添加一个命令按钮Command1和三个标签Label1、Label2、Label3，按照表2-1设置相应控件的属性。

图2-2 标签的属性练习

表2-1 控件属性设置

	caption	Font	Height	Width	BorderStyle	AutoSize	WordWrap
Command1	测试						
Label1	感冒药品	宋体四号	400	1300	1	False	False
Label2	感冒药品	宋体四号	400	1300	1	True	False
Label3	感冒药品	宋体四号	400	1300	1	True	True

在代码窗口中输入下面的代码：

```
Private Sub Command1_Click()
    Label1. Caption = "常见抗感冒药品:"& vbCrLf &"康泰克"& vbCrLf &"苦甘冲剂"
    Label2. Caption = Label1. Caption
    Label3. Caption = Label1. Caption
End Sub
```

说明：以上代码中 vbCrLf 意思是回车换行，& 表示将前后的字符串进行连接(前后均有一个空格）结果为一个字符串。

单击工具栏中的“启动”按钮(或按下 F5）启动程序，单击“测试”按钮，观察三个标签中显示的结果。如图 2-3 所示标签的属性测试结果。

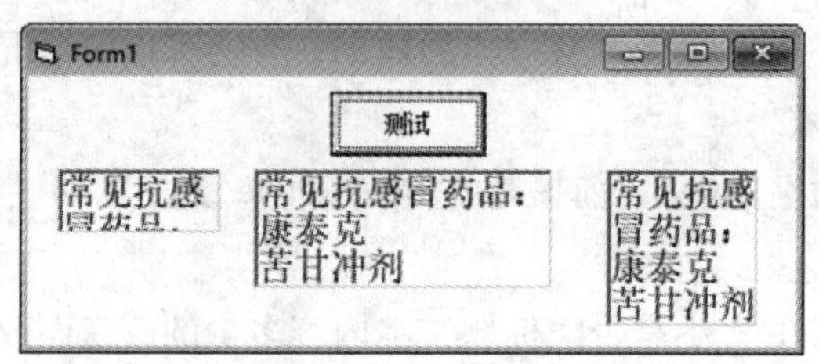

图 2-3　标签的属性测试结果

2.1.2 文本框（TextBox）

文本框与标签的最大区别在于文本框不但可以用来显示文本信息，而且还允许用户在文本框中输入、编辑文本信息。从而实现交互式应用程序的功能。

1. 重要属性　文本框除具有前面介绍过的属性 Name，Text，Top，Left，Height，Width，Visible，Enabled，Font，BorderStyle，Alignment，Appearance 外，还具有以下属性：

(1) MaxLength　设置允许在文本框中输入的最大字符数。达到规定字符数时文本框不再接收后续字符的输入。

注意：MaxLength 缺省值为 0，它并不表示不接收任何字符，而表示可以接收 Visual Basic 系统规定的最大字符数 32K。

(2) MultiLine　设置文本框中的文本是否允许以多行的形式显示。有两种取值情况：

False(缺省)文本框只能以单行形式显示文本。如果文本长度超过文本框的宽度，则只显示前面一部分的文本，无论文本框有多高。

True 当文本长度超过文本框宽度时，自动换行显示。

注意：强制文本框内文本换行的方法为(MultiLine 属性需要先设定为 True)：

· 设计模式下，在 Text 属性值中欲换行处按下 Ctrl + Enter

· 运行模式下，为 Text 属性赋值时在欲换行处加入" vbCrlf"

例如：Text1. Text = "抗癌" + vbCrLf + "新药物"，结果显示为 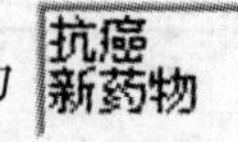

(3) PasswordChar　设置文本框中的文本以什么字符显示，用于口令的输入。例如在接收密码的文本框中，无论用户输入什么字符，都希望显示为星号“*”，则可以将该文本框的 PasswordChar 属性设置为星号“*”。缺省值为空字符并非空格（空字符是什么也没有，

长度为零；空格为一个字符，长度不为零），表示按照输入的字符原样显示。

（4）ScrollBars　设置文本框中是否显示滚动条，有四种取值情况：

0 – None（缺省）文本框中没有滚动条

1 – Horizontal 只有水平滚动条

2 – Vertical 只有垂直滚动条

3 – Both 同时具有水平和垂直滚动条

注意：

①只有当 MultiLine 属性设置为 True 时 ScrollBars 才生效。

②只要有水平滚动条，那么文本框的自动换行功能就不会生效，只能强制换行。

（5）Locked　指定文本框是否可以被编辑，有两种取值情况：

False（缺省）可以接收焦点，用户可以选择文本框中的文本并进行编辑

True 可以接收焦点，用户可以选择文本框中的文本但不能进行编辑。

注意：

①当利用文本框显示运算结果时，可以将 Locked 属性设为 True。此时用户只能查看运算结果，而不能修改（运算结果可以通过代码修改 Text 属性来显示）。

②Enabled 和 Locked 并不相同。Locked 为 True 时，可以接收焦点，外观无变化；Enabled 为 False 时，不能接收焦点，并且显示的文本会变灰。

（6）SelStart、SelLength、SelText　当用户在文本框 Text1 抗菌消炎药品 中任意选择三个字符粘贴到文本框 Text2 中时，系统是如何知道用户在文本框 Text1 中选择的是什么呢？此时就用到了 SelText 属性，本例中 Text1. SelText ="消炎药"，意思是选择的具体内容为"消炎药"。

通过下面的代码也可以让系统自动选中"消炎药"这三个字符：

```
Text1. SelStart =2        '从第二个字符的后面开始选择
Text1. SelLength =3       '连续选中三个字符
Text1. SetFocus           '将焦点放入 Text1 中，以便于被选中的内容高亮显示
```

【例 2 – 2】SelStart、SelLength、SelText 属性练习

在窗体 Form1 上添加一个文本框 Text1（Text 属性设为"青霉素是抗菌消炎药品"）。再添加两个命令按钮 Command1 和 Command2，Caption 属性分别设定为"显示选择结果"和"选择"消炎药"三个字"。如图 2 – 4 所示。

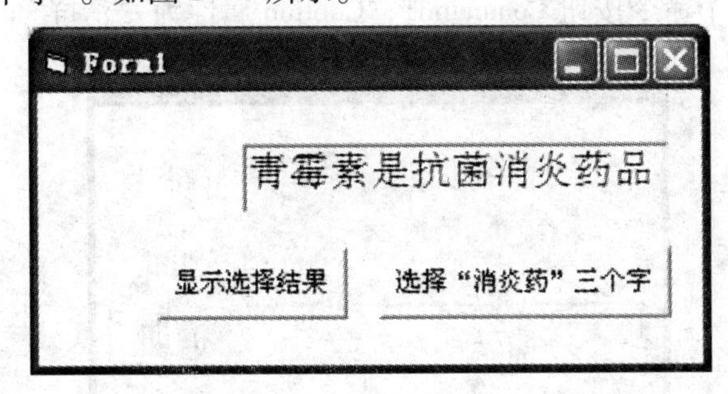

图 2 – 4　SelStart、SelLength、SelText 属性

在代码窗口中输入如下代码：

```
Private Sub Command1_Click()
```

```
    Print Text1.SelStart
    Print Text1.SelLength
    Print Text1.SelText
End Sub
Private Sub Command2_Click()
     Text1.SelStart = 6
     Text1.SelLength = 3
     Text1.SetFocus    '使焦点重新回到文本框，高亮显示选中的内容
End Sub
```

按下 F5 键运行程序，进行如下两步操作：

• 利用鼠标在文本框中选择“抗菌消炎”四个字符，单击 Command1。观察窗体上打印的内容是否正确。

• 单击 Command2，观察文本框中系统选定的内容是否正确。

2. 事件和方法 文本框除响应 Click、DblClick 事件外还响应如下常用事件和方法：

（1）Change 事件 无论用户是在运行模式下通过对象窗口向文本框中输入、删除字符，还是通过代码改变 Text 属性的值，只要文本框的内容发生改变就会触发 Change 事件。在该事件过程的代码中文本框的内容是变化之后的内容。

（2）KeyPress 事件 当焦点在文本框中时，按下键盘上某个具有字符编辑功能的按键时，就会触发该文本框的 KeyPress 事件。

该事件过程对应代码的格式为 Private Sub Text1_KeyPress(KeyAscii As Integer)，其中参数 KeyAscii 的值就是用户新输入字符对应的 Ascii 值。文本框中最终显示什么字符就取决于该事件过程结束时 KeyAscii 的值。因此在该事件过程的代码中文本框中的内容不包括新输入的字符。

我们通常利用该事件来判断用户输入的是什么字符以便于执行不同的程序，例如当用户输入回车（KeyAscii = 13）时执行某种操作；或者对输入字符进行某种预处理，例如将输入的小写字母显示为大写（当 KeyAscii 在 97 ~ 122 之间时将 KeyAscii 减去 32）、不允许用户输入数字（当 KeyAscii 在 48 ~ 57 之间时将 KeyAscii 的值改为 0）等。

【例 2 - 3】Change、KeyPress 事件练习。

在窗体 Form1 上添加一个 MultiLine 属性为 False 的文本框 Text1（Text1 的上方要留有一定的空隙）。再添加一个命令按钮 Command1，Caption 属性为“清屏”。如图 2 - 5 所示。

图 2 - 5 Change、KeyPress 事件

在代码窗口中输入如下代码：

```
Private Sub Command1_Click()
```

```
        Form1. Cls          '清空目前窗体上打印的文本
    End Sub
    Private Sub Text1_KeyPress(KeyAscii As Integer)
        Print  "触发 KeyPress 事件时 Text1 中的文本为" & Text1. Text
    End Sub
    Private Sub Text1_Change()
        Print  "触发 Change 事件时 Text1 中的文本为" & Text1. Text
    End Sub
```

按下 F5 键运行程序，执行如下操作：

在文本框中逐个字符地输入“Ab”，回车，“cd”。每输入一个字符观察窗体上打印的内容，完毕单击“清屏”按钮，清除屏幕上打印的内容。运行结果如图 2 -6 所示。

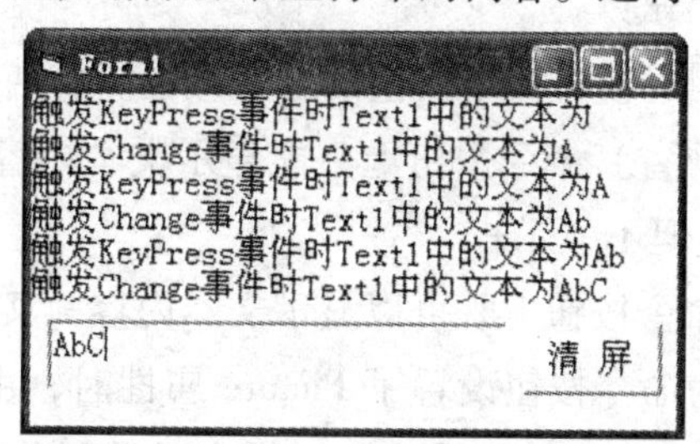

图 2 -6　Change、KeyPress 事件

提示：当按下键盘上的“b”时首先触发 KeyPress 事件，此时文本框中的内容仍为“A”，不包含当前输入的字符“b”。文本框接收用户输入的内容“b”后，触发 Change 事件，因此 Change 事件中的 Text1. Text 包含当前输入的字符“b”。另外，因为回车键没有使得文本框的内容发生改变，因此只触发 KeyPress 事件，而不触发 Change 事件。

（3）GotFocus 事件　无论是用户利用鼠标在文本框中单击，还是利用 Tab 键将焦点移动到文本框中，或者利用 SetFocus 方法将焦点定位到文本框中，只要光标焦点从其他控件进入该文本框就会触发 GotFocus 事件。

（4）LostFocus 事件　与 GotFocus 类似，无论采用什么方法，只要光标焦点从文本框移走就会触发该事件。这两个事件通常用来进行输入数据的合法性检验。例如在输入考生成绩文本框的 LostFocus 事件中，如果输入的数据不是数值、小于 0 或者大于 100，都可以给出非法数据的错误提示。

（5）SetFocus 方法　SetFocus 是文本框中常用的方法。格式为：

[对象名称.]SetFocus

功能是将光标焦点移动到指定的文本框中。

2.2 按钮控件

Visual Basic 中的按钮控件是命令按钮，它可能是 Visual Basic 应用程序中最常用的控件，提供了用户与应用程序交互最简便的方法。

2.2.1 属性

在应用程序中，命令按钮通常用来在单击时执行指定的操作。除了前面介绍的：Name、

Enabled、Visible、Font、Height、Width、Left、Top 属性以外，命令按钮还包括以下属性：

1. Caption 设置命令按钮上显示的文本信息。

如果将命令按钮的 Caption 属性设置为“S&tart”，则会显示为 Start ，程序运行时利用鼠标单击该按钮与按下 ALT + t 是等价的。此时，我们就称 ALT + t 为该命令按钮的热键。即在 Caption 属性中将欲作为热键的字母前添加一个“&”字符。

2. Default 属性 当一个命令按钮的 Default 属性设置为 True 时，如果目前焦点没有在其他命令按钮上，那么按键盘上的回车键与单击该命令按钮的作用相同。在一个窗体中，只允许一个命令按钮的 Default 属性被设置为 True。

3. Cancel 属性 当一个命令按钮的 Cancel 属性设置为 True 时，无论目前焦点在哪个控件，按键盘上的 Esc 键与单击该命令按钮的作用相同。在一个窗体中，只允许一个命令按钮的 Cancel 属性被设置为 True。

4. Style 属性 该属性用于设置命令按钮的外观风格。有两种取值情况：

0 – Standard 标准样式（缺省）命令按钮上只能显示文本内容（Caption 属性），不能显示图形（Picture 属性，可以设置但不显示）

1 – Graphical 图形格式 命令按钮上既可以显示文本内容，又可以显示图形

5. ToolTipText 属性 为命令按钮设置了 Picture 属性时，由于图片已经形象地说明了该按钮的作用，为了美观 Caption 属性均设为空。但为了界面友好，在运行状态下，一般当将鼠标停留在某个按钮上时，会出现文字提示，说明该按钮的作用。这种提示文字就是 ToolTipText。

6. Picture 属性 该属性用于设置命令按钮上显示的图形。前提是必须把 Style 属性设置为 1（图形格式）。

7. DownPicture 属性 设置当控件被单击并处于“按下”状态时，在控件中显示的图形。为了使用该属性，必须把 Style 属性设置为 1（图形格式）。

如果没有指定 DownPicture 属性，则按下时显示 Picture 属性值；若 Picture 属性也没有设定，则按下时只显示 Caption 属性。

8. DisabledPicture 属性 设置当控件被禁用（Enabled 属性设为 False）时，在控件中显示的图形。为了使用该属性，必须把 Style 属性设置为 1（图形格式）。

Picture、DownPicture、DisabledPicture 属性均既可以在设计模式下通过属性窗口设定，又可以在运行模式下通过 LoadPicture 函数装入。

2.2.2 事件

命令按钮最常用的事件是单击（Click）事件。几点说明：

（1）命令按钮不支持 DblClick 事件。

（2）触发 Click 事件的方法：

①用鼠标单击该命令按钮。

②用 Tab 键将焦点移动到该命令按钮上，击键盘上的空格键（或回车键）。

③利用 Caption 属性中设定的热键。

④对于 Cancel 属性为 True 的按钮，按下键盘上的 Esc 键。

⑤对于 Default 属性为 True 的按钮，当焦点不在其他命令按钮上时，按下键盘上的回车键。

2.3 单选按钮和复选框

应用程序中，经常需要为用户提供候选项供用户选择，最简单的就是单选按钮(Option-Button，又名收音机按钮 RadioButton)和复选框(CheckBox)。

2.3.1 属性和事件

单选按钮和复选框除具有前面介绍的 Name、Caption、Enabled、Visible、Font、Height、Width、Left、Top 常用基本属性外，和命令按钮一样，也具有 Picture、DownPicture、DisabledPicture 属性。需要特殊说明的还有下面几个属性：

1. Value 属性　用来设置和返回单选按钮和复选框的选定状态。

对于单选按钮 Value 属性为布尔类型，有两种取值情况：

False(缺省) 表明该单选按钮未被选中

True 表明该按钮处于被选中状态

对于复选框 Value 属性为数值型，有三种取值情况：

0 – Unchecked(缺省) 该复选项目前未被选中

1 – Checked 该复选项目前已经被选中

2 – Grayed 该复选框被禁止选择(灰色)

2. Alignment 属性　设置复选框或单选按钮控件标题的对齐方式，可以在设计模式下设置，也可以在运行模式下设置。有两种取值情况：

0 – VbLeftJustify(缺省) 控件居左，标题在控件右侧显示

1 – VbRightJustify 控件居右，标题在控件左侧显示

3. Style 属性　设置复选框或单选按钮的显示方式。有两种取值情况：

0 – VbButtonStandard(缺省) 标准方式，同时显示控件和标题

1 – VbButtonGraphical 图形方式，控件用图形的样式显示，外观与命令按钮相类似

对 Style 属性的几点说明：

(1) Style 属性是只读属性，只能在设计模式下修改。

(2) 当 Style 属性被设置为 1 时，可以用 Picture、DownPicture、DisabledPicture 属性分别设置不同的图标或位图(参见命令按钮)，以表示未选定、选定和禁用。

(3) Style 属性被设置为不同的值时，其外观也不同。如图 2 – 7 所示。

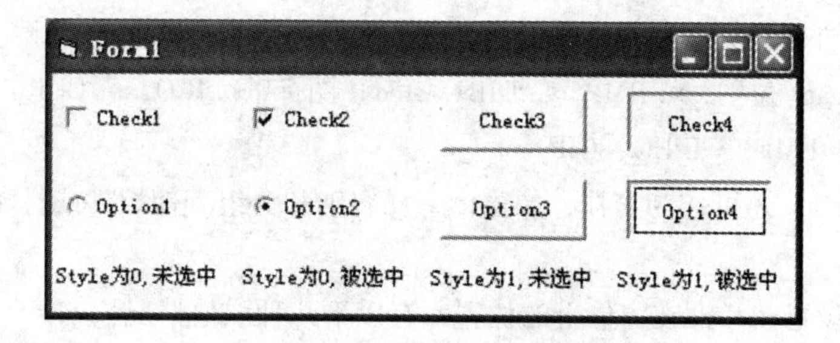

图 2 – 7　复选框和单选按钮的风格比较

复选框和单选按钮都可以接收 Click 事件，但是通常不对该事件过程编程，除非想即时响应。一般情况下用户先对给出的选项进行选择，完毕单击某个具有“完成”功能的按钮，

此时再根据用户的选择，并做出相应的动作。

2.3.2 应用举例

【例2-4】字符格式的设定

在窗体Form1上添加一个文本框Text1，Text属性为“青霉素是抗菌消炎药品”，Font属性设为宋体、四号。再添加两个单选按钮Option1和Option2，Caption属性分别为“隶书”和“黑体”。再添加两个复选框Check1和Check2，Caption属性分别为“斜体”和“删除线”，如图2-8所示。

在代码窗口中输入如下代码：

```
Private Sub Option1_Click()
    Text1.FontName = "隶书"
End Sub
Private Sub Option2_Click()
    Text1.Font.Name = "黑体"
End Sub
Private Sub Check1_Click()
    Text1.FontItalic = Not Text1.FontItalic
End Sub
Private Sub Check2_Click()
    Text1.FontStrikethru = Not Text1.FontStrikethru
End Sub
```

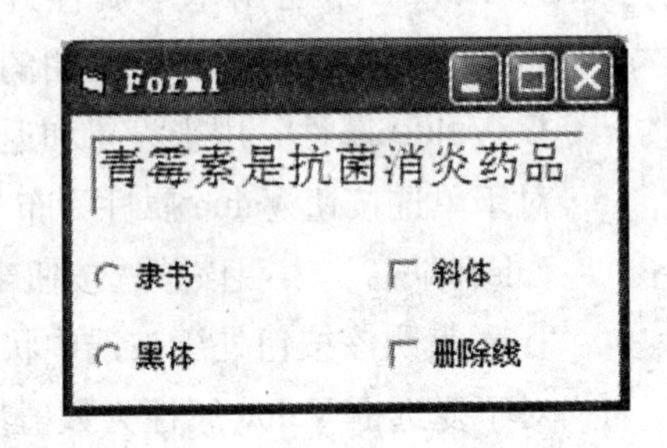

图2-8 字符格式设定

上面的Option2_Click事件中将FontName写成了Font.Name，是为了说明这两种写法是等价的，只不过将Name作为了Font的子属性。

2.4 图形控件

为了设计内容丰富、界面美观的应用程序我们经常需要用到与图形相关的控件：图片框(PictureBox)、图像框(Image)、直线(Line)、形状(Shape)。

2.4.1 PictureBox

PictureBox控件的主要作用是显示图片，显示的具体内容由Picture属性决定。可加载的图片种类有：Bitmap(位图，*.BMP，*.DIB)、Icon(图标，*.ICO，*.CUR)、Metafile(图元文件，*.WMF，*.EMF)、JPEG、GIF。

此外，PictureBox还可作为容器，像窗体一样容纳和分组其他控件或打印输入。

1. 重要属性

(1) Align　设置图片框在窗体上的位置，有以下几种取值情况：

0-None(缺省)图片框的大小、位置由设计者自行手动设定

1-Align Top图片框的上边缘自动吸附于窗体的上边缘，宽度自动与窗体的宽度相同(之后调整窗体宽度时，图片框的宽度也自动改变)，高度保持原来高度不变(可以自行调整)。位置和宽度不可自行随意调整。

2 - Align Bottom 与1同理，图片框的下边缘自动吸附于窗体的下边缘，宽度自动与窗体的宽度相同。

3 - Align Left 图片框的左边缘自动吸附于窗体的左边缘，高度自动与窗体的高度相同（之后调整窗体高度时，图片框的高度也自动改变），宽度保持原来宽度不变（可以自行调整）。位置和高度不可自行随意调整。

4 - Align Right 与3同理，图片框的右边缘自动吸附于窗体的右边缘，高度自动与窗体的高度相同。

（2）Appearance　设置图片框是否以三维边框的效果显示。

（3）AutoSize　设置图片框是否自动调整为与 Picture 属性中加载的图片尺寸相同。如图2-9所示。

注意与 Image 的 Stretch 属性的区别。

图2-9　PictureBox 的 AutoSize 属性

2. 方法　Picture 控件的常用方法有 Print 方法和 Cls 方法，使用方法同窗体，不再累述。

2.4.2 Image

图像框（Image）和图片框都可以显示图片，但图像框不能作为容器（不能像图片框一样存放其它的控件和打印输出），另外图像框比图片框占用更少的内存，描绘的更快。

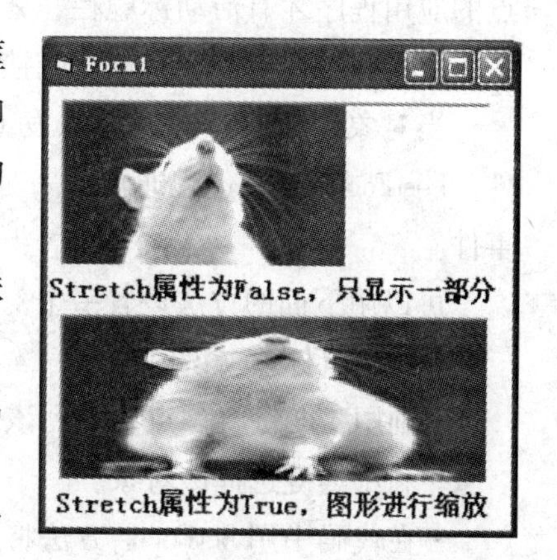

图2-10　Image 的 Stretch 属性

图像框的属性基本与图片框相同，不再累述。特殊说明如下：

图像框没有 AutoSize 属性，与之对应的是 Stretch 属性。Stretch 属性有两种取值情况，如图2-10所示。

False 装载 Picture 属性后，图像框的大小自动调整为与图形的大小相同。当调整图像框的大小时图形并不跟随缩放调整（如果图像框的高和宽大于图形的高和宽，则图形只占图像框的一部分；如果图像框的高、宽小于图形的高、宽，则只显示图形的一部分）。

True 图片根据图像框的大小进行缩放，显示的永远是图片的全部内容。

2.4.3 Line

Line 控件可以显示一条直线。常见属性：

（1）BorderColor　线条的颜色

（2）BorderStyle　线型。例如实线、虚线等。取值从 0 ~6，共有 7 种情况。

（3）BorderWidth　线条的粗细。

（4）X1、Y1 和 X2、Y2　线条的两个端点坐标。

2.4.4 Shape

Shape 控件可以显示为一个简单的图形。常见属性：

（1）BackColor、BackStyle　同 Label 控件。

（2）BorderColor、BorderStyle、BorderWidth　图形的边框格式。同 Line 控件。

（3）FillColor、FillStyle　填充图案的颜色和填充图案的类型，例如水平直线填充、斜线填充等。FillStyle 的取值从 0 ~7，共有 8 种填充图案。

（4）Shape　图案的外观形状，例如圆形、椭圆形、正方形等。取值从 0 ~5，共有 6 种情况。

2.5 焦点与 Tab 顺序

在可视化程序设计中，焦点(Focus)是一个十分重要的概念。下面详细介绍一下如何设置焦点，以及窗体上控件的 Tab 顺序。

2.5.1 设置焦点

简单地说，焦点是接收用户鼠标或键盘输入的能力。当一个对象具有焦点时，它可以接收用户的输入。在 Windows 系统中，某个时刻可以运行多个应用程序，但是只有具有焦点的应用程序才有活动标题栏，才能够接收用户的输入。同理，在含有多个文本框的窗体中，只有具有焦点的文本框才能接收用户的输入。

当对象得到焦点时，会触发 GotFocus 事件；当对象失去焦点时，将触发 LostFocus 事件。LostFocus 事件过程通常用来对更新进行确认和有效性检查。窗体和多数控件支持这些事件。

可以用下面的方法设置一个对象的焦点：

- 利用鼠标单击该对象。
- 利用 Tab 键将焦点移动到该对象上。
- 利用热键选择该对象。
- 在代码中用 SetFocus 方法将焦点放到某个对象上。

焦点只能移到可视的窗体或控件上，因此只有当一个对象的 Enabled 和 Visible 属性均为 True 时，它才能接收焦点。

注意，并不是所有对象都可以接收焦点。某些控件，例如框架(Frame)、标签(Label)、菜单(Menu)、直线(Line)、形状(Shape)、图像框(Image)和计时器(Timer)等，不能接收焦点。对于窗体来说，只有当窗体上的任何控件都不能接收焦点时，该窗体才能接收焦点。

对于大多数可以接收焦点的控件来说，从外观上可以看出它是否具有焦点。例如，当命令按钮、复选框、单选按钮等控件具有焦点时，在其内侧有一个虚线框，如图2－11所示。当文本框具有焦点时，在文本框内有闪烁的插入光标。

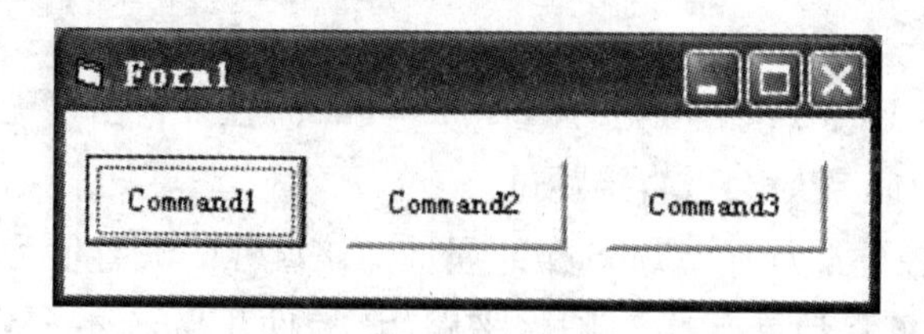

图2－11　具有焦点的命令按钮

如前所述，可以通过SetFocus方法设置焦点。但是应当注意，由于在窗体的Load事件完成前，窗体和窗体上的控件是不可见的，因此，不能直接在Form_Load事件过程中，用SetFocus方法把焦点移到正在装入的窗体或窗体上的控件。例如，对于图2－11所示窗体，编写如下事件过程：

```
Private Sub Form_Load( )
    Command2. SetFocus
End Sub
```

程序设计者想在程序开始运行后，直接把焦点放到Command2上，这是不可以的。程序运行后，显示的出错信息如图2－12所示在Form_Load事件中使用SetFocus的错误提示。

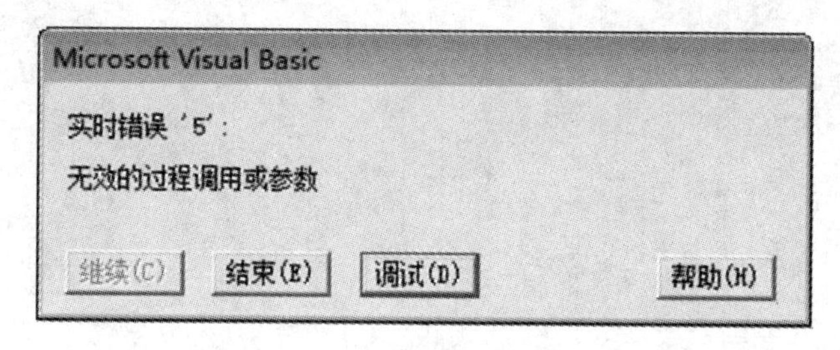

图2－12　在Form_ Load事件中使用SetFocus方法

为解决这个问题，必须在设置焦点前通过Show方法使窗体可见。程序应修改为：

```
Private Sub Form_Load( )
    Form1. Show
    Command2. SetFocus
End Sub
```

2. 5. 2 Tab顺序

当窗体上有多个控件时，用鼠标单击某个控件就可把焦点移到该控件上(假设该控件有获得焦点的能力)，用Tab键也可以把焦点移到某个控件上。每按一次Tab键，焦点便从一个控件移到另一个控件。所谓Tab顺序，就是指按下Tab键时，焦点在各个控件之间移动的顺序。

默认情况下，Tab顺序由控件建立时的先后顺序确定。例如，在窗体上创建了5个控件，其中3个文本框，两个命令按钮，建立顺序为：

Text1、Text2、Text3、Command1、Command2

程序执行时，光标默认地位于 Text1 中，按下 Tab 键，焦点就依次按 Text2、Text3、Command1、Command2 的顺序移动。当焦点位于 Command2 时，再按 Tab 键焦点又回到 Text1。如前所述，除计时器、菜单、框架、标签等不能接收焦点的控件外，其他控件均支持 Tab 顺序。

无效的(Enabled = False)和不可见的(Visible = False)控件，由于无法接收焦点，因此不在 Tab 顺序之内，按 Tab 键时会被直接跳过。

可以获得焦点的控件都具有"TabStop"属性。该属性的缺省值为 True，如果把它设置为 False，则在用 Tab 键移动焦点时会跳过(忽略)该控件。TabStop 属性为 False 的控件，仍然保持它在实际 Tab 顺序中的位置，而且可以通过单击鼠标的方法和 SetFoaus 方法接收焦点，只不过在按 Tab 键时这个控件被忽略。

在设计模式下，可以通过属性窗口中的 TabIndex 属性来改变 Tab 顺序。在前面的例子中，如果把 Command2 的 TabIndex 由 4 改为 0，把 Text1 的 TabIndex 改为 1，把 Text2 的 TabIndex 改为 2，把 Text3 的 TabIndex 改为 3，把 Command1 的 TabIndex 改为 4。则程序运行时 Tab 顺序变为 Command2 →Text1→Text2→Text3→Command1。

扫码"练一练"

实际应用中通常按照用户习惯操作的先后顺序来设置各控件的 TabIndex 属性值，例如在学生信息管理系统的个人信息录入界面中就要按照输入信息的先后顺序来设置文本框和命令按钮的 TabIndex 值，这样才可以实现界面操作的友好性。

第 3 章　程序设计基础

扫码“学一学”

内容提要

- 从数据类型说起
- 常量、变量和表达式及其运算
- 常用的内部函数
- 程序语句及其编写规则

第 2 章介绍了窗体和基本控件的使用方法，读者对 VB 的可视化设计有了基本了解，可以进行简单的程序界面设计。本章主要介绍 VB 的数据类型、表达式和代码书写规则等程序设计的基础知识。

3.1 认识与理解数据类型

VB(Visual Basic)保留了 BASIC 语言的数据类型和语法，并根据语言的可视化要求增加了一些新的功能。表 3－1 列出了 VB 支持的标准数据类型。

表 3－1　Visual Basic 的标准数据类型

名称	类型	类型符	值的有效范围	字节	说明
字节型	Byte		0 至 255	1	存储年龄之类的整数
整型	Integer	%	－32768 至 32767	2	
长整型	Long	&	－2147483648 至 2147483647	4	
单精度	Single	!	负：－3.402823E38 至－1.401298E－45 正：1.401298E－45 至 3.402823E38	4	7 位有效数字
双精度	Double	#	负：－1.797693134862316D308 至 －4.940656458412465D－324 正：4.940656458412465D－324 至 1.797693134862316D308	8	16 位有效数字
货币型	Currency	@	－922337203685477.5808 至 922337203685477.5807	8	整数 15 位，小数 4 位
字符型	String	$		不确定	0－65535 个用英文双引号括起来的 Unicode 字符串
布尔型	Boolean		True 或 False	2	逻辑值真、假
日期型	Date		日期：1/1/100 至 12/31/9999 时间：00：00：00 至 23：59：59	8	表示日期和时间
对象型	Object		任何 Object 的引用	4	
变体型	Variant			按需分配	随所赋值的不同而变化

3.1.1 基本数据类型

1. 数值型　VB 中的数值分为整型和实型两大类，具体包括：Byte(字节型)、Integer

(整型)、Long(长整型)、Single(单精度)、Double(双精度)和Currency(货币型)。

(1) Byte　Byte利用1个字节存储0 - 255之间的无符号整数，常用于存储年龄、小范围的编号等数据，优点是占用内存空间小。

(2) Integer和Long　Integer和Long用来保存整数，特点是运算速度快、精确，但值域小。

Integer类型的变量占2个字节，其中最高位为符号位，可存放的最大整数为$2^{15}-1$，即32767，最小整数为-32768，当数据超出这个范围时，程序运行时就会产生“溢出”错误。

Long类型的变量占4个字节，可存放的最大整数为$2^{31}-1$，最小整数为-2^{31}。

在VB中整数可以通过类型符指明其类型，其中%为整型可省略，&为长整型。例如：

234，-234，234%均表示整型数据。

234&，-234&均表示长整型数据。

(3) Single和Double　Single和Double用于存放浮点实数，浮点数表示的值域大，但精度差，且运算速度慢。在VB中单精度浮点数有效数字为7位，双精度浮点数有效数字为16位。

单精度变量a的值为987654321!，a在计算机内实际存储的是9.876543E8，即987654300，那么a+4的结果在计算机内存储的仍旧是987654300。这就是我们说的计算机界的大数吃小数问题。

单精度浮点数有多种表示形式：

n!、n.n、n.nE ± m

分别为整数形式、小数形式(可以省略类型符)和指数形式。

例如：123456!、1234.56，1.23456E3，1.23456E-3

对于双精度浮点数，整数和小数形式在数字后加类型符“#”，指数形式用“D”代替“E”。例如：

123456#、1234.56#，1.23456D3，1.23456D-3

(4) Currency　Currency货币型最多保留15位整数和4位小数，以适应货币计算的特点。通过在数字后附加@符号进行标识，例如1234.56@、123456@。

2. String　字符型数据是一个字符序列，又称字符串，由0 - 65535个Unicode字符组成，长度为0的字符称为空字符串(Empty String)。字符型数据需要用英文双引号括起来。如：

"HELLO"、"1949"、""(空字符串，即中间无空格的一对双引号)

3. Boolean　逻辑型(又称布尔型)数据用于逻辑判断，只有True和False两个值。当逻辑数据参与数值计算时，True转换为-1，False转换为0。当数值型数据转换为逻辑型数据时，非0转换为True，0转换为False。例如，20 + True的结果为19。

4. Date　日期型数据存储时占用8个字节，数值范围从公元100年1月1日0时0分0秒到9999年12月31日23时59分59秒。

日期型数据通常有两种表示方法：一种是以任何字面上可被识别为日期和时间的字符，用#括起来表示；另一种以数字序列表示。

例如：#2019-10-01 03：10：20 PM#、#10/1/2019#、#7：00：00 PM#、#19：00：00#、#1997-7-1#等都是合法的日期型数据。

当以数字序列表示日期型数据时，整数部分代表日期，小数部分代表时间。整数部分表示 1899 年 12 月 30 日之前（负数）或之后（正数）的第几天；小数部分将一整天视为 1，因此 0.0 为午夜零点，0.5 为中午 12 点，0.75 为 18 点。例如：

#1900 - 1 - 1 12：00：00#表示为 2.5

#1899 - 12 - 29 06：00：00#表示为 - 1.25

#1899 - 12 - 30 18：00：00#表示为 0.75

5. Object　对象型数据利用 4 个字节存储，用以引用应用程序中的对象。利用 Set 语句为 Object 类型的变量赋值。

6. Variant　变体类型数据的数据类型不固定，由具体赋值数据的类型类决定。

3.1.2 自定义数据类型

实际工作中，除了 VB 提供的基本数据类型外，程序员还可以利用 Type 语句定义自己所需的数据类型。语法格式如下：

```
Type 数据类型名
    元素名 As 数据类型
    元素名 As 数据类型
    ……
End Type
```

例如：

```
Type StuType
    No As String * 9
    Name As String * 20
    Age As Integer
End Type
```

其中，StuType 为用户自定义数据类型，该类型包括三个成员元素，分别是字符型的 No、Name 和整型的 Age，其中的 No 和 Name 为定长字符串，由 StuType 类型定义的变量将占用 31 个字节的内存空间。

说明：作为自定义数据类型，StuType 和 Integer、Single 一样不能直接使用（Integer = 5，Single = 2.3，StuType. Age = 18 三个语句都是错误的），必须先定义该类型的变量，然后对变量进行操作。

3.2 常量和变量

在 VB 程序的表达式中参与运算的项除了函数（Function）以外，最常见的是常数（Literal）、常量（Constant）和变量（Variable），虽然也可以直接调用控件的属性等作为计算项，但实际程序设计中很少使用。常数、常量和变量之间的关系为：

（1）常数和常量在整个程序运行过程中代表某个确定的值，不可改变；变量的值在程序运行过程中可以随时修改。

（2）常数在使用前不需要命名，直接参与运算；变量和常量在使用前必须先命名（又称定义），通过人类易于理解的名称找到其对应的内存单元、读取相应的数据、参与运算。

所有常量、变量、控件、函数、过程等必须被命名，这些名称统称为标识符。在程序

代码中通过标识符访问相应的对象。

标识符的命名必须遵守以下规则：

（1）必须以英文字母开头，后面可以是英文字母、数字或下滑线。虽然在中文版中也可以是汉字，但是实际应用中要尽量避免使用汉字。

（2）不能使用 VB 中的关键字。例如 Dim、End、For、Next 等。

（3）避免使用 VB 中有特定含义的标识符。例如 text、visible、move 等有特定含义的名称，以免给程序的阅读带来困难。

（4）长度不能超过 255 个字符。

（5）VB 的代码不区分大小写，因此 age、Age、AGE 在 VB 程序中是等价的。

为了便于阅读减少混淆，标识符的书写通常遵守以下规则：

（1）用 1 个字母表示的变量名，通常小写。例如 i、j、k 表示循环变量，r 表示半径、t 表示临时变量、n 表示计数器等。

（2）对于 2 个字符以上的简单变量名，通常首字母大写后面小写(例如 Age)。

（3）对于复杂的变量名，建议采用几个英文单词(缩写)的组合，每个单词的首字母大写(例如 StuName、ClassAver 等)，即驼峰标识法(Camel Case)。

（4）常量名全部采用大写。例如 PAI、MIN_ VOTING_ AGE 等。

3. 2. 1 常数

常数又称“直接常量”，指在使用前无需命名，程序代码中直接书写的数字、字符串、日期、真假等代表固定值的信息。例如语句 Area = PAI * r^2 中 2 为数值常数，txtAver. Text = "平均分为" & Sum/5 中“平均分为”是字符串常数。不同类型常数的表示方法如下：

（1）整型常数的表示。

①十进制直接用数字 n 表示。例如 60、－963。

②八进制用前缀“&O”表示。例如 &O74。

③十六进制用前缀“&H”表示。例如 &H3C。

（2）长整型常数的表示。方法同整型只是最后添加一个“&”后缀。例如 60&、&O74&、&H3C&

（3）单精度常数的表示。

①小数形式直接书写。例如 －12. 34、0. 001234。

②指数形式用 E 或 e 分割尾数和阶码。例如 －0. 1234E2、0. 1234e －2。

（4）双精度常数的表示。

①小数形式在末尾加后缀“#”。例如 －12. 34#、0. 001234#。

②指数形式用 D 或 d 分割尾数和阶码。例如 －0. 1234D2、0. 1234d －2。

（5）日期型常数用#括起来。例如#2019 －8 －1#、#17：3：2#、#2019 －8 －1 5：3：2 PM#、#2019 －08 －01 17：03：02#。

（6）字符型常数用英文双引号括起来。例如"China"、"北国药苑"。

（7）布尔型常数直接书写。例如 True、False。

3. 2. 2 常量

VB 中有两种常量，自定义常量(符号常量)和系统常量。虽然常量的值在定义后不可以更改，在程序中书写常量的值和常量的名称效果相同，但是在以下情况中通常利用常量名代替固定值。

（5）固定值录入时易出错。例如16位精度的π值3.141592653589793在程序中多次使用，程序员更喜欢用PAI代替。

（6）固定值虽然简单但不易记忆。例如在消息框中，“确定”按钮对应的值为1、……、“否”对应7。程序员更喜欢用vbOK代替1、……、vbNo代替7。

1. 自定义常量

定义常量的语法格式如下：

Const 常量名[As 类型]=表达式

其中：

（1）Const：声明常量的关键字。

（2）As类型：声明该常量的数据类型，可以省略(由表达式值的类型决定)。

（3）表达式：由常数、常量、运算符组成。表达式中不能包含变量、函数。

例如：

```
ConstCOUNTRY = "中国"
Const MIN_VOTING_AGEAs Integer = 18
Const PAI = 3.141592653589793
```

2. 系统常量

VB内置了很多预先定义的系统常量，通常以vb为前缀，如表3-2所示。

表3-2　Visual Basic 6.0中常用的系统常量

常量名	值	描述
vbCrLf	Chr(13) & Chr(10)	回车换行符
vbModal	1	模式窗体
vbModeless	0	无模式窗体
vbNormalFocus	1	窗口拥有焦点，且恢复原有大小与位置
vbYes	6	用户响应对话框中的按钮“是”
vbNo	7	用户响应对话框中的按钮“否”
vbGreen	&HFF00	绿色
vbCenter	2	居中对齐
cdlCFBoth	&H3	“字体”对话框中同时给出可用的打印机与屏幕字体

3.2.3 变量

变量的作用是通过一个容易理解的形象化名称引用计算机内的某个特定内存地址，该地址中存储相应的具体信息。有了变量，程序员不再需要关心数据在内存中的具体存储位置，只需要关心存储什么内容，在代码中通过变量名就可以引用或更改变量的值。

1. 变量的声明　声明变量的语言格式如下：

Dim 变量名[As 类型]

说明：

（1）Dim　声明变量的关键字。除了Dim还有Static、Public等，它们决定了所声明变量的种类和作用域，在后续章节中陆续讲述。

（2）As 类型　变量中存储数据的类型。省略时变量的类型为变体类型，也可以在变量名后直接添加类型符来声明变量的类型。例如

```
Dim StuName As String
Dim StuName $
Dim StuName
```

前两个声明语句是等价的，变量 StuName 都是字符型。第三个声明语句中 StuName 为变体类型。

（3）与常量不同，VB6 中不能在变量声明时同时赋值(VB. NET 中可以)。

（4）在一个 Dim 语句中声明多个变量时，变量间用逗号分隔，每个变量独立定义自己的类型。例如

```
Dima, b, c, d As Integer
Dim a%, b%, c%, d%
Dima As Integer, b As Integer, c As Integer, d As Integer
Dim a%, b%, c!, d $
Dima As Integer, b As Integer, c As Single, d As String
```

第一个声明语句中 a、b、c 为变体类型，d 为整型。第二、三个语句等价，a、b、c、d 均为整型。第四、五个语句等价，a、b 为整型，c 为单精度，d 为字符型。

（5）字符型变量的声明有两种方法

```
Dim 变量名 As String
Dim 变量名 As String * 字符数
```

第一种方法定义的变量为变长字符串，随着以后赋值的字符串长度的变化而变化。第二种方法定义的变量为定长字符串，当字符数小于规定值时后面用空格补齐，当字符数大于规定值时只取前面指定个数的字符。由于 VB 采用 Unicode 编码，英文和汉字均占两个字节，因此对定长字符串来说中英文一样。例如

```
Dim StuName As String * 8 '声明长度为 8 的定长字符串
StuName = "Li Qi"    'StuName 值为"Li Qi"，右面补 3 个空格
StuName = "Liang Qiang"    'StuName 值为"Liang Qi"，只保留前 8 个
StuName = "买地尼汗·买买提艾里"    'StuName 值为"买地尼汗·买买提"
```

2. 隐式声明　在 VB6 中默认情况下也可以不事先声明变量，需要时直接书写变量名，这种直接在程序中使用变量名的方法被称为隐式声明。隐式声明的变量为变体类型，虽然初学者感觉这个方法使用更简单，但应当尽量避免使用隐式声明。因为在实际的软件开发过程中，变量名繁多而且复杂，很容易拼写错误。如果允许隐式声明，VB 系统会将拼写错误的变量名视为一个新的变量，因此不会报告错误，从而造成运算结果错误却很难排查错误原因。

禁用隐式声明，要求每个变量在使用之前必须先显示声明的方法有两种：

（1）在“工具”下拉菜单中单击“选项”，在弹出的“选项”对话框中“编辑器”选项卡下勾选“要求变量声明”，强制在以后新建的工程中引用的变量必须事先显示声明。

（2）在代码窗口最顶部的“通用声明”区域内添加 Option Explicit 语句，强制在本窗体的代码中引用的变量必须事先显示声明。

3.3 程序中数据的基本操作：运算

VB6 提供了一套完整的运算符，通过运算符和操作数结合构成表达式，实现对数据的操作。运算符是实现某种运算的符号，VB 中的运算符包括算术运算符、字符运算符、关系运算符和逻辑运算符等。

3.3.1 算术运算

表3-3 列出了 VB 中的算术运算符，其中“-”在单目运算(只需要一个操作数)中为负号运算，在双目运算(需要两个操作数)中为减法运算，其余运算符均为双目运算符。假设表中变量 x 是值为 2 的整型。

表3-3　算术运算符

运算	运算符	优先级	示例	结果
求幂	^	1	x^4	16
负号	-	2	-x	-2
乘	*	3	x*5	10
除	/	3	7/x	3.5
整除	\	4	11 \ x	5
取余	Mod	5	11 Mod x	1
加	+	6	2+x	4
减	-	6	x-5	-3

在幂运算表达式 t=x^y 中，仅当 y 为整数时，x 才可以取负值。其中 y 可为写为分数形式，例如，8^(1/3)=2。

整除运算用于两个整数相除并返回商的整数部分。如果操作数不是整数，首选 Round 为(Round 运算与我们常说的四舍五入相似，但是对于 3.5、4.5 这样的特殊数值，运算规则是“奇进偶不进”，因此结果都是4)Byte、Integer 或 Long 类型。例如，20.6\3.4 结果为 7，因为它实际执行的是 21\3。

取余运算和整除运算一样，都是对两个整数进行操作，对于非整数通过 Round 运算进行取整，返回除法结果中的余数部分。例如，表达式 A=19 Mod 6.7，实际执行的是 19 Mod 7，结果为 5。注意，Mod 运算的操作数若为负数，则按照操作数的绝对值进行 Mod 运算，结果的符号与被除数一致。例如，20 Mod(-6)结果为 2，-20 Mod 6 结果为 -2，-20 Mod -6 结果为 -2。

算术运算符的操作数为数值型，如果是数字型字符串或逻辑型，首先自动转换为数值类型后再运算。如：

```
21 - True          '结果为22，True 转换为 -1，False 转换为0
2 + "5" + False    '结果为7，执行的是 2+5+0
```

利用算术运算可以轻松实现对多位整数的按位拆分，例如，对于任意四位的正整数，分解其个、十、百、千位的方法为：

```
Dim n%, g%, s%, b%, q%
n = InputBox(" 请任意输入一个四位的正整数:")
```

```
g = n Mod 10
s = n\10 Mod 10
b = n\100 Mod 10
q = n\1000
```

3.3.2 字符串运算

字符串运算符有“&”和“+”两种，用于将两个字符串拼接成一个字符串。需要注意，在字符串变量后面使用字符串运算符“&”时，变量与运算符“&”之间必须有一个空格。因为符号“&”同样还是长整型的类型符，当变量与符号“&”连在一起时，VB 优先把它视为类型符处理。

字符串连接符“&”和“+”的区别：

（1）“+”两边的操作数均为字符型时将两个字符串拼接在一起，否则按照算术加法运算。对于非数值的操作数转换为数值，如果无法转换则报错。

（2）“&”两边的操作数无论是什么类型，都执行字符串的拼接操作。对于非字符型操作数，首先将其转换为字符型。

例如：

```
"123"  +"321"        '结果为"123321"
123 +"321"           '结果为444
123 +True            '结果为122
123 +"abc"           '出错
2 +#1900/1/2#        '结果为#1900/1/4#
"123" & "321"        '结果为"123321"
123 & "321"          '结果为"123321"
123 & 321            '结果为"123321"
123 & True           '结果为"123True"
123& "abc"           '结果为"123abc"
2& #1900/1/2#        '结果为"21900/1/2"
```

3.3.3 关系运算

关系运算符用于对两个操作数进行比较，如果关系成立返回 True，否则返回 False。操作数通常是数值型和字符型。

表 3-4 Visual Basic 关系运算符

关系	运算符	表达式举例说明
等于	=	X = Y
不等于	< >	X < > Y
小于	<	X < Y
大于	>	X > Y
小于等于	<=	X <= Y
大于等于	>=	X >= Y
模糊比较	Like	"BAT123khg" Like "B? T*" 结果为 True

注意：

（1）如果两个操作数均为数值，则按其数值大小比较。

（2）如果两个操作数均为字符型，则按字符的ASCII值大小，从左向右逐个比较，即首先比较两个字符串的第1个字符，如果第1个字符相同，则比较第2个字符，以此类推，直到出现不同的字符为止。

（3）汉字字符大于西文字符。

（4）关系运算符的优先级相同。

在VB6.0中，增加的Like运算符，与通配符："?"、"*"、"#"、[字符列表]、[！字符列表] 结合使用，用于模糊查询。

其中"?"表示任何单一字符，"*"表示零到多个字符，"#"表示任何一个数字(0~9)，[字符列表] 表示字符列表中的任何单一字符，[!字符列表] 表示不在字符列表中的任何单一字符。例如，变量StuName $ 中存储有某个学生姓名，那么

StuName Like "王*"作用是检查该同学是否姓王

StuName Like "[！王]"作用是检查该同学姓名中不含"王"这个字

"王?"和"王*"都可以匹配"王军"，但"王*"匹配"王军红"而"王?"不能。

3.3.4 逻辑运算与位运算

逻辑运算符中除Not是单目运算符外，其余都是双目运算符，作用是将操作数进行逻辑运算，结果是逻辑值True或False，如表3-5和表3-6所示。

扫码"看一看"

表3-5 Visual Basic 逻辑运算符

运算符	逻辑	优先级	举例	说明
Not	非	1	Not X	真变假、假变真
And	与	2	X And Y	其一为假，结果为假
Or	或	3	X Or Y	其一为真，结果为真
Xor	异或	3	X Xor Y	不同为真，相同为假
Eqv	等价	4	X Eqv Y	相同为真，不同为假
Imp	蕴含	5	X Imp Y	X真Y假结果为假，否则为真

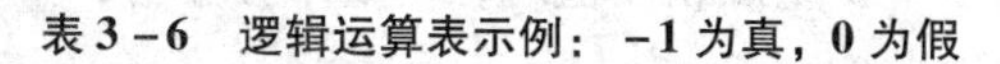

表3-6 逻辑运算表示例：-1为真，0为假

X	Y	Not X	X And Y	X Or Y	X Xor Y	X Eqv Y	X Imp Y
-1	-1	0	-1	-1	0	-1	-1
-1	0	0	0	-1	-1	0	0
0	-1	-1	0	-1	-1	0	-1
0	0	-1	0	0	0	-1	-1

说明：

（1）逻辑运算符中最常用的是Not、And、Or。其中And、Or的使用初学者容易混淆，And(也称与运算)需要两个条件同时为真结果才为真，Or(也称或运算)只要有一个条件为真结果就为真。

例如，评选优秀干部要求同时满足"参加集体活动累积积分大于15、平均成绩大于80、是共青团员"三个条件才可以成为候选对象，可表示如下：

积分 >= 35 And 平均分 >= 80 And 党派 = "共青团员"

如果用 Or 连接三个条件：

积分 >= 35 Or 平均分 >= 80 Or 党派 = "共青团员"

意思就变为了，只要满足这三个条件中的任意一个就可以。

（2）当逻辑运算符的操作数为数值时，以数值的二进制形式逐位进行逻辑运算。例如“12 And 7”表示对 12 和 7 的二进制形式 1100 与 0111 逐位进行 And 运算，得到二进制结果 100，即十进制的数值 4。其运算过程如下式所示：

```
      1100
And   0111
----------
      0100
```

因此利用逻辑运算符对数值进行运算时有如下作用：

①And 运算符常用于屏蔽某些位。例如在键盘事件中判定是否用户按下了 Shift、Ctrl、Alt 键。例如语句“x = x And 7”可以实现仅保留 x 中的低 3 位不变，其余位强制置为零。

②Or 运算符常用于把某些位强行置为 1。例如语句“x = x Or 7”可以把 x 中的低 3 位强制置为 1，其余位保持不变。

③对一个数连续执行两次 Xor 操作，可恢复原值。例如，在动画设计时，用 Xor 模式可恢复原来的背景。

3.3.5 赋值运算

赋值运算符“=”的作用是将右侧表达式的结果赋值给左侧的变量或属性。赋值运算符左侧不允许出现表达式和常量，当赋值运算符左右的数据类型不一致时，强行将右边的值转换为左边的数据类型，如果无法转换则出错。例如：

```
Dim x%, y!, z$
x = 4.6    '自动将 4.6 通过 Round 取整后，将 5 赋值给 x
y = txtScore.Text   '将文本框中的数值型字符串(例如"82")转变为单精度
z = "VB Program"
```

注意，当需要同时给多个变量赋相同值时，需要单独书写，下面代码的结果不是 a、b、c 均为 10，而是 a、b、c 均为 0。

```
Dim a%, b%, c%
a = b = c = 10
```

上面表达式中第一个等号为赋值运算符，后面两个等号为关系运算符，一定要区分清楚什么情况是赋值、什么情况是关系比较。

3.3.6 表达式与运算符的优先级

1. 表达式组成 表达式由常数、常量、变量、函数、运算符和圆括号按一定的规则组成。一个表达式运算后只有一个结果，运算结果的类型由操作数和运算符共同决定。

2. 表达式的书写规则

（1）乘号不能省略。例如，x 乘以 y 应写成：x * y。

（2）括号必须成对出现，均使用圆括号，可以出现多层圆括号。

（3）表达式从左到右在同一基准上书写，无高低、大小区分。

例如：数学表达式$\frac{\sqrt{(3x+y)-z}}{(xy)^4}$

对应的VB表达式为：sqr((3 * x + y) - z)/(x * y)^4

其中：sqr()是求平方根函数，在下一节介绍。初学者一定要熟练掌握将数学表达式改写为VB表达式的能力。

3. 不同数据类型的转换　在算术运算中，如果操作数具有不同的数据精度，VB将采用精度较高的数据类型作为运算结果的数据类型。常见数据类型的精度排序如下：

Integer < Long < Single < Double < Currency

因此：

2 +3 的结果为整型的5

2.1 +3 的结果为单精度的5.1

2 +3#的结果为双精度的5.0

注意：

（1）Long型数据与Single型数据运算的结果为Double型。

（2）除法和幂运算的结果为Double。例如，x = 3^2 和 x = 8/2 的结果都是Double。

4. 优先级　前面已介绍过，算术运算符、逻辑运算符本身都有不同的优先级，关系运算符本身优先级相同。当一个表达式中同时出现不同类型的运算符时，不同类型的运算符优先级顺序如下：

算术运算符 > 字符运算符 > 关系运算符 > 逻辑运算符

注意：

（1）括号的优先级高于运算符，函数的优先级高于括号。对于多种运算符并存的表达式，可通过圆括号改变优先级或者使表达式更易读。例如，选拔条件为“年龄(Age)小于19岁、三门课总分(Total)高于285分、其中有一门为100分”，下面的表达式是错误的：

```
Age <19 And Total >285 And Mark1 =100 Or Mark2 =100 Or Mark3 =100
```

可以改为：

```
Age <19 And Total >285 And (Mark1 =100 Or Mark2 =100 Or Mark3 =100)
```

3.4 常用内部函数

VB中的函数有两种：内部函数(标准函数)和自定义函数，自定义函数被开发后使用方法和内部函数是一样的，具体在第六章介绍。VB提供了多种内部函数供编程人员直接调用，为数据处理带来便利，包括输入输出函数、类型转换函数、字符串函数、数学函数、日期函数和其它函数等。调用函数通常有两种形式：

（1）为变量或对象的属性赋值。格式为：

变量名 = 函数名(参数列表)

对象名.属性 = 函数名(参数列表)

(2) 作为操作数直接在表达式中参与运算

说明：

（1）函数的参数不是必需的(可以有0个、1个、多个)，但每个函数一定有而且只能

有1个返回值。

（2）所谓参数就是在调用函数时提供给函数的初始数据，所谓返回值就是经过一系列运算后函数返回给调用程序的处理结果。

（3）调用函数时提供的参数个数、顺序、类型必须跟函数的参数列表一致。

3.4.1 输入输出函数

输入输出函数是用来让用户向程序输入数据和程序向用户报告信息的操作。主要指输入函数 Inputbox 和输出函数 Msgbox。

1. InputBox 函数 InputBox 函数用于接收用户交互式输入的数据。该函数通过对话框形式提供良好的交互环境，供用户输入信息，并返回输入的结果（返回值为 String 类型）。语法格式为：

InputBox(*prompt*, *title*, *default*)

例如：

SchoolName = InputBox("请输入学校名称", "信息录入", "沈阳药科大学")

结果如图3-1所示，其中：

prompt：必选参数。对话框中显示的提示信息，可以是字符串常数也可以是字符型变量。如果 *prompt* 需要显示为多行信息，可在各行之间用系统常量 vbCrLf 或回车换行符 Chr(13) & Chr(10)进行分隔。例如下面的两个语句块功能相同，结果如图3-2所示。

StuBirthday = InputBox("请输入出生日期" & vbCrLf & "格式为：yyyy-mm-dd", "信息录入", "1978-12-09")

或：

prompt = "请输入出生日期" & vbCrLf & "格式为：yyyy-mm-dd"

StuBirthday = InputBox(prompt, "信息录入", "1978-12-09")

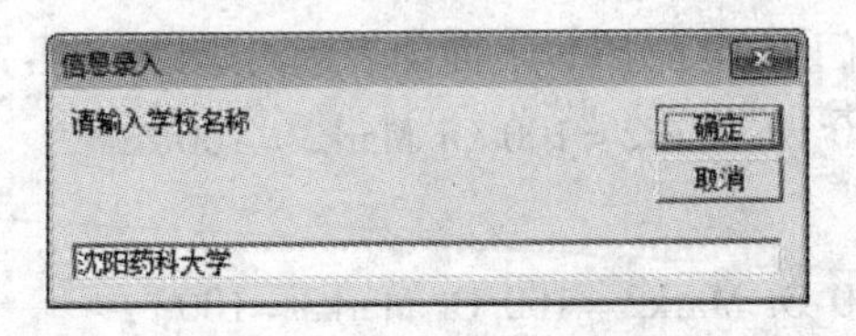

图3-1 InputBox 对话框

图3-2 多行提示信息

title：可选参数。对话框标题栏中显示的信息。如果省略 *title*，则显示当前工程的名称。

default：可选参数。对话框中文本框内显示的默认信息。如果省略则提供一个空文本框。

注意：

（1）无论用户输入数值还是文本，InputBox 函数返回的结果都是字符型。

（2）用户点击“确定”按钮返回文本框中的数据，点击“取消”返回空字符串。

（3）一个 InputBox 函数只能返回一个值，如果需要用户输入多个值可以多次调用 InputBox 函数。

（4）如果提供第3个参数但第2个参数省略，第2个参数前的逗号必须保留。例如，要求用户输入自己的学校名称，可以使用如下代码：

SchoolName = InputBox("请输入学校名称", , "沈阳药科大学")

2. MsgBox 函数　Msgbox 函数以对话框形式向用户输出报告信息，并将用户在对话框中的响应结果返回给调用程序，函数返回值为整型，后续程序根据返回值的不同执行不同的操作。语法格式如下：

整型变量 = MsgBox(*prompt*, *buttons*, *title*)

其中：

prompt：必选参数。对话框中显示的提示信息，可以是字符串常数也可以是字符型变量。显示多行提示信息的方法同 InputBox 函数的 *prompt* 参数。

buttons：可选参数。该参数为一个整数，它决定消息框中显示哪种按钮组合和图标。MsgBox 提供了 6 种按钮组合和 4 种图标供程序开发人员选择，如表 3－7 所示，当 *buttons* 参数省略时，消息框中只显示一个 OK(确定)按钮。

表 3－7　MsgBox 中可选的按钮组合和图标

系统常量	值	描述
vbOKOnly(默认)	0	只显示 OK 按钮
vbOKCancel	1	显示 OK 及 Cancel 按钮
vbAbortRetryIgnore	2	显示 Abort、Retry 及 Ignore 按钮
vbYesNoCancel	3	显示 Yes、No 及 Cancel 按钮
vbYesNo	4	显示 Yes 及 No 按钮
vbRetryCancel	5	显示 Retry 及 Cancel 按钮
vbCritical	16	显示 Critical Message 图标
vbQuestion	32	显示 Warning Query 图标
vbExclamation	48	显示 Warning Message 图标
vbInformation	64	显示 Information Message 图标

title：可选参数。在消息框标题栏中显示的信息。如果省略 *title*，则显示当前工程的名称。

下面语句的运行效果如图 3－1 所示

n = MsgBox("密码错误")

图 3－1　只提供 prompt 参数的 MsgBox

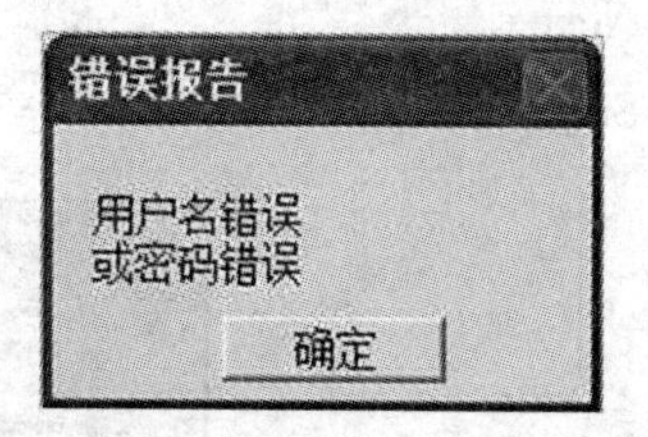

图 3－2　提供 prompt 和 title 参数的 MsgBox

下面语句的运行效果如图 3－2 所示

prompt = "用户名错误" & vbCrLf &"或密码错误"

n = MsgBox(prompt, , "错误报告")

下面语句的运行效果如图 3－3 所示，vbYesNo + vbQuestion 也可写为 36。

prompt = "用户名或密码错误" & vbCrLf &"还想重新输入吗?"

n = MsgBox(prompt, vbYesNo + vbQuestion, "错误报告")

用户单击 MsgBox 对话框的不同按钮返回不同的值。例如单击“确定”按钮(即 OK)返回值为 1(即系统常量 vbOK)，详细信息如表 3－8 所示。

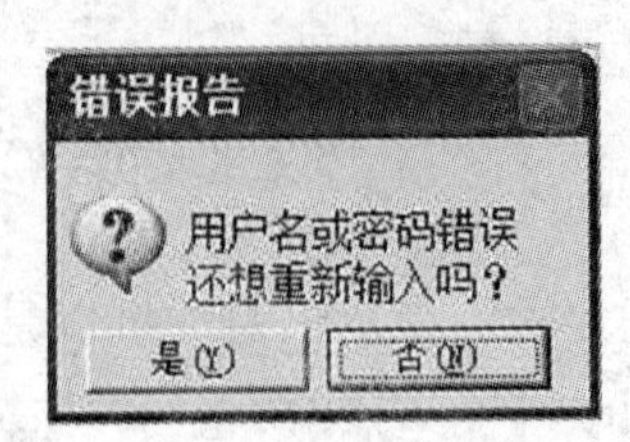

图 3－3　提供 prompt、buttons 和 title 参数的 MsgBox

表 3－8　MsgBox 不同按钮对应的返回值

按钮	返回值	对应的系统常量
OK	1	vbOK
Cancel	2	vbCancel
Abort	3	vbAbort
Retry	4	vbRetry
Ignore	5	vbIgnore
Yes	6	vbYes
No	7	vbNo

例 3－1 利用 MsgBox 在打印前询问用户是否先清屏，结果如图 3－4 所示。说明语句 If n = vbYes Then 和 If n = 6 Then 是等价的。

```
Private Sub Command1_Click( )
    n = MsgBox("打印前是否先清屏?", vbYesNo + vbQuestion, "提问")
    If n = vbYes Then
        Cls
    End If
    For i  =1 To 5
        Print Tab(10 - i); String(2 * i - 1,"*")
    Next i
End Sub
```

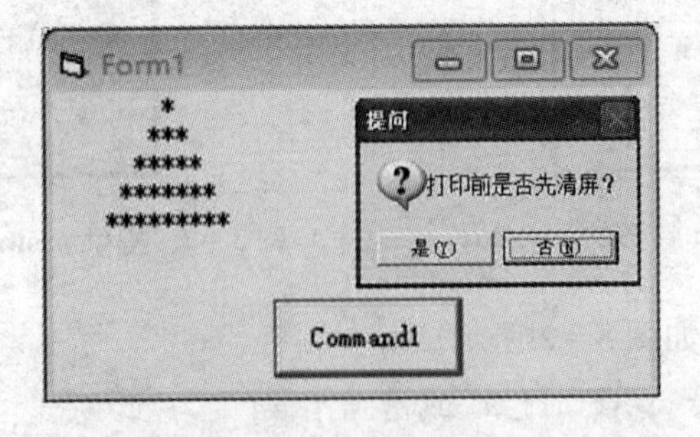

图 3－4　根据 MsgBox 的返回值执行不同的功能

3. MsgBox 语句　很多情况下，我们使用 MsgBox 只是为了报告长时间的循环运算结束、数据库读取完毕、将结果写入文件完毕等，这种消息框只有一个“确定”按钮，用户没有其它操作的选择，我们并不关心这个函数的返回值(永远为 1)。这种情况下通常我们

不使用函数形式的 MsgBox，而使用过程形式的 MsgBox（又称 MsgBox 语句）。

过程形式的 MsgBox 的特点是：没有返回值所以不能给变量赋值、参数不能用括号括起来。语法格式为：

MsgBox*prompt*，*buttons*，*title*

其中，*prompt*、*buttons*、*title* 的含义和用法与 MsgBox 函数相同，不再累述。只是 *buttons* 的取值通常只有 64（vbOKOnly + vbInformation）和 0（vbOKOnly）两种，由于 vbOKOnly 是默认值，因此参数 *buttons* 也可以省略。

4. Format 格式输出　Format 函数的功能是将指定表达式的值按照规定的数据格式进行格式化输出，返回值的类型为字符型。语法格式为：

Format(*expression*，*format*)

其中：

expression 为表达式，最终格式化输出的是这个表达式的值。

format 为由格式化符号构成的格式表达式，详见表 3－9 所示，假设日期型变量 rq 的值为#1997－7－1 8：7：6#。

表 3－9　格式化输出函数中 format 参数的格式符

数据类型	格式化符号	示例	结果	说明
Number	0	Format(1.24,"0.0")	1.2	整数位只能多不能少，
		Format(1.24,"00.000")	01.240	小数位不能多也不能少
Number	,	Format(1.246,"0，000.00")	0，001.25	在整数部分增加千分位
		Format(1246.7,"0，000.00")	1，246.70	千分位格式符写在哪无关
		Format(1246.7,"0，0.00")	1，246.70	
Number	#	Format(1.24,"#0.#")	1.2	整数位可多可少，
		Format(1246.357,"#，##0.##")	1，246.36	小数位不能多可以少
		Format(1246.3,"#，0.##")	1，246.3	
Number	$	Format(1.246,"$#，##0.##")	$1.25	强制填加货币符 $
		Format(1246.7,"$#，0.##")	$1，246.7	
Number	%	Format(0.124,"0.00%")	12.40%	数值乘 100 再补%
Date/Time	y，m，d	Format(rq，"yy－m－d")	97－7－1	y 控制显示年份的位数。1－2 位 m 和 d 决
		Format(rq，"yyyy－mm－dd")	1997－07－01	定月和日显示为几位。3－4 位 m 和 d 为
		Format(rq，"ddd")	Tue	了获取当天的月份和星期几。5 位 d 以默
		Format(rq，"dddd")	Tuesday	认日期格式快捷显示
		Format(rq，"ddddd")	1997/7/1	
		Format(rq，"mmm")	Jul	
		Format(rq，"mmmm")	July	
Date/Time	h，m，s	Format(rq，"hh：mm：ss")	08：07：06	h 时、m 分、s 秒
		Format(rq，"h：m：s")	8：7：6	

3.4.2 类型转换函数

顾名思义，类型转换函数并不产生新值，只是将参数转换为不同类型的格式。常见的类型转换函数如表 3－10 所示。

表 3－10　常用的转换函数

函数	功能	例	结果
Asc(C)	返回参数中首字符的 ASCII	Asc("B")	66
Chr(N)	返回 ASCII 对应的字符	Chr(66)	"B"

续表

函数	功能	例	结果
Hex(N)	返回10进制N的16进制	Hex(100)	"64"
Oct(N)	返回10进制N的8进制	Oct(100)	"144"
Val(C)	将数字字符串转换为数值	Val(" -1.23")	-1.23
Str(N)	将数值N转换为字符串	Str(1.23)	" 1.23"
CStr(N)	将数值N转换为字符串	CStr(1.23)	"1.23"

说明：

(1) Str()函数的返回值中第一个字符为符号位。建议采用类型转换函数CStr(N)替代Str(N)。

① Str(1.23)的结果为"1.23"(五个字符，第一个正号显示为空格)

② CStr(1.23)的结果为"1.23"(四个字符)

③ Str(-1.23)的结果为"-1.23"(五个字符，第一个为负号)

④ CStr(-1.23)的结果为"-1.23"(五个字符，第一个为负号)

(2) Val()函数的功能是把字符型参数转变为数值型。有以下几种情况：

① 数值型字符串直接转为数值。例如，Val("1.23")结果为1.23。

② 科学计数法表示的字符串直接转为数值。例如，Val("1.2E3")结果为1200。

③ 当字符串中部包含数值类型规定的字符以外的其它字符时，只转换左侧的数值部分。例如，Val("1.2ab34")结果为1.2。

④ 当字符串左侧起始位置或全部都是非数值字符时，返回0。例如，Val("ab1.2")、Val("two")结果均为0。

3.4.3 字符串操作函数

1. VB6对字符的处理机制 Windows操作系统采用ANSI编码，英文字符占1个字节，汉字占2个字节。VB6采用Unicode统一编码，所有字符都占2个字节。因此用VB6测量一个文件占用的字节数时，测量打开的文件和未打开的文件，结果可能不同。

2. 字符串函数 字符串操作是VB编程中的重要的任务，VB6提供了大量字符串操作函数，如表3-11所示。

表3-11 常用的字符串函数

函数名	含义	实例	结果
UCase(c)	将字符串c全部转为大写	UCase("aBcD")	"ABCD"
LCase(c)	将字符串c全部转为小写	UCase("aBcD")	"abcd"
Left(c, n)	从字符串c左侧取n个字符	Left("abcdef", 3)	"abc"
Right(c, n)	从字符串c右侧取n个字符	Right("abcdef", 3)	"def"
Mid(c, n1, n2)	从字符串c中n1位置开始取n2个字符。当n2省略时一直取到最后，更多用法见表后说明	Mid("abcdef", 3, 2) Mid("abcdef", 3)	"cd" "cdef"
Trim(c)	删字符串c左右两端的空格	Trim(" abcd ")	"abcd"
LTrim(c)	删除左侧的空格	LTrim(" abcd ")	"abcd "
RTrim(c)	删除右侧的空格	RTrim(" abcd ")	" abcd"
Len(c)	返回字符串c中字符个数	Len("我会abc")	5

续表

函数名	含义	实例	结果
lenB(c)	返回字符串c所占字节数	LenB("我会abc")	10
Space(n)	返回n个空格的字符串	Space(3)	"　"
String(n, c)	将字符c重复n次构成的字符串，更多用法见表后说明	String(3, "A")	"AAA"
StrReverse(c)	返回字符串c的逆序	StrReverse("abcd")	"dcba"
InStr(n, c1, c2)	从字符串c1的第n个字符开始，自左向右找c2在c1中出现的位置，n省略时默认值为1，更多用法见表后说明	InStr(3,"ababc","b") InStr("ababc","b") InStr("ababc","x")	4 2 0
InStrRev(c1, c2, n)	从字符串c1的第n个字符(含)开始，向左找c2在c1中出现的位置，n省略时从最右边的字符开始，更多用法见表后说明	InStrRev("ababa","a") InStrRev("ababa","a", 4) InStrRev("ababa","x")	5 3 0
Replace(c, c1, c2)	将字符串c中的c1全部替换为c2，更多用法见表后说明	Replace("abcabc","bc","2")	"a2a2"
StrComp(c1, c2)	比较字符串大小，c1 > c2返回1，相等返回0，c1 < c2返回-1，更多用法见表后说明	StrComp("lion","zoo")	-1

补充说明：

(1) Mid语句　除了用于从指定字符串中提取子字符串的Mid()函数以外，VB6还提供了替换字符串中部分子字符串的Mid语句。语法格式为：

Mid(S1, N, L) = S2

功能是将字符串S1中，从指定位置N开始的L个字符替换为字符串S2左侧的L个字符。假设字符型变量S的值为"The goat runs"，各种情况下的运行结果如下：

Mid(S, 5, 4) = "lion"　　　'S值为"The lion runs"

Mid(S, 5, 4) = "tiger"　　　'S值为"The tige runs"，取tiger的前4个字符

Mid(S, 5, 4) = "cat"　　　'S值为"The catt runs"，只替换3个字符

Mid(S, 5) = "tiger"　　　'S值为"The tigerruns"，替换等长的5个字符

Mid(S, 5) = "cat"　　　'S值为"The catt runs"，替换等长的3个字符

Mid("a deer", 3, 5) = "tiger"　　　'S值为"a tige"，超范围替换到最后一个字符

Mid("a deer", 3) = "tiger"　　　'S值为"a tige"，替换到最后一个字符

(2) String函数　String(n, c)函数的基本功能是产生由n个给定的字符c构成的字符串，随着c的不同，处理方式如下：

① c为单一字符。直接重复n次。例如String(2, "y")结果为"yy"，String(2, "8")结果为"88"。

② c为字符串。重复首字符n次。例如String(2, "boy")结果为"bb"，String(2, "65")结果为"66"。

③ c为数值。将c视为ASCII，重复该ASCII对应的字符n次。例如String(2, 66)结果为"BB"，String(2, 50)结果为"22"。

(3) InStr和InStrRev　语法格式分别为：

InStr(n, S1, S2, Type)

InStrRev(S1, S2, n, Type)

功能都是返回从字符串S1的第n个字符开始，S2在S1中的位置，未找到返回0，区

别在于 InStr 从左往右查找，InStrRev 从右往左查找。

① S1 和 S2 是必选的，n 和 Type 是可选参数。

② InStr 中 n 省略时从第一个字符开始，InStrRev 中 n 省略时从最后一个字符开始。

③ 在 InStr 函数中有 Type 时 n 不能省略，在 InStrRev 函数中有 Type 时 n 可以省略但是该参数的逗号不能省略。

④ Type 决定比较方式，有三种常用取值 -1、0、1，分别对应系统常数 vbUseCompare-Option、vbBinaryCompare、vbTextCompare，详细说明如下：

vbUseCompareOption（默认）以 Option Compare 语句设置为准（Option Compare Binary 默认，区分大小写的二进制比较；Option Compare Text 不区分大小写的文本比较）

vbBinaryCompare 区分大小写的二进制比较

vbTextCompare 不区分大小写的文本比较

⑤ Type 省略时，以 Option Compare 语句设置为准，若 Option Compare 也省略了，默认执行区分大小写的 Option Compare Binary。

举例如下（假设 Option Compare 语句省略）：

InStr(3,"ababc","b")　结果为 4

InStr("ABabc","b")　结果为 4

InStr("ABabc","x")　结果为 0

InStr(1, "ABabc", "b", vbTextCompare)　结果为 2

InStr("ABabc", "b", vbTextCompare)　错误，有 Type 参数时 n 不能省略

InStrRev("ababa","a")　结果为 5

InStrRev("ababa","a", 4)　结果为 3

InStrRev("ababa","x")　结果为 0

InStrRev("ABabc", "b", 3, vbTextCompare)　结果为 2

InStrRev("ABabc", "b", , vbTextCompare)　结果为 4

（4）Replace 函数：

语法格式为：

Replace(S1, S2, S3, P, N, Type)

功能是从字符串 S1 的第 P 个字符开始，查找 S2 并替换为 S3，最多替换 N 次，查找 S1 中是否有 S2 的比较方式由 Type 决定。

这六个参数中，前三个是必选的，后三个可选。当 P 省略时默认值为 1，从第一个字符开始查找；当 N 省略时默认值为 -1，表示不限定替换次数；Type 的取值和含义以及缺省时的处理同 InStr 函数，不再累述。举例如下（假设 Option Compare 语句省略）：

Replace("abABab", "cd", "xyz")　结果为"abABab"

Replace("abABab", "ab", "xyz")　结果为"xyzABxyz"

Replace("abABab", "ab", "xyz", 2)　结果为"bABxyz"

Replace("abABab", "ab", "xyz", 2, 1, vbTextCompare)　结果为"bxyzab"

Replace("abABab", "ab", "xyz", 2, , vbTextCompare) 结果为"bxyzxyz"

Replace("abABab", "ab", "xyz", , , vbTextCompare)　结果为"xyzxyzxyz"

（5）StrComp 函数：

语法格式为：

StrComp(S1, S2, Type)

功能是按照Type规定的比较方式，比较两个字符串的大小。若S1 > S2返回1，若S1 = S2返回0，若S1 < S2返回 -1。Type的取值和含义同InStr函数，不再累述。

(6) VB6中的字符串函数还包括Split()和Join()，由于这两个函数涉及到数组的操作，因此到数组的章节再讲解。

3.4.4 数学函数

VB6中常用的数学函数，如表3-12所示，其中N为数值表达式。

表3-12　常用的数学函数

函数	功能	实例	结果
Abs(N)	求绝对值	Abs(-3.8)	3.8
Sqr(N)	求平方根	Sqr(16)	4
Sgn(N)	返回参数的符号(正为1，0为0，负为-1)	Sgn(5) Sgn(0) Sgn(-5)	1 0 -1
Fix(N)	返回整数部分	Fix(3.8) Fix(3.0) Fix(-3.8)	3 3 -3
Int(N)	不大于N的最大整数	Int(3.8) Int (3.0) Int (-3.2)	3 3 -3
Round(N)	四舍五入取整，对于点五“奇进偶不进”，更多用法见表后说明	Round(3.49) Round(3.51)	3 4
Exp(N)	e的N次幂	Exp(3)	20.086
Log(N)	以e为底的自然对数，更多用法见表后说明	Log(10)	2.3
Sin(N)	N(弧度)的正弦值	Sin(0)	0
Cos(N)	N(弧度)的余弦值	Cos(0)	1
Tan(N)	N(弧度)的正切值	Tan(3.1415926/4)	0.999
Atn(N)	N的反正切值(弧度)	Atn(1)	π/4

说明：

(1) Round函数的完整语法格式为Round(N1 [, N2])，返回N1保留N2位小数的四舍五入结果，N2省略时默认取0位小数，对于点五的情况按照“奇进偶不进”的原则处理。因此

Round(3.49)为3，Round(3.51)为4，Round(3.5)为4，Round(4.5)为4

Round(3.24, 1)为3.2，Round(3.25, 1)为3.2，Round(3.35, 1)为3.4

Round(-6.2)为-6，Round(-6.8)为-7，Round(-6.5)为-6，Round(-7.5)为-8

(2) Log函数不是数学里以10为底的对数lg，而是以e为底的自然对数ln。因此数学表达式里的lg100写为VB表达式时，需要先进行换底公式处理，即以x为底y的对数等于Log(y)/Log(x)。因此lg100应该表示为Log(100)/Log(10)。

(3) Sin、Cos、Tan这三个三角函数的参数都是弧度，常见数学表达式中的角度需要先转化为弧度。因此Sin30°应该表示为Sin(30 * 3.1415926/180)。

3. 4. 5 日期函数

日期函数用于处理日期和时间信息。常用的日期函数如表 3 - 13 所示，其中 D 是程序测试的时间 2019 - 8 - 1 9：2：6 星期四。

表 3 - 13　常用的日期函数

函数	功能	实例	结果
Date	返回当前日期	Date	2019 - 8 - 1
Time	返回当前时间	Time	9：2：6
Now	当前日期和时间	Now	2019 - 8 - 1 9：2：6
Timer	午夜到现在经过的秒数	Timer	32526. 79 小数为不足 1 秒的部分
Year(D)	D 中的年	Year(D)	2019
Month(D)	D 中的月	Month(D)	8
Day(D)	D 中的日	Day(D)	1
Hour(D)	D 中的时	Hour(D)	9
Minute(D)	D 中的分	Minute(D)	2
Second(D)	D 中的秒	Second(D)	6
Weekday(D)	D 是一个星期中的第几天	Weekday(D)	5
DateAdd(u，n，D)	D 的基础上再加 n 个时间单位 u	DateAdd("d"，2，D)	2019 - 8 - 3 9：2：6
DateDiff(u，D1，D2)	D1 和 D2 相隔多少个时间单位 u	DateDiff("d"，#2019 - 8 - 1#，#2019 - 8 - 3#)	2

说明：

(1) 函数 DateAdd 和 DateDiff 中的第一个参数 u 均为时间单位，具体如表 3 - 14 所示。

表 3 - 14　时间单位

单位形式	yyyy	q	m	y	d	w	ww	h	n	s
意义	年	季	月	一年的日数	日	一周的日数	周	时	分	秒

其中 y、d、w 在 DateAdd 函数中都表示天。w、ww 在 DateDiff 函数中都表示周。当按照整月、整年进行加减操作时，如果结果的日期超出了本月的范围(例如推算结果为 31 日，而该月只有 28 天或 30 天，则取该月最后一天)。例如：

DateAdd("d"，-4，#2019 - 10 - 05#)结果为 2019 - 10 - 01

DateAdd("m"，1，#2019 - 01 - 31#)结果为 2019 - 02 - 28

DateAdd("m"，-1，#5/31/2019#)结果为 2019 - 04 - 30

DateAdd("yyyy"，1，#2020 - 02 - 29#)结果为 2021 - 02 - 28

DateDiff("d"，#2019 - 10 - 08#，#2019 - 10 - 01#)　结果为 -7

(2) Month、Weekday、MonthName 和 WeekdayName

Month 和 Weekday 返回值均为整数，表示给定日期是当年的第几个月、当前星期中的第几天。如果想得到“十月”、“October”、“Oct”、“星期二”、“Tuesday”、“Tue”这样的字符型名称信息，可以采用 MonthName、WeekdayName 函数，其语法格式为：

Month(D)

MonthName(n [，abbreviate])

Weekday(D [, firstdayofweek])

WeekdayName(n [, abbreviate, firstdayofweek])

其中，参数 abbreviate 为逻辑型表示名称结果是否允许缩写，True－缩写，False－不缩写(默认值)。Firstdayofweek 为整型 1(vbSunday)~7(vbSaturday)，分别对应周日作为一周的第一天(默认)到周六作为一周的第一天。假设日期型变量 D 的值为#2019－10－01#，那么

Month(D)的结果为 10

MonthName(Month(D), True)的结果为“Oct”或“10 月”

MonthName(Month(D), False)的结果为“October”或“十月”

Weekday(D, vbSunday)的结果为 3

Weekday(D, vbMonday)的结果为 2

WeekdayName(3, True, vbSunday)和 WeekdayName(2, True, vbMonday)结果相同，均为“Tue”或“周二”

WeekdayName(3, False, vbSunday)和 WeekdayName(2, False, vbMonday)结果相同，均为“Tuesday”或“星期二”，第二个参数省略默认值仍为 False

3.4.6 其他常用函数

1. Rnd 函数　Rnd 函数的功能是随机返回一个单精度数值 x(0≤x<1)。

(1) 利用表达式 Int(Rnd * (n－m＋1)＋m)可以产生 m~n 之间的随机整数，例如：

Int(Rnd * 90＋10)可以产生一个随机的两位正整数

Chr(Int(Rnd * 26＋65))可以产生一个随机的大写字母

(2) VB 程序运行后，多次调用 Rnd 函数得到的随机数序列是由一个被称为种子值的参数决定的。默认情况下，每次运行 VB 程序都采用相同的种子值，因此我们的程序每次运行后，得到的随机数序列都是相同的。为了避免出现这种固定的随机数序列，可以在程序中第一次调用 Rnd 函数之前(可以放到 Form_ Load 事件中)执行一次 Randomize 语句，其作用是每次运行该程序得到的随机数序列都是随机的。有些情况下，要求我们产生的随机数序列必须是可重现的，例如大城市的购车摇号，此时可以使用 Randomize *seed* 语句，只要指定的种子值 seed 相同，得到的随机数序列就是确定的。

2. IsNumeric 函数　功能是判断给定表达式的值是否为数值型。语法格式为：

IsNumeric(表达式)

表达式 expression 的值是数值型返回 True，否则返回 False。例如：

表达式：10＋20、True、3>5、"－100"、"1.23E－4"、"1.23D－4"、"1, 234.56"等的值均可视为数值型，"1.23%"、"1.23EF4"、"1.23abcd"、"abcd45"均为非数值类型。由上可知，对于科学计数法中的 E、e、D、d 和千分位均可视为数值型字符，但货币符号"$"是否可以被正确识别，取决于电脑的系统设置，当区域设置为使用 $ 符的美国等地区时，"$1, 234.56"可以被识别为数值型字符，但是我们的中文操作系统默认的设置不可以。

例如，下面的程序可以对用户录入的年龄进行有效性检查。

```
Private Sub cmdSubmit_Click()
    Dim StuAge%
    If Not IsNumeric(txtAge.Text) Then
```

```
            MsgBox "年龄信息必须用数字表示!", vbCritical, "错误报告"
    Else
            If Val(txtAge. Text) < 0 Then
                MsgBox "年龄不能为负!", vbCritical, "错误报告"
            Else
                StuAge = txtAge. Text
            End If
    End If
End Sub
```

3. TypeName 函数 功能是返回表示式的数据类型。语法格式为

TypeName(表达式)

例如:

```
    Print TypeName(4 + 2)    'Integer
    Print TypeName(4 / 2)    'Double
    Print TypeName(4 ^2)     'Double
```

4. Shell 函数 功能是在 VB 程序中调用本工程以外的可执行程序。语法格式为:

Shell(命令字符串 [, 窗口类型])

其中:

命令字符串通常为带有完整路径信息的可执行文件名。

窗口类型为可选参数，决定被调用的程序执行时初始窗口的状态，具体取值如表 3-15 所示。默认值为 2，推荐值为 1。

表 3-15 Shell 函数的窗口类型参数

值	系统常量	含义
0	VbHide	窗口被隐藏，且焦点会移到隐式窗口
1	VbNormalFocus	窗口有焦点，正常大小和位置显示(推荐)
2	VbMinimizedFocus	窗口最小化，有焦点(默认值)
3	VbMaximizedFocus	窗口最大化，有焦点
4	VbNormalNoFocus	窗口显示正常大小和位置，无焦点
6	VbMinimizedNoFocus	窗口最小化，无焦点

说明:

(1) Shell 函数返回值为双精度类型，表示被调用应用程序的任务标识 ID，如果调用不成功返回值为 0。例如调用 Win10 的记事本程序，窗口以正常大小打开并拥有焦点，语句如下:

```
i = Shell("C:\Windows\System32\notepad. exe", vbNormalFocus)
```

(2) 如果希望被调用程序(例如记事本)执行后，自动打开某个数据文件(例如 D:\ Score. txt)，语法格式为:

```
i = Shell("C:\Windows\System32\notepad. exe D:\Score. txt", vbNormalFocus)
```

或者用变量形式表示为:

```
Dim FileName $
FileName = "D:\Score. txt"
```

```
i = Shell("C:\Windows\System32\notepad.exe" & " " & FileName)
```

注意：在可执行程序和数据文件之间有一个空格。

3.5 程序语句

3.5.1 赋值语句

1. 为普通变量赋值　语法格式：

变量 = 表达式

对象名．属性 = 表达式

说明：等号左面只能是一个变量或属性，不能是表达式或变量列表。当表达式的值和变量的数据类型不一致时，系统会自动将等号右边的值转换为等号左边的类型，然后再赋值。这个过程可能会造成数据丢失，例如：

```
Dim a%, b%, c%, d%, e%
a=1.4
b=1.4
c=1.4
d=a + b + c
e=1.4 + 1.4 + 1.4
Print d, e
```

结果中d和e分别为3和4，都不准确，都存在数据的丢失。下面的代码中由于变量a的值超出了变量b的值域范围，因此导致程序错误：

```
Dim a!, b%
a = 40000
b = a
```

2. 为对象变量赋值　语法格式：

Set 变量 = 表达式

下面的代码将文本框txtAge的背景色设为红色，前景色设为黄色。

```
Dim a As TextBox
Set a = txtAge
a.BackColor = RGB(255, 0, 0)
a.ForeColor = RGB(255, 255, 0)
```

注意：赋值符号和关系运算符中的“相等”写法相同，但是执行的操作却截然不同，一定要注意区分。

3.5.2 Stop 语句

语法格式：Stop

功能：暂停程序的执行。用于在程序调试阶段，查看程序执行到某个位置时各参数的状态。

举例：将下面程序放在一个按钮的单击事件中，运行后观察效果。

```
Private Sub Command1_Click()
    Dim b% , Sum%
    b = InputBox("请输入一个大于 1 的正整数", "输入", 10)
    Sum = 0
    For i = 1 To b
        Sum = Sum + i
        Stop    '程序运行到这里暂停
    Next i
    Print "从 1 到"& b & "的和是"& Sum
End Sub
```

3.5.3 End 语句

End 语句用于结束一个语句块、过程或整个程序，常用的 End 语句有：End If、End Sub、End Function、End Select、End Type、End With、End 等。

注意：单独由 End 构成的语句，可以在任何位置关闭程序，它不调用 Unload、QueryUnload 或 Terminate 等事件，而是直接终止代码的执行、关闭以 Open 语句打开的文件并释放变量空间。因此，当需要在用户退出程序前执行某些检查任务时(例如检查是否还有未保存的工作等)，需要慎重使用 End 语句。

3.6 程序的编写规则

至此，我们已经介绍了 VB 的基本控件、数据类型、变量、各种内部函数，大家可以书写各种表达式，实现简单的设计功能。VB 的程序代码结构相对严谨(有 If…End If、Sub…End Sub 等配对结构)，有自己的一套代码书写规则，我们需要熟练掌握。

1. VB 代码不区分大小写

(1) 程序中的关键字被自动格式化为首字母大写其余小写，蓝色显示。

(2) 为了增加程序的可读性，建议声明常量和变量时，常量名全部大写、变量名首字母大写，后续代码录入时全部小写，如果书写正确会自动将常量名全部变为大写、变量名变为首字母大写，以提高录入的正确性。

2. 语句书写自由

(1) 一行可以书写多个语句，语句间用英文冒号分隔。

(2) 一个语句可分若干行书写，换行处加续行符(空格 + 下划线 + 回车)。

(3) 一行可书写 255 个字符。

3. 自由添加程序注释 通过注释可以增加程序的可读性，还可以在调试阶段临时屏蔽某些语句的执行，以快速找到问题的根源。

(1) 用 Rem 关键字注释。只能将 Rem 放在语句的开头。

(2) 用英文的单引号进行注释。单引号既可以放在语句的开头，也可以放在有效语句之后。

(3) 对现有的大量语句，可以通过“编辑”工具栏中的“设置注释块”按钮☰和“解除注释块”按钮☰，进行批量注释或批量取消注释。

（4）注释内容自动用绿色标注。注释文本帮助程序员理解程序的功能而书写的，在程序运行时自动跳过，不予执行。

（5）换行符的后面不能添加注释。

4. 保留行号与标号　VB程序保留了BASIC语言遗留的行号和标号，但不是必需的。行号是在某行语句的开头以数字加空格开头的编号；标号是在某行语句的开头以字母开始以冒号结束的字符串(就是这行语句的别名)。行号和标号的目的是在转向语句(GoTo)中指明跳转的语句地址。在结构化程序设计方法中，应尽量减少使用GoTo语句。下面程序利用GoTo语句实现不合法年龄的重新录入与合法年龄的打印。

```
Private Sub Command1_Click( )
    Dim Age As String
10  Age = InputBox("请输入你的年龄", "输入")
    If IsNumeric(Age) Then
        GoTo Dayin
    Else
        MsgBox "输入的数据不合法", vbCritical, "消息框"
        GoTo 10
    End If
Dayin: Print "你的年龄是"& Age
End Sub
```

扫码“练一练”

扫码“学一学”

第 4 章　分支与循环

内容提要

- 从结构化程序说起
- 分支
- 循环
- 各种应用

结构化程序设计中包含三种基本结构：顺序、分支和循环，如图 4－1 所示。分支和循环在程序代码中是经常用到的结构，这两种结构在代码执行时可以改变程序的流程，使程序根据条件执行不同的路线或使某段代码被重复执行。

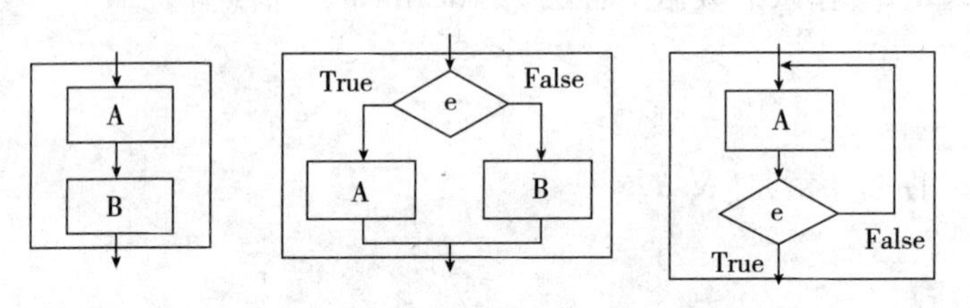

图 4－1　顺序、分支和循环结构示意图

4.1 分支结构

4.1.1 If－Then 语句（单分支结构）

If－Then 语句（单分支结构）流程图如图 4－2 所示，有两种书写格式，可以根据需要选择某种形式的条件语句。

1. 单行语句结构

If <表达式> Then <语句>

2. 多行语句结构

If <表达式> Then
　<语句块>
End If

其中<表达式>表示条件（如图 4－2 中用 e 代替），它可以是逻辑变量、关系表达式或逻辑表达式；有时也可以是算数表达式，表达式值按非零转换为 True，零转换为 False 进行判断。<语句块>表示一条语句或多条语句（图中用 A 代替），若用单行语句形式表示，则只能是一条语句，或者是语句间用冒号分隔，且几条语句必须写在同一行上。

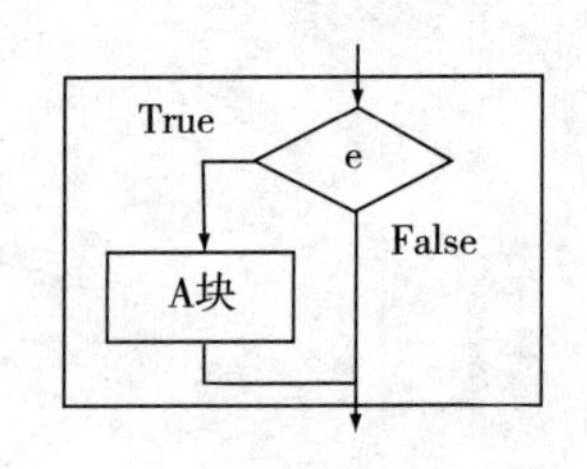

图 4－2　单分支结构示意图

功能：如果条件值为真，则执行其后的代码：如果条件值为假，则不执行其后的代码。

注意：单行语句结构不需要写 End If 语句。

例如：已知两个数 x 和 y，比较它们的大小，使得 x 大于 y。语句如下：

```
If x < y Then
  t = x          'x 与 y 交换
  x = y
  y = t
End If
```

或 `If x < y Then t = x : x = y : y = t`

注意：将存放在两个变量中的数据进行交换，必须借助于第三个变量才能实现，如果把上面语句写成：If x < y Then x = y : y = x 执行后结果会如何呢?

4.1.2 If – Then – Else 语句(双分支结构)

扫码“看一看”

If – Then – Else 语句（双分支结构）流程图如图 4 – 3 所示，有两种书写格式，可以根据需要选择某种形式的条件语句。

1. 单行语句结构

```
If <表达式> Then <语句1> Else <语句2>
```

2. 多行语句块结构

```
If <表达式> Then
   <语句块A>
Else
   <语句块B>
End If
```

功能：单行语句结构，如果 <表达式> 为真，就执行语句1；否则就执行语句2。

多行语句块结构，如果 <表达式> 为真，就执行 <语句块A>（如图4 – 3 中用 A 块代替），接着执行 End If 的下一条语句；否则就执行 <语句块B>（如图4 – 3 中用 B 块代替），然后执行 End If 的下一条语句。

注意：多行语句一定要有 End If 语句

例如：计算分段函数 $y=\begin{cases} e^x+\sqrt{x^2+5}, & x\neq 0 \\ \ln x+x^2+7, & x=0 \end{cases}$

```
If x <> 0 Then
   y = Exp(x) + Sqr(x^2 + 5)
Else
   y = log(x) + x^2 + 7
End If
```

图 4 – 3 双分支结构

4.1.3 If – Then – Else 语句（多分支结构）

单分支结构是满足条件时执行语句，双分支结构根据条件的真和假决定执行哪个分支中的一个。当需要处理的问题有多种条件时，就要用到多分支结构，流程图如图 4 – 4 所示。

```
If  <表达式1>  Then
    <语句块A1>
ElseIf <表达式2>  Then
    <语句块A2>
ElseIf <表达式3>  Then
    <语句块A3>
    ........
ElseIf <表达式N>  Then
    <语句块N>
Else
    <语句块N+1>
End If
```

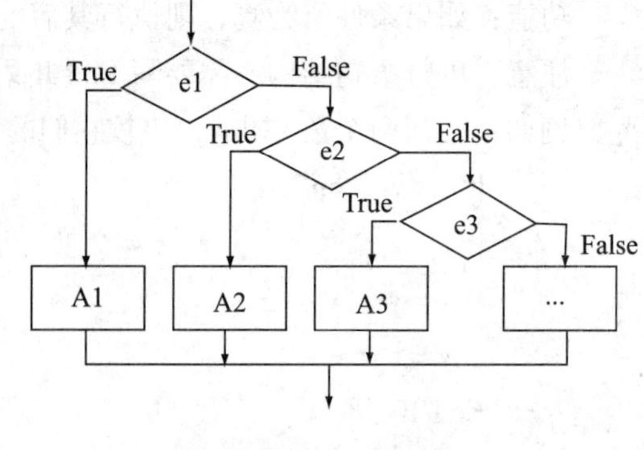

图4-4 多分支结构

功能：如果条件<表达式1>值为真，就执行<语句块A1>，接着执行 End If 的下一条语句；否则就判断下一个条件<表达式2>，如果条件<表达式2>值为真，就执行<语句块A2>，然后执行 End If 的下一条语句，…，当没有条件为真，就执行 Else 后面的<语句块N+1>。

注意：多分支语句中只可能有一个语句块被执行，且一旦有一条语句被执行，其他语句将不被执行。

【例4-1】将考试成绩转换成等级。计算规则如下：

分数	100-90	89-80	79-70	69-60	<60
等级	A	B	C	D	E

用户界面如图4-5所示，由两个文本框和两个命令按钮及相应的用于说明的标签组成（读者可自行设计界面及设置相关属性）。

要求：从文本框1中输入成绩分数，当输完数据按回车键时，等级结果自动地出现在文本框2中。

```
Private Sub Text1_KeyPress(KeyAscii As Integer)
    Dim Score As Integer, Degree As String
    If KeyAscii = 13 Then
        Score = Val(Text1.Text)
        If Score >= 90 And Score <= 100 Then
            Degree = "A"
        ElseIf Score >= 80 Then
            Degree = "B"
        ElseIf Score >= 70 Then
            Degree = "C"
        ElseIf Score >= 60 Then
            Degree = "D"
        Else
            Degree = "E"
        End If
```

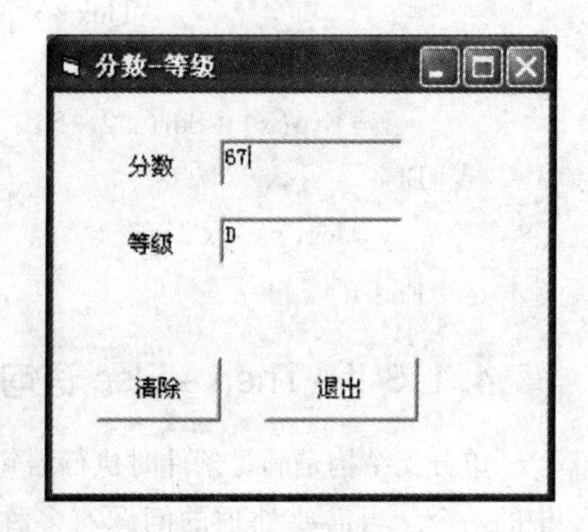

图4-5 程序界面

```
        Text2. Text  =  Degree
    End If
End Sub
```

4.1.4 If 语句嵌套

If 语句可以嵌套使用，嵌套使用时应注意 If 与 End If 的层层配套关系。一般来说 If 语句的嵌套遵从“就近原则”，即最里层的 If 与下面最近的 End If 是一对，Else 也一样遵从“就近原则”。

注意：书写代码时请用缩进的格式书写代码，这样容易检查。

【例4-2】已知三角形三条边的长度，设计求三角形面积的程序。输出结果显示在文本框中。

问题分析：设三角形的三条边分别为 a、b、c，当 $a+b>c$、$a+c>b$ 且 $b+c>a$ 时，三角形存在，其面积

式中：$s=\sqrt{P(P-a)(P-b)(P-c)}$

$P=(a+b+c)/2$

算法说明：三角形的三条边 a、b、c 都必须大于0，同时满足构成三角形的条件：任意两边之和要大于第三边。根据问题分析，可得到如图4-6所示的算法流程图。用户界面设计如图4-7所示，界面各元素的属性设置略。如果给出的数据不能满足要求构不成三角形，则弹出“数据错误”的信息框。

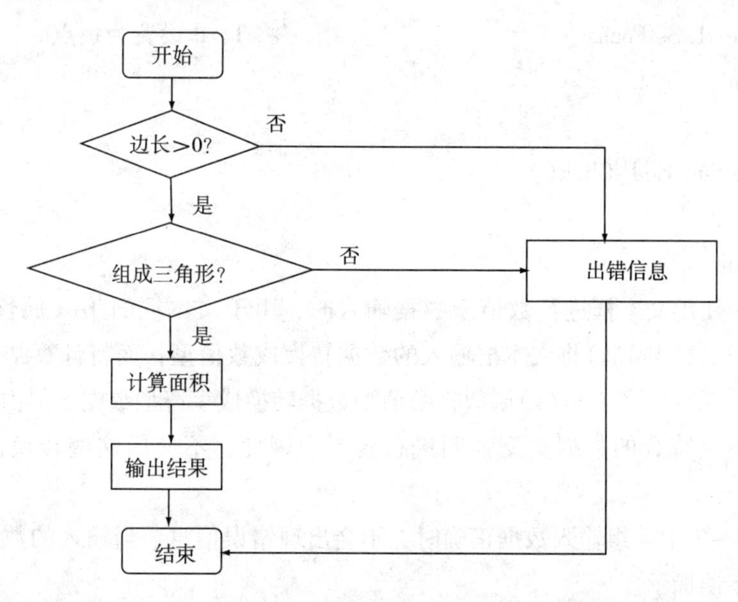

图4-6　三角形面积计算流程图

>代码如下：

```
Option Explicit
Private Sub cmdCalculate_Click( )
    Dim a As Single, b As Single, c As Single, p As Single, s As Single
    a = Val(Text1. Text)
    b = Val(Text2. Text)
    c = Val(Text3. Text)
```

```
        If a >0 And b >0 And c >0 Then
          If a + b > c And b + c > a And c + a > b Then
              p = (a + b + c)/2
              s = Sqr(p * (p - a) * (p - b) * (p - c))      '求三角形面积
              Text4. Text =  CStr(Int(s  *  1000  +  0. 5) / 1000)
              '保留三位小数，第四位四舍五入
        Else
              MsgBox "不能构成三角形"                    '数据错误信息
        End If
        Else
              MsgBox "边长不能小于 0"                    '数据错误信息
        End If
    End Sub

        Private Sub cmdClear_Click( )
              Text1. Text  = ""                          '清除原有数据
              Text2. Text  = ""
              Text3. Text  = ""
              Text4. Text  = ""
              Text1. SetFocus                            '将 Textl 设置为焦点
        End Sub

        Private Sub End_Click( )
              End
        End Sub
```

程序说明：使用文本框进行数值型数据输入时，由于文本框的 Text 属性是字符型的，所以使用了转换函数 Val(x)将文本框输入的数据转换成数值型；而将计算结果赋给文本框的 Text 属性时，又使用了 CStr(x)函数将数值型数据转换成字符型数据。但由于赋值语句执行时，也会对不相符合的数据类型强制进行转换，因此，不使用这些转换函数程序也能执行。

注意，图 4 -7 中一组输入数据正确时，不会出现错误信息。当输入的数据不符合条件时可能出现的错误提示。

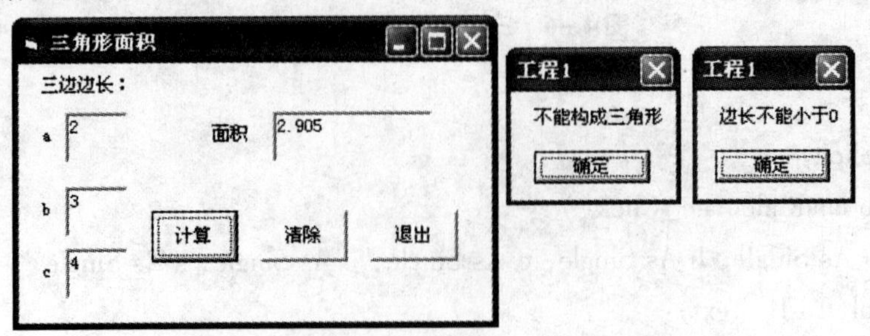

图 4 -7　求三角形面积程序界面及运行出错提示信息

4.1.5 Select Case－End Select 结构

Select Case 语句又称情况语句，是多分支结构的另一种表示形式，此种表示形式更直观，但必须符合规定的语法规则。它的一般形式如下：

```
Select Case e
Case C1
    A 组语句
Case C2
    B 组语句
Case Else
    N 组语句
End Select
```

其中，e 称为测试表达式，可以是算术表达式或字符表达式；c1，c2，…是测试项，它们可取三种形式。

（1）具体取值。例如，3、5、7.2 等（当测试表达式是算术表达式时）。

（2）连续的数据范围。例如，8 To 20，"B" To "H"等。

（3）满足某个判决条件。例如，Is >20，Is <= "P"等。

测试项还可以是这三种形式的组合。例如：4，7 To 9，Is >30。即一个 Case 语句中允许有多个测试项，项与项之间用逗号分隔。

本结构的执行方式是：先求测试表达式的值，接着逐个检查每个 Case 语句的测试项，如果测试表达式的值满足某个测试项中的任意一个测试内容，系统就执行该 Case 语句下的那组语句；若没有一个测试项满足要求，就执行 Case Else 下的语句。本组语句执行完后，跟着执行 End Select 语句的下一条语句。

【例4－3】用 Select Case 结构实现【例4－1】的功能。

```
Private Sub Text1_KeyPress(KeyAscii As Integer)
      Dim Score As Integer, Degree As String
      If KeyAscii = 13 Then
            Score = Val(Text1.Text)
            Select Case Score
              Case 90 To 100
                        Degree = "A"
                Case Is >= 80
                        Degree = "B"
                Case Is >= 70
                        Degree = "C"
                Case Is >= 60
                        Degree = "D"
                Case Else
                        Degree = "E"
            End Select
```

```
        Text2.Text = Degree
    End If
End Sub
```

对比【例4-1】可以看出 Select Case 结构与多分支结构在某些情况下可以相互替代。当条件是对某一个值进行判断，并且是一些离散值时，选用 Select Case 结构比较合适。

【例4-4】编写一个按月收入额计算个人收入调节税的应用程序。

计税公式如下：

$$tax=\begin{cases}0 & pay\leq 1000\text{ 或离退休}\\(pay-1000)*0.05 & 1000<pay\leq 1500\\(pay-1500)*0.1+25 & 1500<pay\leq 2000\\(Pay-2000)*0.15+75 & 2000<pay\leq 2500\\(pay-2500)*0.2+150 & 2500<pay\leq 3000\\(pay-3000)*0.25+250 & 3000<pay\leq 3500\\(Pay-3500)*0.3+375 & 3500<pay\leq 4000\\(pay-4000)*0.35+525 & 4000<pay\leq 4500\\(pay-4500)*0.4+700 & pay>4500\end{cases}$$

式中，pay 为纳税人的月收入。

根据计税方法，用 If 与 Select Case 结构嵌套来实现税费计算。本题也可以用多分支 If 结构实现，请读者自己修改程序代码。

设计程序的运行界面如图4-8所示，程序代码如下：

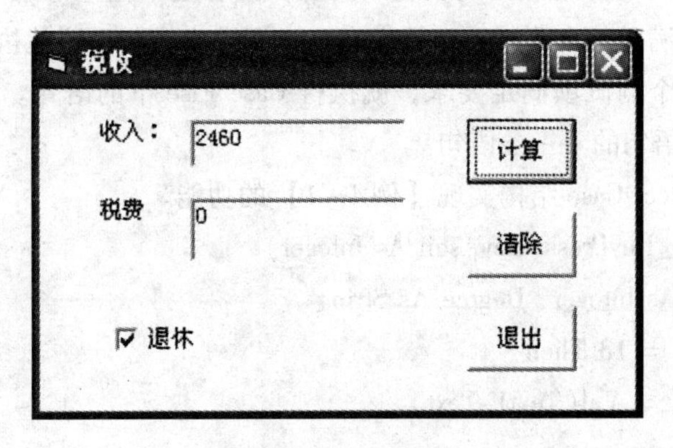

图4-8　税收界面

```
Option Explicit
Private Sub Command1_Click()
    Dim tax As Single, pay As Single
    pay = Text1
    If Check1.Value = 1 Or pay <= 1000 Then
        tax = 0
    Else
        Select Case pay
        Case Is <= 1500
            tax =(pay - 1000) * 0.05
```

```
            Case Is <= 2000              '或 1500 To 2000
              tax = 25 + (pay - 1500) * 0.1
            Case 2000 To 2500
              tax = 75 + (pay - 2000) * 0.15
            Case 2500 To 3000
              tax = 150 + (pay - 2500) * 0.2
            Case 3000 To 3500
              tax = 250 + (pay - 3000) * 0.25
            Case 3500 To 4000
              tax = 375 + (pay - 3500) * 0.3
            Case 4000 To 4500
              tax = 525 + (pay - 4000) * 0.35
            Case Else
              tax = 700 + (pay - 4500) * 0.4
        End Select
    End If
        Text2.Text = tax
    End Sub

    Private Sub Command2_Click()
        Text1.Text = ""
        Text2.Text = ""
        Text1.SetFocus
    End Sub

    Private Sub Command3_Click()
        End
    End Sub
```

4.1.6 条件函数

VB 中提供的条件函数：IIF 函数和 Choose 函数，有时前者可以代替 IF 语句，后者可以代替 Select Case 语句，均适用于简单的条件判断，而使程序简化。

1. IIf 函数　IIf 函数形式：

IIf（表达式，当表达式为 True 时的返回值，当表达式为 False 时的返回值）

例如，求 x，y 中的大数，放入变量 Maxm 中，语句如下：

Maxm = IIf(x > y, x, y)

2. Choose 函数　Choose 函数形式：

Choose（数字类型变量，值为 1 的返回值，值为 2 的返回值......）

例如，根据变量 op 的值（1 ~4），转换为 +、-、×、÷运算符的语句如下：

x = Choose(op, "+", "-", "×", "÷")

当值为 1 时，返回字符串" + "，然后存入变量 x 中，当值为 2 时，返回字符串" - "，以此类推；当 op 是 1 ~4 的非整数时，系统自动取 op 的整数部分再判断；若不在 1 ~4 之间，函数返回 Null 值。

4. 2 循环结构

所谓循环结构，就是满足一定条件时重复地执行某些操作，在程序中体现的就是部分代码被重复执行。VB 中循环结构分为两大类：计数循环(For – Next) 和 条件循环(Do – Loop)。在条件循环中又有当型循环结构（While）和直到型循环结构(Until)之分。

4. 2. 1 For – Next 循环结构

如果事先已知循环次数，则可使用 For – Next 循环结构语句。它的一般形式如下：

```
For i  =  n1  To n2  [Step n3]
        <循环体>
Next i
```

其中，i 是循环控制变量，应为数值型；n1、n2 和 n3 是控制循环的参数。n1 为初值、n2 为终值、n3 为步长。当 n3 = 1 时，Step n3 部分可以省略。

执行 For 语句，系统将做以下操作：

（1）计算 n1、n2 和 n3 的值(如果 n1、n2、n3 为算术表达式)。

（2）给 i 赋初值 n1。

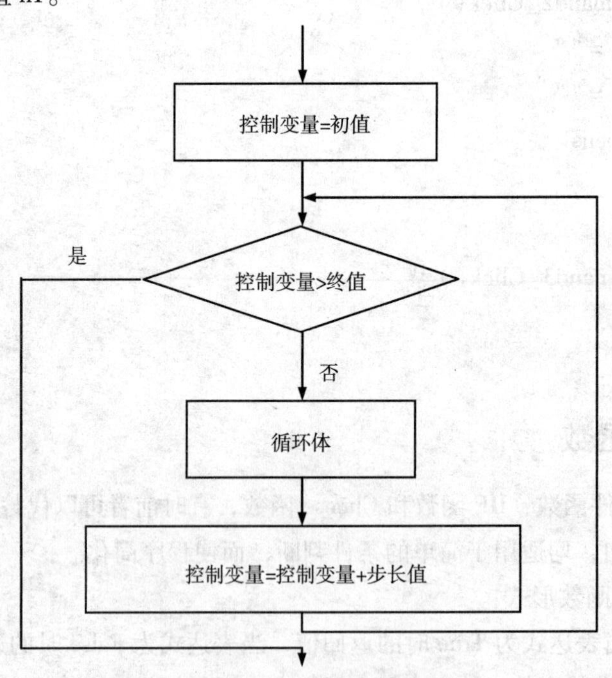

图 4 –9　For – Next 循环流程图

（3）进行判别。当 n3 >0(步长为正数)时，判别 i 值是否大于 n2，如果不大于，执行循环体，否则退出循环；当 n3 <0(步长为负数)时，判别 i 值是否小于 n2，如果不小于，则执行循环体，否则退出循环。

执行 Next 语句，系统执行下述操作：

（4）i 增加一个步长，即执行 i ＝ i ＋ n3，转而执行步骤（3）。

For－Next 循环执行方式的流程图（步长值为正的计数循环）如图4－9所示。

注意：三个循环参数 n1、n2 和 n3 中包含的变量如果在循环体内被改变，不会影响循环的执行次数；但循环控制变量若在循环体内被重新赋值，则循环次数有可能发生变化。

For－Next 循环的正常循环次数可用下式计算：

$$循环次数 = Int((n2 - n1)/n3) + 1$$

例如，执行下面的程序代码：

```
Option Explicit
Private Sub Form_Click( )
        Dim i As Integer
        For i  =  1 To 10 Step 3
            Print i;
        Next i
        Print
        Print"循环结束后 i = " ; i
End Sub
```

图4－10　显示结果

窗体上将显示结果如图4－10所示。

它表明循环一共执行了4次，结束循环后，i 的取值为13。

由于数据在计算机内部均是以二进制形式存储的，十进制整数可准确转换为二进制形式，而带小数点的十进制数在转换为单精度或双精度时则多半存在数制转换误差。如果使用非整型数做循环控制变量，循环参数也使用非整型数，那么循环次数就有可能发生意想不到的变化。所以应尽可能避免使用非整型数控制循环的执行。

注意，在循环体内通过条件判断，还可以使用 Exit for 语句中途跳出循环，与 Do－Loop 循环中使用 Exit Do 类似。

【例4－5】编写一个程序求1～10这十个数的和与乘积。

算法分析：求若干个数之和或若干个数的乘积，可采用"累加"与"累乘"法。累加法是设置一个存放和数的变量，称为"累加器"，它的初始值设为0，累加过程通过循环实现，在循环体中，和数与累加器相加后再赋值给累加器；累乘的算法与累加类似，不过设置的是"累乘器"，它的初始值应设为1，在循环体内，乘数应与累乘器相乘。在求乘积时，应注意乘积的大小，设置适当的数据类型。

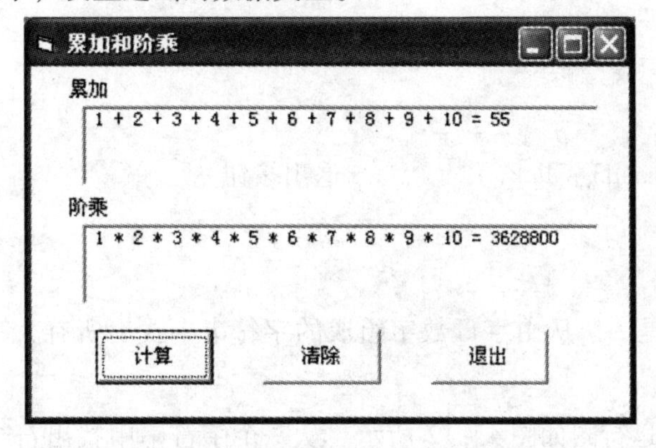

图4－11　程序设计界面及运行图

程序设计界面及运行结果如图 4 - 11 所示，界面凹陷部分是两个图片框。

程序代码如下：

```
Option Explicit
Private Sub Command1_Click( )            '计算按钮
    Dim i As Integer, sum As Integer, fact As Long
    sum = 0
    For i = 1 To 10
        sum = sum + i
        If i < 10 Then
            Picture1. Print i; " + ";
        Else
            Picture1. Print i; " = ";
        End If
    Next i
    Picture1. Print sum
    fact = 1
    For i = 1 To 10
        fact = fact * i
        If i < 10 Then
            Picture2. Print i; "*";
        Else
            Picture2. Print i; "=";
        End If
    Next i
    Picture2. Print fact
End Sub

Private Sub Command2_Click( )            '清除按钮
    Picture1. Cls
    Picture2. Cls
End Sub

Private Sub Command3_Click( )            '退出按钮
    End
End Sub
```

【例 4 - 6】下面是一个从由字母数字组成的字符串中找出所有大写字母并逆序输出的程序。

程序设计界面及运行图如图 4 - 12 所示。从一个字符串中找出符合要求的字符是采取对字符串的每一个字符逐个筛选的方法实现的。本例利用 Mid 函数可以从字符串中提取出

单个字符，利用循环控制处理过程，循环的终值使用 Len 函数；对于符合要求的字符采用连接运算符组成新字符串（逆序连接）。

程序代码如下：

```
Option Explicit
Private Sub Cmd1_Click( )
    Dim s As String, t As String
    Dim i As Integer
    s = Text1. Text
    For i = 1 To Len(s)
        If Mid(s, i, 1) >="A" And Mid(s, i, 1) <="Z" Then
            t = Mid(s, i, 1) & t              '实现逆序输出效果
        End If
    Next i
    Text2. Text = t
End Sub

Private Sub Cmd2_Click( )
    Text1. Text ="" 
    Text2. Text ="" 
    Text1. SetFocus
End Sub

Private Sub Cmd3_Click( )
    End
End Sub
```

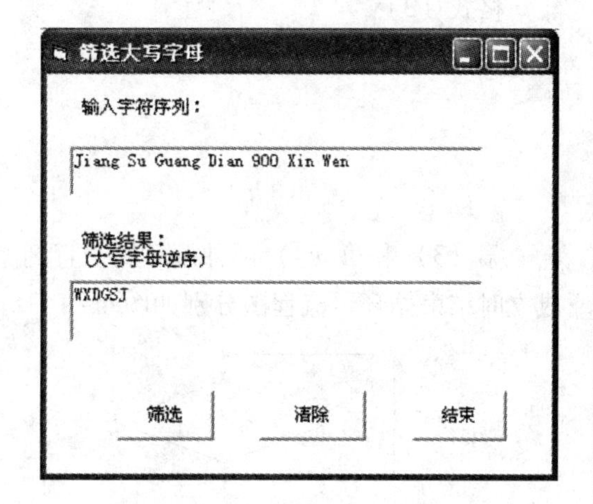

图 4-12　程序设计界面及运行图

4. 2. 2 Do-Loop 循环结构

Do-Loop 循环结构用于控制循环次数未知的循环结构，语句有多种形式，下面介绍常用的四种形式：

格式（1）

```
Do While <条件>
    …
    <循环体>
    …
Loop
```

格式（2）

```
Do
    …
    <循环体>
    …
Loop While <条件>
```

以上两种循环属于当型循环，既当条件成立时执行循环体，否则结束循环。流程图分别如图 4-13（a）和图 4-13（b）所示。

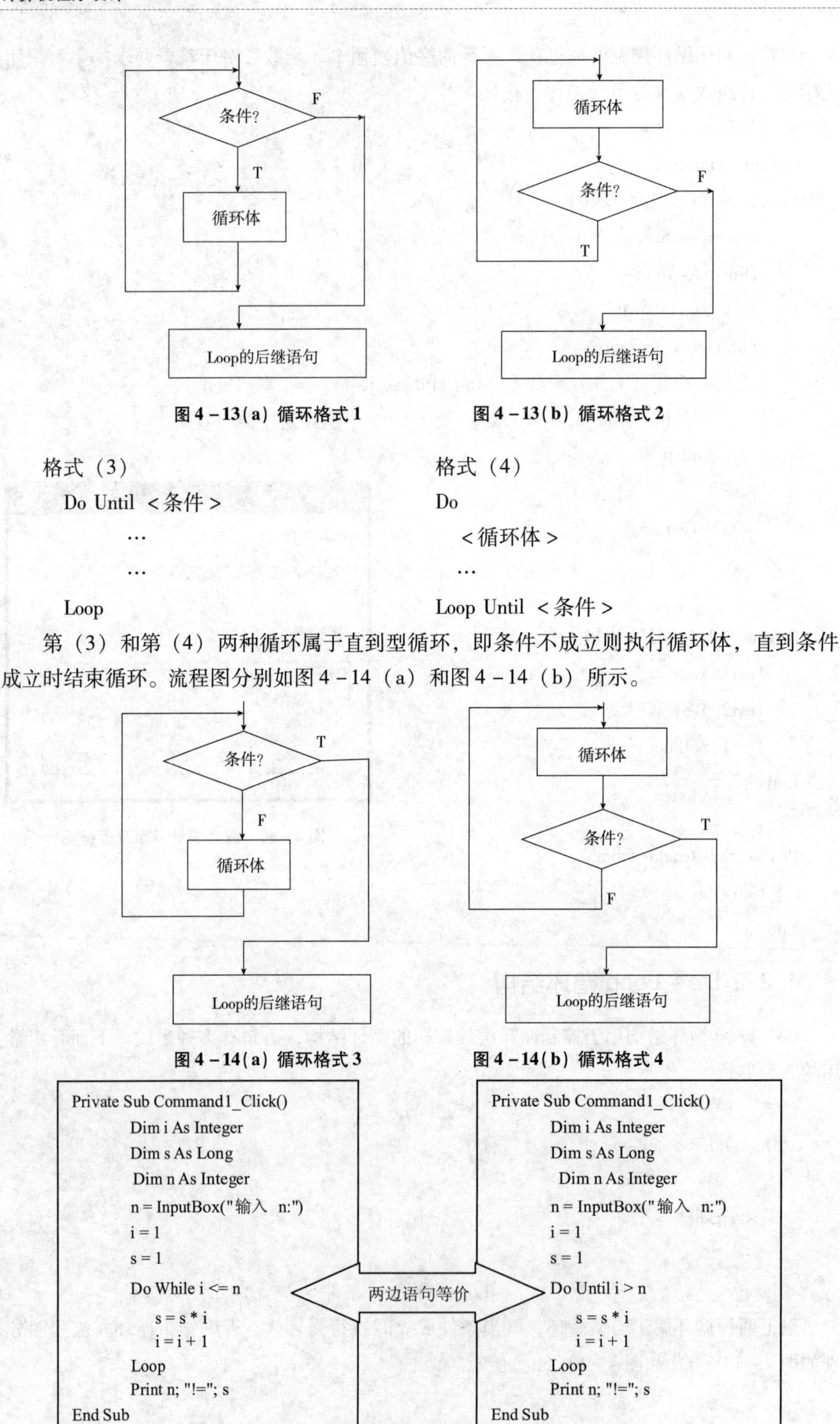

图 4-13(a) 循环格式 1　　图 4-13(b) 循环格式 2

格式（3）

```
Do Until <条件>
    …
    …
Loop
```

格式（4）

```
Do
  <循环体>
  …
Loop Until <条件>
```

第（3）和第（4）两种循环属于直到型循环，即条件不成立则执行循环体，直到条件成立时结束循环。流程图分别如图 4-14（a）和图 4-14（b）所示。

图 4-14(a) 循环格式 3　　图 4-14(b) 循环格式 4

```
Private Sub Command1_Click()
    Dim i As Integer
    Dim s As Long
    Dim n As Integer
    n = InputBox("输入  n:")
    i = 1
    s = 1
    Do While i <= n
        s = s * i
        i = i + 1
    Loop
    Print n; "!="; s
End Sub
```

两边语句等价

```
Private Sub Command1_Click()
    Dim i As Integer
    Dim s As Long
    Dim n As Integer
    n = InputBox("输入  n:")
    i = 1
    s = 1
    Do Until i > n
        s = s * i
        i = i + 1
    Loop
    Print n; "!="; s
End Sub
```

可以看出，每种循环结构的两种形式的区别是一个是先进行判别，再根据判别结果执行或不执行(即结束循环)循环体；另一个则是先执行一次循环体，再进行判别，以决定是否再次执行循环体。通常这两种结构的循环次数是一样的，但在循环条件不满足的情况下格式 2 和格式 4 的循环体被执行 1 次，格式 1 和格式 3 的循环体未被执行。

大部分情况下，While 和 Until 是可以互换的，互换时只要将判断条件互逆即可。比如，While x = 10，可以写成 Until x < >0；While a or c，可以用 Until a and c 代替。请看下面计算阶乘的程序中，循环控制条件的相互替代，结果是完全一样的。

VB 还提供了分别在 Do 和 Loop 后面都跟有条件判断的格式，判断时 While 和 Until 可以组合使用，如：

```
Do Until <条件 1>
    …
  <循环体>
    …
Loop While <条件 2>
```

【例 4 - 7】求自然对数 e 的近似值，要求其通项误差小于 0.00001 为止，近似公式为：

e = 1 + 1/1! + 1/2! + 1/3! + … + 1/n! + …

把计算结果打印在窗体上。

算法分析：

(1) 用循环结构求级数和的问题。求级数和的项数和精度都是有限的，否则有可能会造成溢出或死循环，本例根据某项数的精度来控制循环的结束与否。

(2) 累加与连乘在程序设计中非常重要。累加是在原有和的基础上一次次地加一个数，如 e = e + t。连乘则是在原有积的基础上一次次的乘以一个数，如 n = n * i。为了保证程序的可靠，一般在循环体外对存放累加和的变量清零、存放连乘积的变量则置 1

程序如下：

```
Private Sub Form_Click()
  Dim i%, n&, t!, e!
  e = 0         '存放累加和结果
  i = 0         '计数器
  n = 1         '存放阶乘的值
  t = 1         '通项值
  Do While t >= 0.00001
      e = e + t
      i = i + 1
      n = n * i
      t = 1 / n
  Loop
  Print "计算了 "; i; "项的和是"; e
End Sub
```

4.2.3 Exit Do 语句

Exit Do 语句，为跳出循环语句。如果程序执行到 Exit Do 语句时，就会直接退出循环，

转而执行 Loop 语句的下一条语句，这样可以适应许多比较特殊的情况。例如，在执行循环体时，如果满足了某一条件，不需要在执行循环时，则可以通过执行 Exit Do 语句，直接退出循环。一般来说 Exit Do 语句常与 If - Then 语句结合使用，即：

```
If <条件> Then Exit Do
```

另外有一种特殊的循环结构，就是无条件循环（如图 4 - 15 所示）：

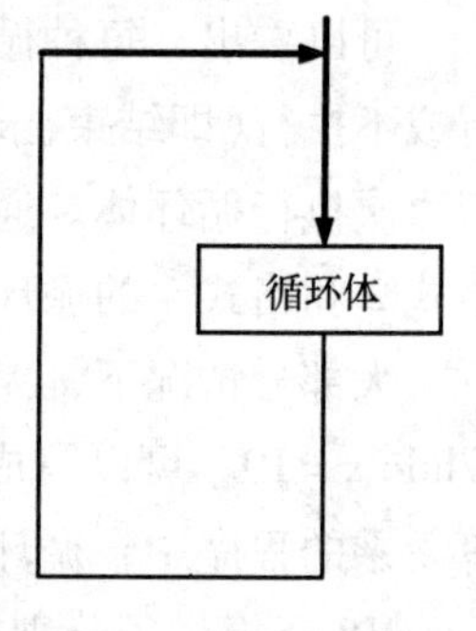

图 4 - 15　无条件循环

```
Do
    …
    If <条件> Then Exit Do
    …
Loop
```

这种结构的循环体中必须有 Exit Do 语句，否则会造成“死循环”现象。

注意：Exit Do 只能跳出一重循环，所以在循环嵌套时要进行分析，看是否需要连续跳出多重循环。

【例 4 - 8】设计求两个自然数的最大公约数程序。

算法分析：求最大公约数的常用方法是辗转相除法。例如：求 24 和 36 的最大公约数时，是通过下面的方法：

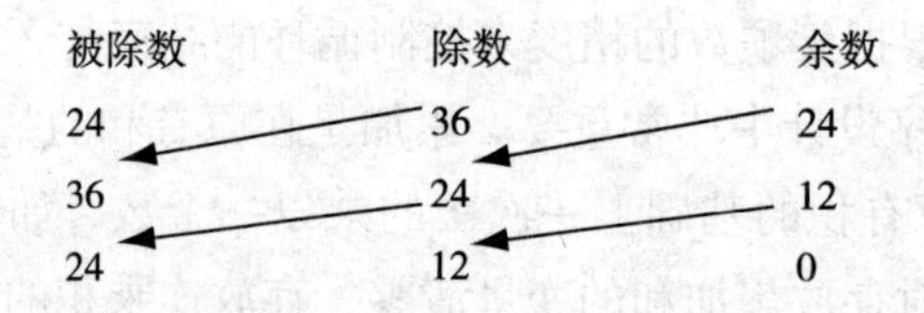

当余数为 0 时，除数 12 就是最大公约数。

采用辗转相除法，求两个数的最大公约数的具体步骤如流程图 4 - 16 描述。其中，三个变量分别表示被除数（m）、除数（n）及余数（r）。

问题分析：由于输入的数据 m 和 n 要求是自然数，所以在程序中应加入对数据的合法性进行检验的部分；考虑到程序的应用范围，数据类型可选用长整型。

本例中使用了运算符 Mod 来求余数。在使用 Mod 运算符时，切记应在它的前后各加一个空格，而不要把用 Mod 运算符连接的两个变量与运算符混在一起，造成错误。如求 m 除以 n 的余数，应写成“m Mod n”，界面设计如图 4 - 17 所示，程序代码如下：

```
Option Explicit
Private Sub Command1_Click()
    Dim m As Long, n As Long, r As Integer
    m = Val(Text1)
    n = Val(Text2)
    If (IsNumeric(Text1) = False Or IsNumeric(Text2) = False) Or m < 1 Or n < 1 Then
        MsgBox "数据有误，请重输", vbInformation
        Call Command2_Click    '调用“清除”按钮事件过程
    Else
```

```
        r = m Mod n
        Do While r < >0
          m  =  n
          n  =  r
          r  =  m Mod n
        Loop
        Text3  =  n        '正确结果在变量 n 中
    End If
End Sub

Private Sub Command2_Click( )
    Text1  = ""
    Text2  = ""
    Text3  = ""
    Text1. SetFocus
End Sub

Private Sub Command3_Click( )
    End
End Sub
```

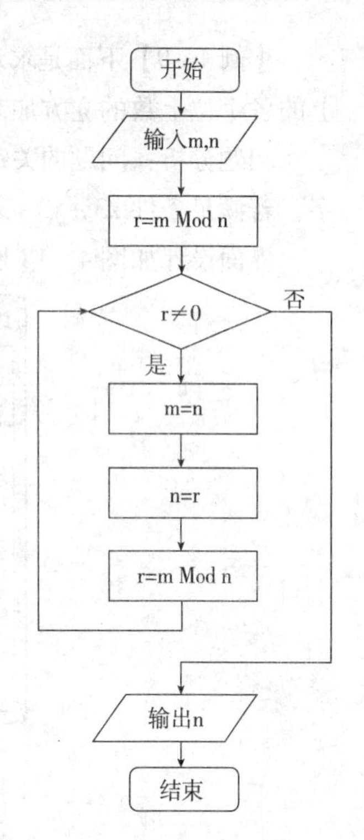

图4－16　流程图

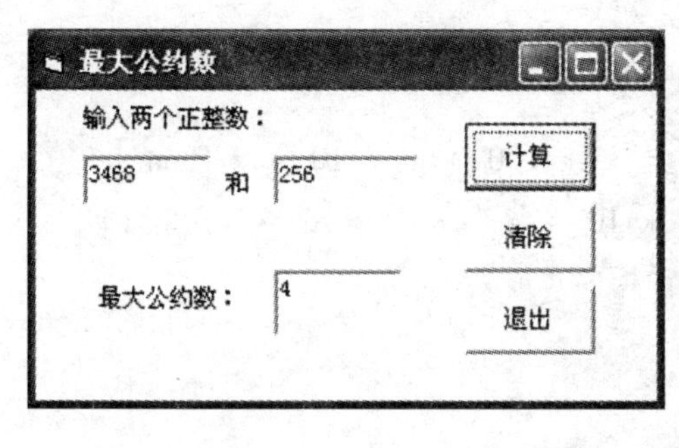

图4－17　界面及提示信息

4.2.4 循环嵌套

无论是 Do－Loop 循环，还是 For－Next 循环，都可以在大循环中套小循环，即两种不同类型的循环语句也可以嵌套在一起使用。必须注意：内层循环一定要完整地被包含在外层循环之内，不得相互交叉。

循环嵌套格式：

```
For
   <语句>
   For
      <循环体>
   Next
   <语句>
Next
```

```
For
   <语句>
   Do
      <循环体>
   Loop
   <语句>
Next
```

```
Do
   <语句>
   Do
      <循环体>
   Loop
   <语句>
Loop
```

```
Do
   <语句>
   For
      <循环体>
   Next
   <语句>
Loop
```

【例4-9】下面是求水仙花数的程序。水仙花数是指一个三位数，个位、十位、百位上的各个位上数的立方加起来等于该三位数。

问题分析：问题的关键是找出百位（如：x）、十位（如：y）、个位（如：z）上的数字，若满足条件 x3 + y3 + z3 = 100x + 10y + z，则构成水仙花数。

界面设计如图4-18所示。

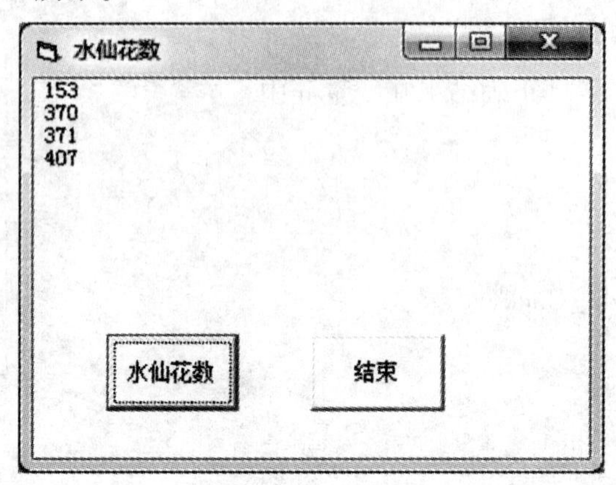

图4-18　水仙花数界面及运行结果

程序代码如下：

```
Private Sub Command1_Click()
  Dim x As Integer, y As Integer, z As Integer
  For x = 1 To 9
    For y = 0 To 9
      For z = 0 To 9
        If x ^ 3 + y ^ 3 + z ^ 3 = x * 100 + y * 10 + z Then
            Print x * 100 + y * 10 + z
        End If
      Next z
    Next y
  Next x
End Sub

Private Sub Command2_Click()
  End
End Sub
```

本程序还可以用单重循环来实现，用算术运算分别取出个位、十位和百位上的数字，请读者自行完成。

4.3 程序示例

【例4-10】产生10个(1, 50)之间的随机整数，并将其中的最大数和最小数在窗体上打印出来。

```
Option Explicit
Private Sub Form_Click( )
    Dim i As Integer, x As Integer
    Dim min As Integer, max As Integer
    Randomize
    max = Int(Rnd * 50 + 1)          '产生第一个随机数赋值给 max 和 min
  min = max
  For i = 2 To 10
      x = Int(Rnd * 50 + 1)          '产生剩余随机数
      Print x;
      If max < x Then max = x
      If min > x Then min = x
  Next i
  Print          '换行
  Print "max ="; max
  Print "min ="; min
End Sub
```

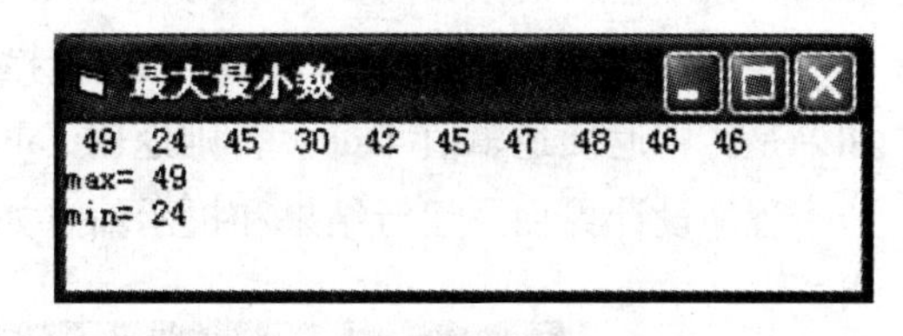

图 4 - 19　运行结果

运行结果如图 4 - 19 所示。

【例 4 - 11】已知参加聚会有 36 人，现共有 36 块小蛋糕，按照下面规则进行分配，男士每人 4 块，女士每人 3 块，小孩 2 个人分 1 块，蛋糕刚好分完。问男、女、小孩各多少人?

算法分析：根据题目规定，可以判断出男士最多 9 人，女士最多 12 人，因为小孩每次只能二人分一块，所以小孩最少是 2 人，最多是 36 人。

这类题目一般用穷举法来写程序。

程序界面及结果如图 4 - 20 所示 。

程序代码如下：

```
Option Explicit
Private Sub Command1_Click( )
  Dim male As Integer, female As Integer, children As Integer
  For male = 1 To 9
    For female = 1 To 12
      For children = 2 To 36 Step 2
      If (male + female + children = 36) And (male * 4 + female * 3 + children * 0.5 = 36) Then
            Text1 = male
            Text2 = female
            Text3 = children
      End If
      Next children
  Next female
Next male
End Sub
```

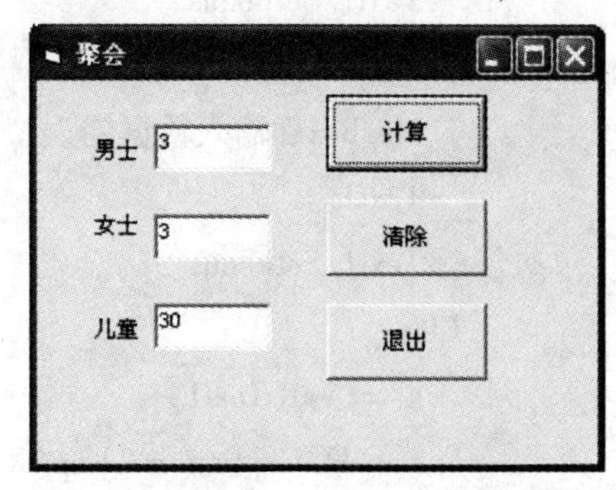

图 4 - 20　程序及结果界面

```
Private Sub Cmd2_Click( )
    Text1 = ""
    Text2 = ""
    Text3 = ""
End Sub
Private Sub Cmd3_Click( )
    End
End Sub
```

【例4-12】设计一个简易函数计算器。要求对输入的数据进行有效性检验。

保证“计算器”在各种操作状况下都正常工作，程序需要考虑在用户没有在文本框中输入数据或输入的数据超出函数的定义域时的出错处理。

程序中使用的IsNumeric(s)函数用于检测自变量s是否是一个可转换成数值的数字串，如果是，则返回逻辑值True，否则返回False。

程序设计界面及运行结果和提示信息如图4-21所示。

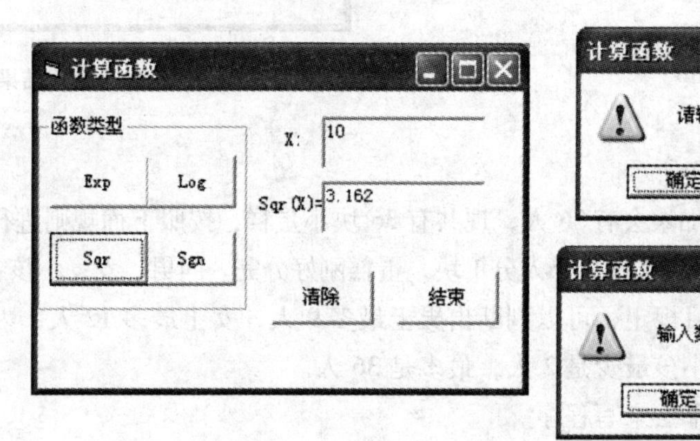

图4-21 界面、结果及提示

程序代码如下：

```
Option Explicit
Dim x As Single          'x 在通用代码段中声明
Private Sub CmdExp_Click( )
  If Text1 = "" Then
    MsgBox "请输入 X 值!", vbInformation + vbOKOnly, "计算函数"
    Text1. SetFocus
  ElseIf Not IsNumeric(Text1) Then
    MsgBox "输入数据错误!", vbInformation + vbOKOnly, "计算函数"
    Text1 = ""
    Text1. SetFocus
  Else
    x = Val(Text1)
    Label2. Caption = "Exp(X) = :"
    Text2 = Int(Exp(x) * 1000 + 0.5)/1000        '保留小数点后三位
```

```
    End If
End Sub

Private Sub CmdLog_Click( )
    If Text1 = "" Then
        MsgBox "请输入 X 值!", vbInformation + vbOKOnly, "计算函数"
        Text1. SetFocus
    ElseIf Not IsNumeric(Text1) Or Val(Text1) < 0 Then
        MsgBox "输入数据错误!", vbInformation + vbOKOnly, "计算函数"
        Text1 = ""
        Text1. SetFocus
    Else
        x = Val(Text1)
        Label2. Caption = "Log(X) = :"
        Text2 = Int(Log(x) * 1000 + 0. 5)/1000
    End If
End Sub

Private Sub CmdSgn_Click( )
    If Text1 = ""Then
        MsgBox "请输入 X 值!", vbInformation + vbOKOnly, "计算函数"
        Text1. SetFocus
    ElseIf Not IsNumeric(Text1) Then
        MsgBox "输入数据错误!", vbInformation + vbOKOnly, "计算函数"
        Text1 = ""
        Text1. SetFocus
    Else
        x = Val(Text1)
        Label2. Caption = "Sgn(X) = :"
        Text2 = Str(Sgn(x))
    End If
End Sub

Private Sub CmdSqr_Click( )
    If Text1 = ""Then
        MsgBox "请输入 X 值!", vbInformation + vbOKOnly, "计算函数"
        Text1. SetFocus
    ElseIf Not IsNumeric(Text1) Or Val(Text1) <0 Then
        MsgBox "输入数据错误!", vbInformation + vbOKOnly, "计算函数"
```

```
        Text1 = ""
        Text1.SetFocus
      Else
         x = Val(Text1)
         Label2.Caption = "Sqr(X) = :"
         Text2 = Int(Sqr(x) * 1000 + 0.5)/1000
      End If
End Sub

Private Sub CmdCls_Click()
      Text1 = ""
      Text2 = ""
      Label2.Caption = ""
      Text1.SetFocus
End Sub

Private Sub CmdQuit_Click()
      End
End Sub
```

【例 4 - 13】编写程序输出 3 到 100 之间的素数。要求将找到的素数打印在窗体上，每行显示 5 个数字。

算法分析：所谓素数即指除了 1 和他本身不能被其它数整除的数。因此当某个数不能被从 2 开始到这个数减 1 之间的所有数整除时，这个数就是素数。

程序界面及运行结果如图 4 - 22 所示。

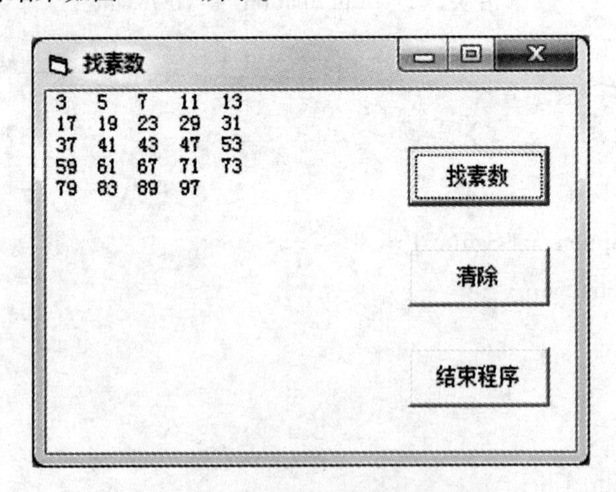

图 4 - 22　找素数程序界面及运行结

程序代码如下：

```
Option Explicit
Private Sub Command1_Click()
  Dim n As Integer, i As Integer, k As Integer
```

```
    For n = 3 To 100
        For i = 2 To n - 1
            If n Mod i = 0 Then Exit For
        Next i
        If i = n Then
            k = k + 1
            If n < 10 Then Print n; Spc(1); Else Print n;    '打印一位数时后面再多个空格
            If k Mod 5 = 0 Then Print   '利用计数功能每5个换行
        End If
    Next n
End Sub

Private Sub Command2_Click()
     Cls
End Sub

Private Sub Command3_Click()
    End
End Sub
```

扫码"练一练"

扫码"练一练"

第5章　数　组

内容提要

- 从数组的概念说起
- 数组的基本操作
- 动态数组
- 控件数组
- 常用算法——排序和查找

前面所使用的字符串、数值型、逻辑型等数据类型变量都是简单变量，通过命名一个变量来存取一个数据，变量之间相互独立，没有内在的联系。然而在实际应用中经常要处理同一性质的成批数据，在处理大量相关数据时，使用简单变量将会有很大的困难，有时甚至是不可能的，有效的办法是通过数组来解决。在简单变量基础上，VB 语言还提供了数组和自定义类型。本章将介绍数组的定义和使用方法。

5.1 数组的概念

数组是一组具有相同类型的有序变量的集合。这些变量按照一定的规则排列，使用一片连续的存储单元。使用一个统一的数组名和下标来唯一表示数组中的元素。

5.1.1 数组命名与数组元素

数组名的命名规则与变量名命名规则一样。数组名并不代表一个变量，通常表示连续存储空间的地址，在程序中数组名不能被赋值。数组内的每一个成员被称为数组元素，为了标识数组中的不同元素，每个数组元素都有各自的编号，即下标，下标确定了数组元素在数组中的位置。数组元素由数组名、下标和圆括号组成。

数组元素的一般形式如下：

数组名(下标1[，下标2，…])

其中，下标可以是常量、变量或算术表达式。当下标的值为非整数时，会自动进行四舍五入处理。比如一个只有单个下标的数组 A 有 5 个元素，则它的元素可以分别表示为：A(0)、A(1)、A(2)、A(3)、A(4)。

在一个数组中，如果只需一个下标就可以确定一个数组元素在数组中的位置，则该数组称为一维数组。如果需要两个下标才能确定一个数组元素在数组中的位置，则该数组称为二维数组。依次类推，必须由 N 个下标才能确定一个数组元素在数组中的位置，则该数组称为 N 维数组。因此确定数组元素在数组中的位置的下标数就是数组的维数。通常把二维以上的数组称为多维数组。VB 规定数组的维数不得超过 60。

5.1.2 数组定义

在使用数组之前必须对数组进行定义，确定数组的名称和它的数据类型，指明数组的维数和每一维的上、下界的取值范围。

在 VB 中，数组分为静态数组和动态数组。在定义数组时就确定了数组大小，并且在程序运行过程中，不能改变其大小的数组称为静态数组。在定义数组时不指明数组的大小，仅定义了一个空数组，在程序运行过程中根据需要重新定义大小的数组，称为动态数组。

下面介绍静态数组的定义和相关知识。

1. 数组说明语句　数组说明语句的形式如下：

Public|Private|Static|Dim <数组名>([<维界定义>])[As <数据类型>]

其中，Public、Private、Static、Dim 是关键字，在 VB 中可以用这 4 个语句定义数组。与变量说明类似，使用不同的关键字说明的数组其作用域将有所不同(作用域问题将在后续章节中讨论)。

<维界定义>的格式如下：

[<下界1>To]上界1 [[，<下界2>To]上界2…]

在 VB 中定义数组时，下界可以省略，默认下界为 0，如果在通用声明中使用 Option Base 1 语句，则默认下界为 1。其中，Option Base n 语句中的 n 只能取 0 或 1，同时应该被写在通用声明中。

例如：

```
Dim A(6) As Integer
Dim Name(1999 To 2002) As String *8
Dim B(2, 1To2) As Integer
```

第一条数组说明语句等价于 Dim A(0 to 6)As Integer，它定义了一个一维整型数组，数组的名字为 A，该数组共有 7 个数组元素，分别是：A(0)、A(1)、A(2)、A(3)、A(4)、A(5)、A(6)。

第二条数组说明语句，定义了一个一维的、数组元素的长度为 8 个字节的字符串型数组 Name，下界是 1999，上界是 2002。该数组元素分别是：Name(1999)、Name(2000)、Name(2001)、Name(2002)4 个数组元素。

第三条数组说明语句等价于 Dim B(0 To 2，1 To 2) As Integer，定义了一个二维整型数组，B 数组的元素是：B(0，1)、B(0，2)、B(1，1)、B(1，2)、B(2，1)、B(2，2)6 个元素。

2. 数组的上、下界　数组某维的下界和上界分别表示该维的最小和最大的下标值。维界的取值范围不得超过长整型(Long)数据的数据范围(-2147483648 到 2147483647)，且下界≤上界，否则将产生错误。在定义静态数组时，维的上、下界必须是常数或常数表达式，不能使用变量。如果维界说明不是整数，VB 将对其进行四舍五入处理。例如：

```
Dim M As Integer
Const N=5 As Integer
Dim A(N) As Integer            '符号常量可以表示静态数组的维界
Dim B(1To 6.6) As Integer      '定义后，上界为7
Dim C(1 To 2 * 3) As Integer   '定义后，上界为6
Dim D(0 To M) As Integer       '错，静态变量定义时维界不能使用变量
```

3. 数组的类型

数组说明语句中 As <数据类型>是用来声明数组的类型。数组的类型可以是 Integer、Long、Single、Double、Date、Boolean、String(变长字符串)、String * length(定长字符串)、Object、Currency、Variant 和自定义类型。若缺省 As 短语，则表示该数组是变体(Variant)类型。

例如：

Dim Score(4), B(3, 3) As Integer

其中，数组 B 还可以采用如下形式定义：

Dim B%(3, 3)

4. 数组的大小

数组的大小就是这个数组所包含的数组元素的个数。数组的大小有时也称为数组的长度。可用下面的公式计算数组的大小：

数组的大小 = 第一维大小 × 第二维大小 × … × 第 N 维大小

维的大小 = 维上界 - 维下界 + 1

例如：

Dim A(6) As Integer

Dim B(3, -1 To 4) As Single

A 数组的大小 = 6 - 0 + 1 = 7

B 数组的大小 = (3 - 0 + 1) × [4 - (-1) + 1] = 4 × 6 = 24

数组说明语句不仅定义了数组，分配了存储空间，而且还将数组初始化，数值型的数组元素初始值为零，变长字符类型的数组元素初始值为空字符串，定长字符类型的数组元素初始值为指定长度个数的空格，布尔型的数组元素初始值为“False”，变体(Variant)类型的数组元素的初始值是“Empty”。

5.1.3 数组的结构

数组是具有相同数据类型的多个值的集合，数组的所有元素按一定顺序存储在连续的存储单元中。下面分别讨论一维、二维和三维数组的结构。

1. 一维数组的结构 一维数组表示线性顺序，还可以表示数学中的向量。设有如下语句：

Dim A(8) As Integer

数组 A 的逻辑结构示意如下：

A(8) = (A(0), A(1), A(2), …, A(6), A(7), A(8))

一维数组在内存中存放时将被分配连续的存储单元来依次存放这些数据，共占用 18 个字节的存储空间。

2. 二维数组的结构 二维数组可以被理解为由行和列组成的一张二维表，二维数组的数组元素需要用两个下标来标识，即数组元素的行下标和列下标。通常用二维数组表示数学中的矩阵。设有如下语句：

Option Base 1

Dim T(3, 4) As Integer

定义了一个二维数组，表明数组 T 有 3 行(1 ~ 3)、4 列(1 ~ 4)共计 12 个元素。二维数

组 Table 的逻辑结构示意如下：

	第1列	第2列	第3列	第4列
第1行	T(1,1)	T(1,2)	T(1,3)	T(1,4)
第2行	T(2,1)	T(2,2)	T(2,3)	T(2,4)
第3行	T(3,1)	T(3,2)	T(3,3)	T(3,4)
第4行	T(4,1)	T(4,2)	T(4,3)	T(4,4)

在 VB 语言中，二维数组在内存中是“按列存放”，即先存放第一列的所有元素，接着存放第二列所有元素……直到存完最后一列的所有元素。这一点在后面【例5-4】中可以得到印证。

3. 三维数组的结构 三维数组是由行、列和页组成的三维表。三维数组也可理解为几页的二维表，即每页由一张二维表组成。三维数组的元素是由行号、列号和页号来标识的。

```
Option Base 1
Dim P(2,3,2) As Integer
```

上面的数组说明语句定义了一个三维数组，圆括号中的第一个数为行数，第二个数为列数，第三个数为页数。三维数组 P 有 2 行、3 列、2 页、共 12 个元素。数组 P 的逻辑结构形式如下：

第1页 P(1,1,1) P(1,2,1) P(1,3,1)
P(2,1,1) P(2,2,1) P(2,3,1)
第2页 P(1,1,2) P(1,2,2) P(1,3,2)
P(2,1,2) P(2,2,2) P(2,3,2)

三维数组在内存中是“逐页存放”，即先对数组的第一页中的所有元素按顺序分配存储单元，然后再对第二页中的所有元素按顺序分配存储单元……直到数组的每一个元素都分配了存储单元。

5.2 数组的基本操作

数组的操作主要是通过对数组元素的操作完成的。由于数组元素的本质仍是变量，只不过是带有下标的变量而已，所以对数组元素的操作和变量是一致的。

与变量不同，数组元素是有序的，可以通过改变下标访问不同的数组元素。因此在需要对整个数组或数组中连续的元素进行处理时，利用循环进行处理是最有效的方法。

5.2.1 数组元素的赋值

1. 用赋值语句给数组元素赋值

在程序中通常用赋值语句给单个数组元素赋值。例如：

```
Dim Score(3) As Integer
Dim Two(1, 1 To 2) As Integer
Score(0) =80
Score(1) =75
Score(2) =91
Score(3) =68
```

```
Two (0, 1) = Score(0)
……
```

2. 通过循环逐一给数组元素赋值

例如：

```
Private Sub Form_Load()
    Dim A(6) As Integer, i As Integer
    Dim B(1 To 2,1 To 2) As Integer,j As Integer
    For i = 0 To 6       '使用循环给一维数组赋值并输出
        A(i) = Int(99 * Rnd) +1
        Print A(i);
    Next i
    Print
    For i = 1 To 2       '利用二重循环给二维数组赋值并输出
        For j = 1 To 2
        B(i,j) = i * 10 + j
            Print B(i,j);
        Next j
        Print
    Next i
End Sub
```

注意，定义静态数组时，维界（即每一维的下标和上标范围）不能使用变量；数组定义后，数组元素的下标即可以是常量，也可以是变量，还可以是表达式，结合使用循环，往往给数组的赋值带来事半功倍的效果。

3. 用 InputBox 函数给数组元素赋值

```
Private Sub Form_Click()
    Dim A(6) As Integer, i As Integer
    For i = 0 To 6
        A(i) = InputBox("给数组元素赋值","数组 A 赋值")
        Print A(i);
    Next i
    Print
End Sub
```

程序运行后，通过 InputBox 函数实现用户多次从键盘输入数组元素的值。

由于在执行 InputBox 函数时程序会暂停运行等待输入，并且每次只能输入一个值，占用运行时间长，所以 InputBox 函数只适合输入数据个数较少的程序。如果数组比较大，需要输入的数据比较多，用 InputBox 函数给数组赋值就显得不便。

4. 用 Array 函数给数组赋值

利用 Array 函数可以把一个数据集赋值给一个 Variant 变量，再将该 Variant 变量创建成一维数组。Array 函数的一般使用形式如下：

<变体变量名>= Array([数据列表])

注意：Array 函数只能给 Variant 类型的变量赋值。<数据列表>是用逗号分隔的赋给数组各元素的值。

Array 函数创建的数组的长度与列表中数据的个数相同。若缺省<数据列表>，则创建一个长度为0的数组。若程序中缺省 Option Base 语句或使用了 Option Base 0 语句，则 Array 函数创建的数组的下界从0开始；若使用了 Option Base 1 语句，则数组的下界从1开始。例如：

```
Option Base 1
Private Sub Form_Click( )
    Dim A As Variant
    A = Array(5, 4, 3, 2, 1)
    Print A(1);A(2);A(3);A(4);A(5)
End Sub
```

5.2.2 数组元素的引用

引用数组元素时，数组元素的下标表达式的值一定要在定义数组时规定的维界范围之内，否则就会产生“下标越界”的错误。

【例5-1】产生10个（1，50）之间的随机整数，并将其中的最大数和最小数打印在窗体上。

```
Option Base 1
Private Sub Form_click( )
    Dim x(12) As Integer, i As Integer
    Dim max As Integer, min As Integer
    Randomize
    For i = 1 To 12
        x(i) = Int(90 * Rnd) + 10
        Print x(i);
    Next i
    Print
    max = x(1): min = x(1)
    For i = 1 To 12
        If x(i) > max Then
            max = x(i)
        ElseIf x(i) < min Then
            min = x(i)
        End If
    Next i
    Print "最大数是:"; max
    Print "最小数是:"; min
End Sub
```

运行结果如图5-1所示。

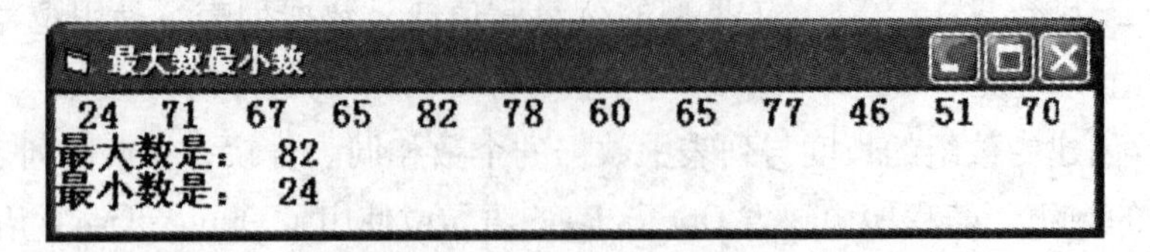

图 5－1　程序运行结果

【例5－2】生成一个如下形式的矩阵（如图5－2所示），并按矩阵元素的排列次序将矩阵输出到图片框或文本框（同时输出也可）。

分析：矩阵可用一个二维数组表示，根据矩阵元素值的变化规律应对奇数行的元素与偶数行的元素分别处理。二维数组输出则通过二重For循环实现，用外循环控制行的变化，用内循环控制列的变化。

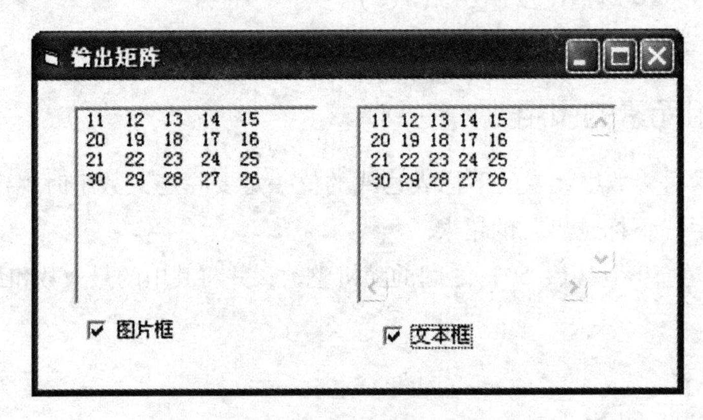

图 5－2　程序运行界面

程序代码如下：

```
Option Explicit
Option Base 1
Dim A(4, 5) As Integer, k As Integer              '在通用部分定义数组
Private Sub Check1_Click( )
    Picture1. Cls
    Dim i As Integer, j As Integer
    '生成数组
    If Check1. Value  = 1 Then
        k  = 10
        For i  = 1 To 4
            If i Mod 2  < > 0 Then        '处理奇数行
                For j  = 1 To 5
                    k  = k  + 1
                    A(i, j)  = k
                Next j
            Else
                For j  = 5 To 1 Step  -1      '处理偶数行
                    k  = k  + 1
```

```
                A(i, j) = k
            Next j
        End If
    Next i
    '输出数组到图片框
    For i = 1 To 4
        For j = 1 To 5
            Picture1.Print A(i,j);
        Next j
        Picture1.Print      '图片框换行
    Next i
  End If
End Sub
Private Sub Check2_Click()
    Text1 =""
    Dim i As Integer, j As Integer, s As String
    '生成数组并输出数组到文本框
    If Check2.Value = 1 Then
        k =10
        For i = 1 To 4
            If i Mod 2 <> 0 Then                '处理奇数行
                For j = 1 To 5
                    k = k + 1
                    A(i, j) = k
                Next j
            Else
                For j = 5 To 1 Step -1          '处理偶数行
                    k = k + 1
                    A(i, j) = k
                Next j
            End If
        Next i
        For i = 1 To 4
            For j = 1 To 5
                s = s & Str(A(i, j))
            Next j
            s = s & Chr(13) & Chr(10)           '文本框回车换行或者使用 vbCrLf
        Next i
        Text1 = s
    End If
End Sub
```

注意：上例中的文本框的 MultiLine 属性必须设置为 True。语句中的 Chr(13)是回车符，Chr(10)是换行符。请思考过程中第一条语句 Picture1. Cls 和 Text1 = "" 的含义，如果没有这两条语句，结果会如何？

在上面两个过程中生成数组的代码是重复的，这个问题将在下一章中用调用通用过程的方法加以解决。

5.2.3 数组函数及数组语句

1. LBound 函数

LBound 函数返回数组某维的下界，调用形式如下：

LBound(数组名 [, d])

其中，参数 d 为维数，若缺省则函数返回数组第一维的下界或一维数组的下界。

例如，执行下面的程序段：

```
Private Sub Form_Click()
    Dim A(4) As Integer, B(3 To 6, 10 To 20)
    Print LBound(A), LBound(B, 1), LBound(B, 2)
End Sub
```

程序执行结果是：

0 3 10

2. UBound 函数

UBound 函数返回数组某维的上界，调用形式如下：

UBound(数组名 [, d])

例如，执行下面的程序段：

```
Private Sub Form_Click()
    Dim A(4) As Integer, B(3 To 6, 10 To 20)
    Print UBound(A), UBound(B, 1), UBound(B, 2)
End Sub
```

程序执行结果是：

4 6 20

5.2.4 数组应用

在程序设计中，数组的应用非常广泛，下面通过一些综合示例具体说明数组的应用方法。

【例 5-3】统计字母(不分大小写)在文本中出现的次数，程序实现结果如图 5-3 所示。

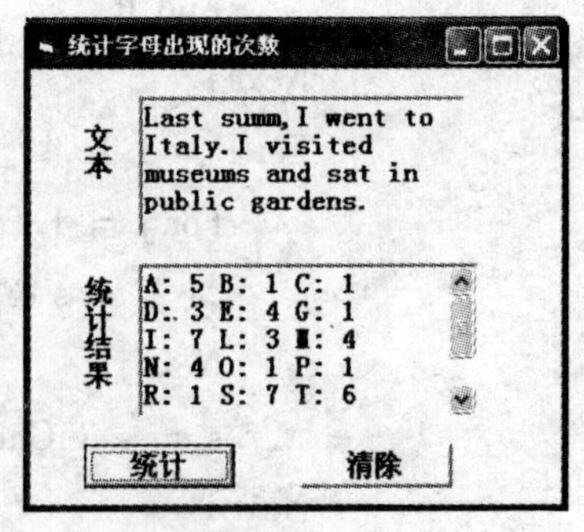

图 5-3 程序运行结果

程序参考代码如下：

```
Option Explicit
Private Sub Command1_Click()
    Dim St As String, Idx As Integer
    Dim A(0 To 25) As Integer
    Dim i As Integer, Js As Integer
```

```
    Dim Ch As String * 1, L As Integer
    St = Text1.Text
    L = Len(St)
    For i = 1 To L
        Ch = Mid(St, i, 1)
        If Ch >="A" And Ch <="Z" Then
            Idx = Asc(Ch) - Asc("A")          '计算数组下标值
        ElseIf Ch >="a" And Ch <="z" Then
            Idx = Asc(Ch) - Asc("a")
        End If
        A(Idx) = A(Idx) + 1                   '相应字母数组元素加 1
    Next i
    For i = 0 To 25
        If A(i) > 0 Then
            Js = Js + 1
            '还原出字母：下标值 + "A" 的 ASCII 码
            Text2 = Text2 & Chr(i + Asc("A")) & ":" & Str(A(i)) & ""
            If Js Mod 3 = 0 Then Text2 = Text2 & vbCrLf
        End If
    Next i
End Sub
```

算法说明：定义一个一维数组 A 用来统计 26 个字母出现的次数，它的下标取值范围在 0～25 之间。让数组元素下标值 0～25 与字母 A～Z 对应起来，即用数组元素 A(0)记录字母“A”在文本中出现的次数，A(1)记录字母“B”在文本中出现的次数，依次类推，A(25)记录字母“Z”在文本中出现的次数。具体统计字母在文本中出现的次数的算法是，依次取出文本中的一个字符，如果是大写字母，则用该字母的 ASCII 码值减去“A”的 ASCII 码值；如果是小写字母，则用该字母的 ASCII 码值减去“a”的 ASCII 码值，这样就得到与这个字母对应的数组元素的下标存入变量 Idx；然后再将该数组元素的值加 1。

【例 5－4】20 个小朋友按照编号顺序围成一圈，1～3 循环报数，凡报到 3 者出圈，直到全部出圈为止。编写程序记录出圈小朋友的出圈顺序，程序运行结果如图 5－4 所示。

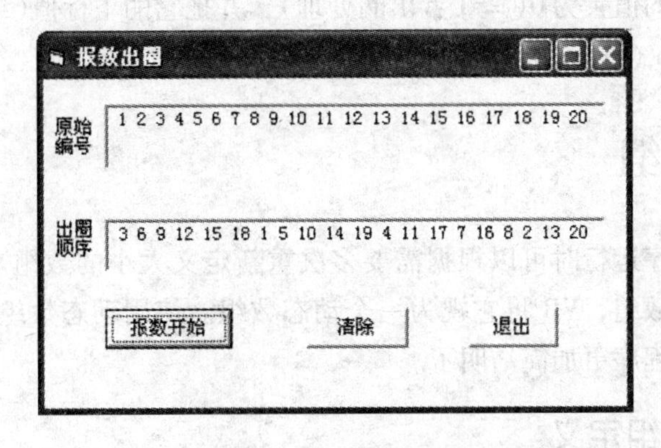

图 5－4 程序运行结果

程序代码如下：

```
Option Explicit
Private Sub Command1_Click()
    Dim oldNum(20) As Integer, outNum(20) As Integer
    Dim i As Integer, j As Integer, Count As Integer
    Dim idx As Integer
    For i = 1 To 20
        oldNum(i) = 1
    Next i
    idx = 0
    For i = 1 To 20
        Count = 0
        Do While Count < 3
          idx = idx + 1
            If idx > 20 Then idx = 1 '循环处理数组下标
          Count = oldNum(idx) + Count
        Loop
        oldNum(idx) = 0
        outNum(i) = idx
    Next i
    For i = 1 To 20
        Text1 = Text1 & Right(" "& i, 3)
        Text2 = Text2 & Right(" "& outNum(i), 3)
    Next i
End Sub
```

算法说明：本例通过巧妙使用数组元素的值和数组元素的下标（位置）来实现题目的要求。定义两个一维数组 OldNum 和 OutNum。OldNum 的数组元素的下标(位置)对应学生的老编号，数组元素的初值均为1，(1 表示未出圈，0 表示已出圈)。OutNum 的数组元素的下标(位置)表示小朋友的出圈的顺序，数组元素的值是小朋友的编号。

记录编号的方法是：将数组 OldNum 的数组元素依次逐个相加(报数处理)，每当和数为3 时，则将该元素的值置为0(逢3 者出圈处理)，并把它的下标值(编号)赋给 OutNum 数组的一个元素 OutNum (i)，i 依次等于1，2，…20。

5.3 动态数组

动态数组是在程序运行时可以根据需要多次重新定义大小的数组。用数组说明语句定义一个不指明大小的数组，VB 将它视为一个动态数组。使用动态数组可以节省存储空间，有效地管理内存，使程序更加简洁明了。

5.3.1 动态数组定义

定义动态数组一般分为两步：

（1）定义不指明大小的数组。语句格式如下：

Public | Private | Dim | Static 数组名()[As 数据类型]

（2）使用 ReDim 语句来动态重新定义数组的大小，分配存储空间。语句格式如下：

ReDim [Preserve] 数组名(维界定义)

ReDim 语句的功能是：重新定义动态数组，或定义一个新数组，按指定的大小重新分配存储空间。

说明：

（1）ReDim 语句与 Public、Private、Dim、Static 语句不同，ReDim 语句是一个可执行语句，只能出现在过程中；其次，重新定义动态数组时，不能改变数组的数据类型，除非是 Variant 变量所包含的数组。

（2）与静态数组不同，在重新定义动态数组时，变量可以出现在维界表达式中，也就是说，可以使用变量说明动态数组新的大小。在程序中可以使用 ReDim 语句多次重新定义动态数组。

（3）关键字 Preserve 表示保留。当 Redim 后面使用 Preserve 时，只能改变最后一维的上界(由于数组元素在内存中按列存储的缘故)，同时保留原数组的内容；如果不使用，则可以重新定义动态数组的维数及各维大小，原数组中的数据全部丢失。

（4）若重新定义后的数组比原来的数组小，则从原来数组的存储空间的尾部向前释放多余的存储单元；如果比原来的数组大，则从原来的数组存储空间的尾部向后延伸增加存储单元，新增元素被赋予该类型变量的初始值。

【例 5－5】对数组重新定义时保留动态数组的内容，程序运行结果如图 5－5 所示。

```
Option Base 1
Private Sub Form_Click()
    Dim DAry() As Integer
    Dim i As Integer, j As Integer
    ReDim DAry(3, 3)
    Print "数组 DAry 的值"
    For i = 1 To 3
        For j = 1 To 3
            DAry(i, j) = i * 10 + j
            Print DAry(i, j);
        Next j
        Print
    Next i
    ReDim Preserve DAry(3, 5)
    DAry(3, 5) = 10
    Print"数组 DAry 的值"
    For i = 1 To 3
        For j = 1 To 5
            Print DAry(i, j);
        Next j
```

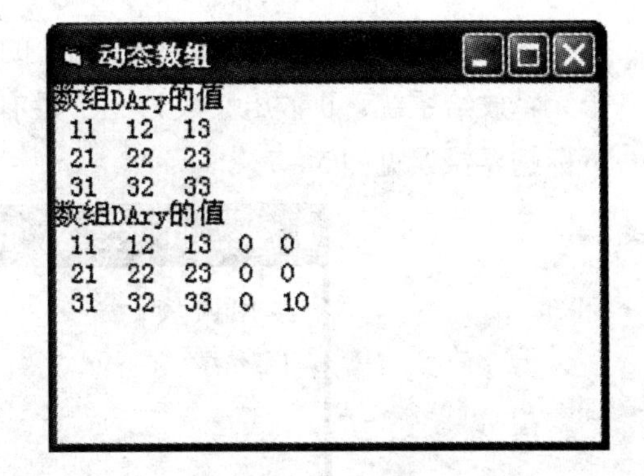

图 5－5 程序运行结果

```
        Print
    Next i
End Sub
```

5.3.2 Erase 语句

Erase 语句的功能是重新初始化静态数组的元素，或者释放动态数组的存储空间。它的使用形式如下：

Erase a1,a2,…

语句中的 a1、a2 为需要重新初始化的数组名。

例如，下面图中的程序段及其运行结果如图 5－6 所示。

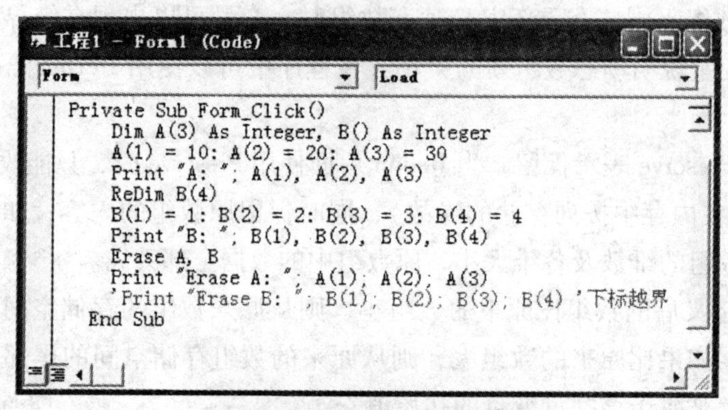

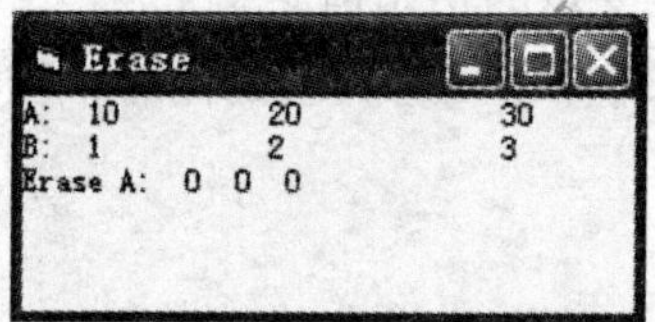

图 5－6　程序代码及结果

在 Erase 语句执行后，整型数组 A 的所有元素值将改变为 0；分配给动态数组 B 的存储单元释放给系统，B 数组又成为一个没有存储单元的空数组，所以打印 B 数组的语句出现下标越界错误见图 5－7。

图 5－7　错误提示信息

5.3.3 动态数组应用

【例 5－6】找出 100 以内的所有素数，存放在数组 Prime 中，并将所找到的素数，按每行5个的形式显示在窗体上。

说明：由于编写程序时不能确定100以内有多少个素数，所以在定义数组时用动态数组，这样可以减少存储空间的浪费。

程序代码如下：

```
Option Explicit
Option Base 1
Private Sub Command1_Click()
    Dim Prime() As Integer, i As Integer
    Dim k As Integer, m As Integer
    ReDim Prime(1)
    Prime(1) = 2
    m = 1
    For i = 3 To 99 Step 2
        For k = 2 To Sqr(i)                    '循环终值也可以是 i-1 或 i/2
            If i Mod k = 0 Then Exit For       '不满足素数条件跳出循环
        Next k
        If k > Sqr(i) Then          'k > Sqr(i)满足素数条件
            m = m + 1
            ReDim Preserve Prime(m)
            Prime(m) = i
        End If
    Next i
    For i = 1 To UBound(Prime)
        If Prime(i) < 10 Then
            Picture1.Print Prime(i); "";     '个位数加空格用来控制格式，保持对齐
        Else
            Picture1.Print Prime(i);
        End If
        If i Mod 5 = 0 Then Picture1.Print
    Next i
End Sub

Private Sub Command2_Click()
    Picture1.Cls
End Sub

Private Sub Command3_Click()
    End
End Sub
```

程序运行结果如图5-8。

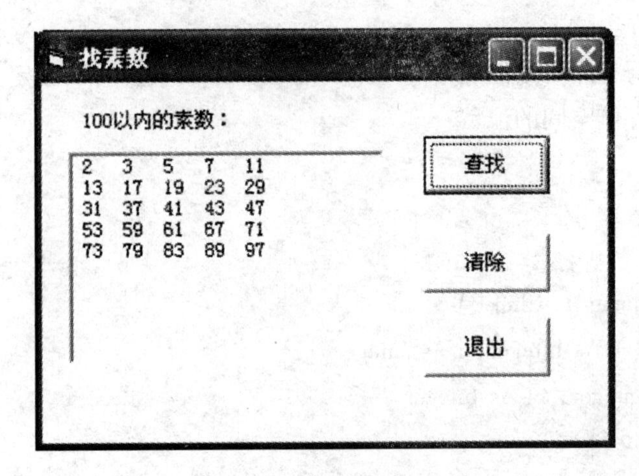

图 5-8　程序运行结果

本程序采用了一个双重循环结构，在内循环中判断 i 是否被 K 整除，如果 i 能被 K 整除则表明 i 不是素数，就用 Exit For 语句强行跳出内循环（出口一）；如果循环能正常结束（出口二），则说明了除了 1 和本身外 i 没有其他因数，则 i 是一个素数。

利用循环正常结束时，循环控制变量的值总是大于（步长为正）循环终值的特性，来判断不同的“出口”问题，是编程的常用方法。

【例 5-7】编写程序，删除一个数列中的重复数。

程序代码如下：

```
Option Explicit
Option Base 1
Dim A() As Integer
Dim s As Integer
Private Sub Command1_Click()
    '生成数列
    Dim N As Integer, i As Integer
    Text1 = ""
    Text2 = ""
    N = InputBox("输入 N")
    s = N                        '原数列个数
    ReDim A(N)                   '定义动态数组
    Randomize
    For i = 1 To N
        A(i) = Int(Rnd * 10 + 1)
        Text1 = Text1 & Str(A(i))
    Next i
End Sub
```

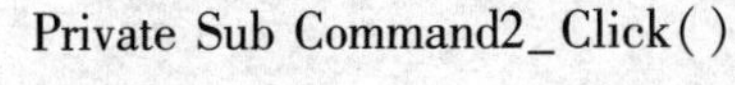

```
Private Sub Command2_Click()
    Dim Ub As Integer, I As Integer, j As Integer
    Dim k As Integer, N As Integer
```

```
    Text2 = ""
    Ub = UBound(A)
    N = 1
    '三重循环，删除重复数
    Do While N < Ub
    i = N + 1                            '从N下标元素的下一个下标开始
    Do While i <= Ub
        If A(N) = A(i) Then              '有重复数
            For j = i To Ub - 1          '注意终值应-1，否则会数组越界
                A(j) = A(j + 1)          '元素前移，删除重复数
            Next j
            Ub = Ub - 1                  '元素减少
            ReDim Preserve A(Ub) '重定义数组（缩小），注意参数 Preserve
        Else                             '无重复数
            i = i + 1                    '指针后移，指向下一个比较元素
        End If
    Loop
    N = N + 1           '下一个需要检测有没有重复的元素下标
    Loop
    '输出结果
    Form1. Cls
    Print"新数列的元素个数为:"; Ub; " 共删除" + Str(s - Ub);"个元素"
    For i = 1 To Ub
        Text2 = Text2 & Str(A(i))
    Next N
End Sub
```

程序运行结果如图5-9。

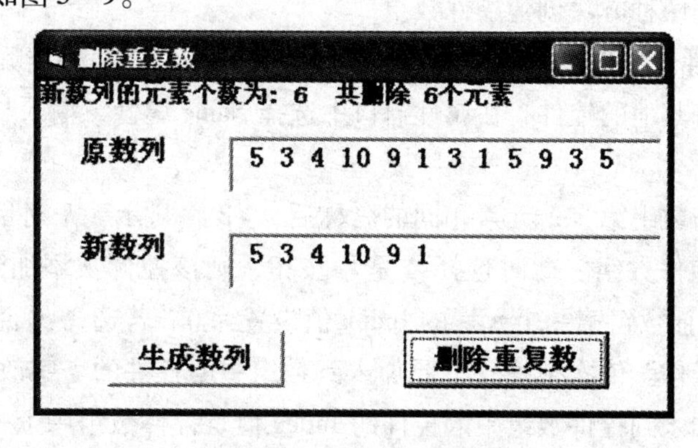

图5-9 程序运行结果

算法说明：随机生成具有N个元素的数列，将其存放在数组A中。第一轮用A(1)依次和位于其后的所有数组元素比较，假设数组元素A(i)与它相同，则将A(i)删除，即将位于A(i)元素后面的数组元素依次前移；然后继续比较是否有与A(1)相同的元素，直到比

较完所有元素。第二轮用 A(2)依次和位于其后的所有数组元素比较，处理方法与第一轮相同。依次类推，直到处理完所有元素。

程序中用双重的 Do 循环处理删除数组中的重复的数。能否用 For 循环替代 Do 循环？为什么？请读者考虑。

5.4 控件数组

5.4.1 基本概念

控件数组是由一组具有共同名称和相同类型的控件组成，控件数组的名字由控件的 Name 属性指定，而数组中的每个元素的下标则由控件的 Index 属性指定。默认情况下，控件数组的第一个元素的下标是 0，控件数组可用到的最大索引值为 32767。

控件数组元素的使用方式与普通数组元素一样，均采用如下形式：

控件数组名(下标)

控件数组中的每一个控件将响应相同的事件过程，通常可以根据过程的参数 Index 来具体区分是哪一个控件响应的该事件过程。例如，若一个控件数组含有 4 个 Option 按钮，不论单击哪一个，都会调用 Click 事件过程，代码如下：

```
Private Sub Option1_Click(Index As Integer)
    If Index = 0 Then
      ……
    ElseIf Index = 1 Then
      ……
    End If
End Sub
```

5.4.2 建立控件数组

在设计时可使用两种方法创建控件数组。

1. 创建同名控件　首先在窗体上摆放一组同类型的控件，并决定哪个控件作为数组中的第一个元素。接着其他的控件，在属性窗口中选择 Name 属性，输入与控件数组中的第一个元素相同的名字。

当对控件输入与数组第一个元素相同的名称后，VB 将显示一个对话框(图 5－10)，询问是否要创建一个控件数组。此时选择“是”按钮，则该控件被添加到数组中，其 Index 属性值自动设为 1，而数组第一个元素的 Index 值设置为 0。若选择“否”按钮，则放弃此次建立控件数组的操作。依次把每一个要加入到数组中的控件的名字改为与数组第一个元素相同的名称。新加入到控件数组中的控件的 Index 值是控件数组中上一个控件的 Index 值加 1。

2. 复制现存控件

(1) 在窗体上摆放一个控件，并作为控件数组的第一个元素。

(2) 选定这个控件，在窗体上执行复制、粘贴操作后，VB 将显示一个同样的对话框(如图 5－10 所示)，此时选择“是”按钮，则该控件被添加到数组中，该控件的 Index 值

为1，而数组第一个元素的 Index 值为0。如果继续执行粘贴操作，将增加控件数组中的元素。

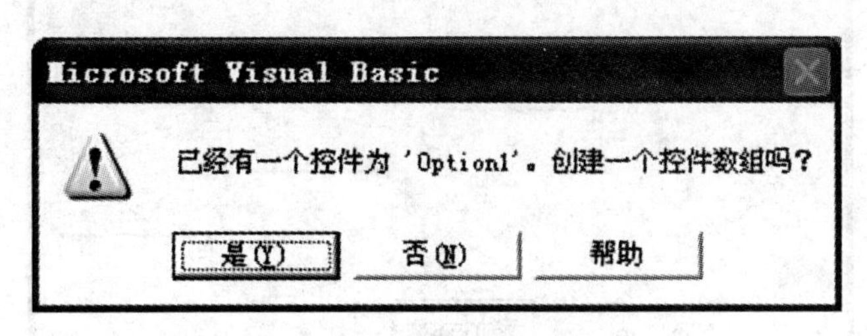

图5-10 建立控件数组对话框

有时，需要在界面上将控件进行分组，这时可将同一类型的控件数组放在一个 Frame 或 PictureBox 控件中，在“粘贴”之前必须先用鼠标选中 Frame 或 PictureBox，否则从窗体上直接拖拽进 Frame 或 PictureBox 的控件是无效的。

3. 运用代码产生控件数组

运用代码产生控件数组，必须在设计状态下，在窗体上创建一个 Index 属性为0的控件，程序运行时方可运用 Load 语句动态添加控件数组。Load 语句格式如下：

Load Object(Index)

Object 是控件数组名，Index 是新控件在数组中的索引值，不能与其他已经存在的控件数组元素重复。

加载新元素到控件数组时，不会自动把 Visible、Index、TabIndex 属性设置值复制到控件数组的新元素，所以要在程序中将 Visible 属性设置成 True 才能显示出来。

如果要删除用 Load 语句产生的控件数组元素，可以使用 Unload 语句。Unload 语句格式如下：

Unload Object(Index)

【例5-8】在窗体上放置一个命令按钮和一个文本框控件，将文本框的 Name 属性设置为 T1，Index 属性设置为0。在程序运行时，通过 Load 语句创建名为 T1 的控件数组。

程序代码如下：

```
Option Explicit
Dim n As Integer
Private Sub Command1_Click()
    If n < 3 Then
        n = n + 1
        Load T1(n)
        T1(n).Visible = True                              '可见
        T1(n).Top = T1(n - 1).Top + T1(n - 1).Height + 100  '纵向定位
        T1(n).Left = T1(n - 1).Left + 1500                '横向定位
        T1(n) = n
    End If
End Sub
```

程序运行结果如图5-11所示。

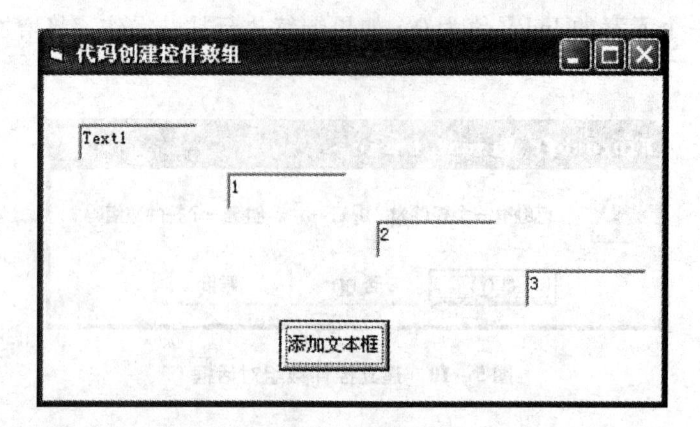

图 5-11　程序运行结果

5.4.3 控件数组应用

控件数组主要应用于具有多个同类型控件的应用程序中。使用控件数组并结合 For-Next 循环结构，就可非常简便地对控件数组的各个元素进行操作。

【例 5-9】编写一个能进行连续四则混合运算和百分比转换的简单运算器，界面如图 5-12 所示。

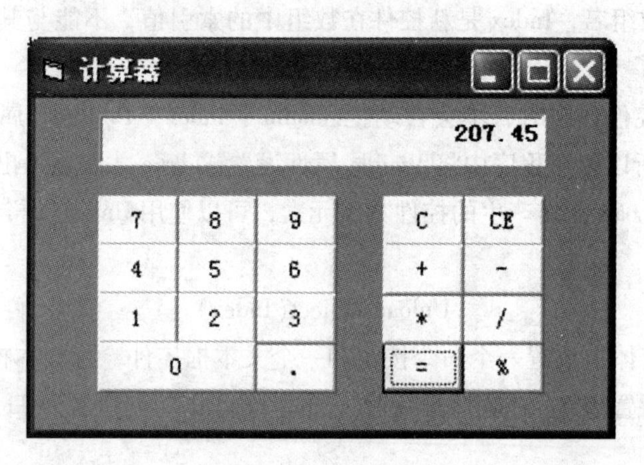

图 5-12　程序运行画面

程序说明：将控件数组 cmdNum 的前 10 个元素的下标与 0～9 这 10 个数建立对应关系，按控件数组中的某个命令按钮时，就用该控件数组元素的下标去组成数据。

cmdNum：有 10 个元素，10 个元素（0～9 号元素）分别表示 0～9 这 10 个数字。共享 cmdNum_Click(i As Integer)事件过程。

cmdCount：有 4 个元素，各元素分别表示“+”、“-”、“×”、“/”运算符，这是运算类型控件数组。

另外界面上还有命令按钮 cmdDot、cmdHPC、cmdEqu、cmdC 和 cmdCE 分别代表“小数点”、“%”、“=”、“C”（清零）和“CE”（退出）。

在界面上摆放一个文本框，将其 Alignment 属性设置为 1-Right Justify。

程序代码如下：

```
Option Explicit
Dim fNext As Boolean                '是否按了运算类型按钮
```

```
Dim fDot As Boolean                '是否按了小数点“.”
Dim nCount As Integer              '计算类型（+ - */）
Dim num1 As Single
Dim num2 As Single
Dim nFig As Integer                '数据位数
Private Sub cmdNum_Click(i As Integer) '“0-9”按钮，i代替了Index
    If fNext = False Then
        '产生第一个操作数
        If fDot = True Then
          nFig = nFig + 1
          num1 = num1 + i / 10 ^ nFig
        Else
          num1 = num1 * 10 + i
        End If
        Text1.Text = num1
    Else
        '产生下一个操作数，fNext = True
        If fDot = True Then
          nFig = nFig + 1
          num2 = num2 + i / 10 ^ nFig
        Else
          num2 = num2 * 10 + i
        End If
        Text1.Text = num2
    End If
    End Sub

    Private Sub cmdCount_Click(Index As Integer)
        nFig = 0
        nCount = Index          '记录运算类型
        fNext = True
        fDot = False
    End Sub

    Private Sub cmdC_Click()                   '"C"按钮，清零
        num1 = 0
        num2 = 0
        nFig = 0
        fNext = False
        fDot = False
```

```
        Text1.Text = "0."
    End Sub

    Private Sub cmdCE_Click()
        End
    End Sub

    Private Sub cmdDot_Click()                    '小数"."按钮
        If fDot = True Then
            MsgBox "现在已是小数状态",, "计算器"
        Else
            fDot = True
        End If
    End Sub

    Private Sub cmdEqu_Click()
        Select Case nCount
            Case 0
                Text1.Text = num1 + num2
                num1 = num1 + num2
            Case 1
                Text1.Text = num1 - num2
                num1 = num1 - num2
            Case 2
                Text1.Text = num1 * num2
                num1 = num1 * num2
            Case 3
            If num2 = 0 Then
                MsgBox "除数不能为零", , "计算器"
            Else
                Text1.Text = num1 / num2
                num1 = num1 / num2
            End If
        End Select
    num2 = 0
End Sub

Private Sub cmdHPC_Click()                    '"%"按钮
    If fDot = True Or Int(num1) < > num1 Then
      num1 = num1 * 100
```

```
    End If
    Text1.Text = Str(num1) & "%"
    num1 = num1/100
End Sub

Private Sub Form_Load()
    frmCunter.Width = 4800                    '窗体 Name 为 frmCunter
    frmCunter.Top = 2000
    frmCunter.Left = 3000
    frmCunter.Height = 4000
    cmdNum(0).TabIndex = 0
    Text1.Text = "0."
End Sub
```

5.5 常用算法

5.5.1 排序

扫码“看一看”

在数据处理过程中，有时需要对数据进行排序，下面我们介绍两种常用的排序算法：选择排序和冒泡排序。

1. 选择排序　选择排序的基本思想是：“找出最值元素的下标，然后进行位置交换”。

算法说明：设在数组 Sort 中存放 n 个无序的数，要将这 n 个数按升序重新排列。

（1）从 n 个数中找出最小元素的下标，将最小数与这 n 个数的第一个数交换位置。

（2）除前面已经排好准确位置的数外，剩余数继续重复步骤（1），直到最终构成递增序列为止。步骤（1）通常被执行 n－1 次。

由此可见，选择排序法，内存循环选择最小数，找到该数在数组中的有序位置，然后交换调整顺序；执行 n－1 次外循环使 n 个数都确定了在数组中的有序位置。

【例 5－10】用选择排序法对 10 个两位随机整数进行从小到大排序。程序代码如下：

```
Option Explicit
Option Base 1
Private Sub CmdSort_Click()
    Dim Sort(10) As Integer, iMin As Integer, t As Integer
    Dim i As Integer, j As Integer, n As Integer
    Randomize
    n = 10
    For i = 1 To 10
        Sort(i) = Int(Rnd * 90 + 10)          '产生随机两位整数
        Text1 = Text1 & Str(Sort(i))
    Next i
    For i = 1 To n - 1          '进行 n - 1 轮比较
```

```
        iMin = i                '对第 i 轮比较时，初始假定第 i 个元素最小
        For j = i + 1 To n
            If Sort(j) < Sort(iMin) Then
                iMin = j
            End If
        Next j
        t = Sort(i)
        Sort(i) = Sort (iMin)
        Sort(iMin) = t
        Text2 = Text2 & Str(Sort(i))
    Next i
End Sub
```

程序运行结果如图 5－13。

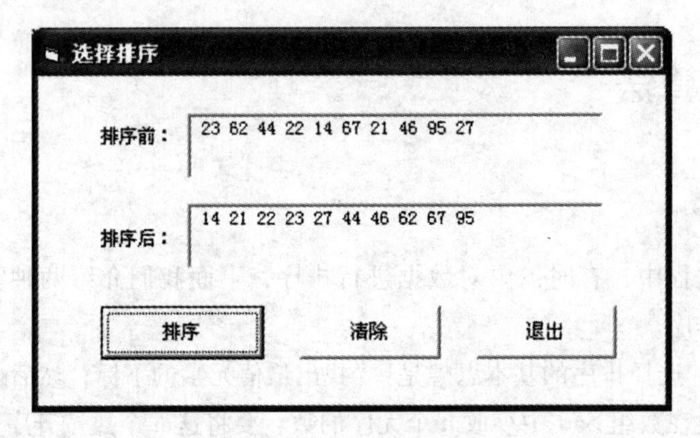

图 5－13　程序运行结果

2. 冒泡排序　冒泡排序的基本思想是："相临两两比较，逆序交换"。

算法说明：设在数组 A 中存放 n 个无序的数，要将这 n 个数按降序重新排列。

第一轮比较：将 A(1) 和 A(2) 比较，若 A(1) <A(2) 则交换这两个数组元素的值，否则不交换；然后再用 A(2) 和 A(3) 比较，处理方法相同；以此类推，直到 A(N－1) 和 A(N) 比较后，这时 A(N) 中就存放了 N 个数中最小的数。

第二轮比较：将 A(1) 和 A(2)、A(2) 和 A(3)，…，A(N－2) 和 A(N－1) 比较，处理方法和第一轮相同，这一轮比较结束后 A(N－1) 中就存放了 N 个数中第二小的数。

第 N－1 轮比较：将 A(1) 和 A(2) 进行比较，处理方法同上，比较结束后，这 N 个数按从大到小的次序排列好。

【例 5－11】用冒泡排序法对 10 个 100 以内的随机正整数进行从小到大排序。程序代码如下：

```
Option Explicit
Private Sub Command1_Click()
    Dim Sort(10) As Integer
    Dim t As Integer
    Dim i As Integer, j As Integer
    Randomize
```

```
    Text1 = "": Text2 = ""
    For i = 1 To 10
        Sort(i) = Int(Rnd * 100 + 1)
        Text1 = Text1 & Str(Sort(i))
    Next i
    For i = 1 To 9                              '进行9轮比较
        For j = 1 To 10 - i                     '进行元素两两比较
            If Sort(j) < Sort(j + 1) Then       '若顺序不对，交换位置
                t = Sort(j)
                Sort(j) = Sort(j + 1)
                Sort(j + 1) = t
            End If
        Next j
    Next i
    For i = 10 To 1 Step -1
        Text2 = Text2 & Str(Sort(i))
    Next i
End Sub
```

程序运行结果如图5－14。

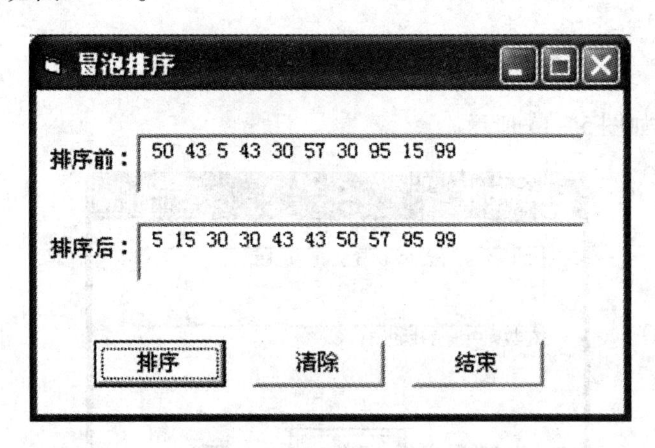

图5－14 程序运行结果

5.5.2 数据查找

在一组数据中查找是否存在指定的数据是常见的数据处理之一。这里介绍两种常用的数据查找算法：顺序查找和二分法查找。

1. 顺序查找 顺序查找就是从数组第一个元素开始，将要查找的数与每一个数组元素的值进行比较，如果相同，就给出“找到”的信息；如果遍历整个数组都没有找到相同的数据，就给出“找不到”的信息。

【例5－12】设计顺序查找程序。程序代码如下：

```
Option Explicit
Option Base 1
Dim search As Variant
```

```
Private Sub Command1_Click( )
    Dim i As Integer
    search = Array(23, 87, 98, 81, 36, 89, 83, 91, 88, 45)
    For i = LBound( search) To UBound( search)
        Text1  =  Text1 & Str( search( i) )
    Next i
End Sub

Private Sub Command2_Click( )
    Dim i As Integer, find As Integer
    Text2  = ""
    find  = Val( InputBox( "输入要查找的数") )
    For i  =  LBound( search)  To  UBound( search)
        If search( i)   =  find Then Exit For
    Next i
    If i  <=  UBound( search)  Then
        Text2  = "要查找的数" & Str( search( i) ) &"是 search( "& Str( i)  & " )"
    Else
        Text2  = "在数列中没有找到" & Str( find)
    End If
End Sub
```

程序运行结果如图 5 - 15 所示。

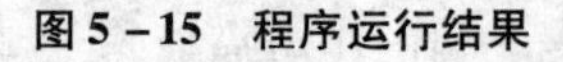

图 5 - 15　程序运行结果

2. 二分法查找　顺序查找的方法虽然简单，但当数据量很大时，将会花费很多时间。如果数组已经排好序，则可以采用二分法查找数据。所谓“二分法”查找，就是每次操作都将查找范围一分为二，即将查找区间缩小一半，直到在所有区间都没有找到要查找的数据为止。注意使用二分法进行查找的前提是必须先将数据进行排序。

【例5-13】设计二分法查找程序。在25，26，34，47，56，59，74，81，83，91数列中进行查找。

算法说明：若已有n个已按升序排好的正整数存放在Search数组中，设Left代表查找区间的左端，初值为数组的下界，Right代表查找区间的右端，初值为数组的上界。Mid代表查找区间的中部位置，其值设置如下：（Left + Right）\ 2。要查找的数存放在变量Find中。二分法查找的算法如下：

(1) 计算出中间元素的位置Mid，判断要查找的数Find与Search(Mid)是否相等，若相等，则要查找的数已找到，输出相关的数据找到信息，结束程序；

(2) 如果Find的值>Search(Mid)的值，则表明要查找的数Find可能在Search(Mid)和Search(Right)区间中，因此重新设置Left = Mid + 1；

(3) 如果Find<Search(Mid)，则表明Find可能在Search(Left)和Search(Mid)区间，因此重新设置Right = Mid - 1；

(4) 重复上述步骤，每次查找区间减少一半，如此反复，当出现Left>Right时，表明数列中没有所要数据，输出相关的数据没有找到信息，结束程序。

二分查找的程序代码如下：

```
Option Explicit
Option Base 1
Dim search As Variant
Private Sub Command1_Click()
    Dim i As Integer
    search = Array(25, 26, 34, 47, 56, 59, 74, 81, 83, 91)
    For i = LBound(search) To UBound(search)
        Text1 = Text1 & Str(search(i))
    Next i
End Sub

Private Sub Command2_Click()
    Dim left As Integer, right As Integer, mid As Integer
    Dim find As Integer, flag As Boolean
    Text1 = ""
    Text2 = ""
    find = InputBox("输入要查找的数")
    left = LBound(search) : right = UBound(search)
    flag = False
    Do While left <= right
        mid = (left + right) \ 2
        If search(mid) = find Then
          flag = True
            Exit Do
```

```
        ElseIf find > search(mid) Then
            left = mid + 1
        Else
            right = mid - 1
        End If
    Loop
    If flag Then
        Text2 ="要查找的数" & Str(find) & "是 search(" & Str(mid) & ")"
    Else
        Text2 ="在数列中没有找到" & Str(find)
    End If
End Sub
```

程序运行结果如图 5 - 16 所示。

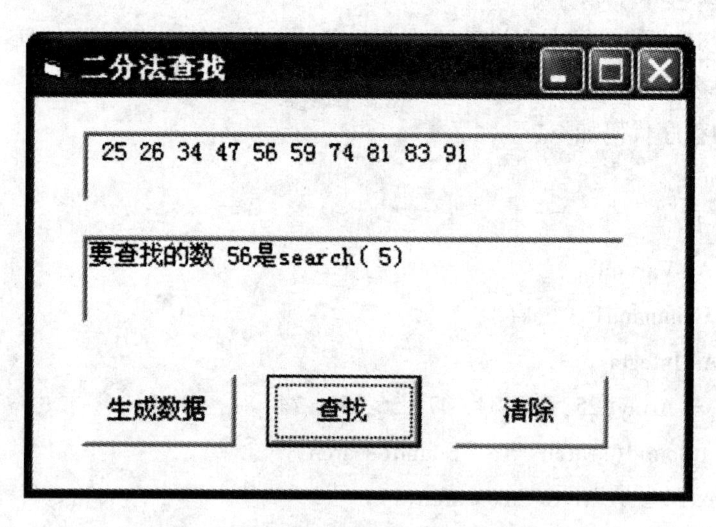

图 5 - 16　程序运行结果

扫码“练一练”

第6章　过　程

内容提要

- 从过程的定义说起
- 过程调用与参数的传递
- 嵌套和递归
- 变量的作用域

在设计一个规模较大、复杂程度较高的程序时，往往根据需要按功能将程序分解成若干个相对独立的部分，然后对每个部分分别编写一段程序。这些程序段称为程序的逻辑部件。组合这些逻辑部件可以构造一个完整的程序，这就可以简化程序设计任务。VB 把这种逻辑部件称为过程。

VB 中使用的过程分为子程序过程（Sub Procedure）、函数过程（Function Procedure），和属性过程（Property Sub）三种。其中：Sub 过程名不返回值，而 Function 过程名返回一个值。另一种 Property 过程可以返回和设置窗体、标准模块以及类模块的属性值，也可以设置对象的属性。

本章主要讨论 Sub 过程和 Function 过程。

6.1 定义 Sub 过程

在 VB 中有两种 Sub 过程，即事件过程和通用子程序过程。

6.1.1 事件过程

VB 程序是由事件驱动的，前面接触到的过程基本上都是事件过程。事件过程的一般形式如下：

```
Private Sub 对象名_事件名( [参数列表])
    [局部变量和常数声明]
    语句块
End Sub
```

对初学者来说，不要在代码窗口自己书写事件过程的头和尾两条语句，而应该在“对象”下拉列表中选择合适的对象，然后在该对象的“事件”下拉列表中选择相应的事件，这时系统会自动产生事件过程的头和尾两条语句。因为有些事件过程系统会自动产生一些参数，这些参数是不能随意修改的，是由事件本身决定的。

6.1.2 通用子程序过程

在程序设计时，常会遇到完成一定功能的程序段在程序中重复出现多次，这些重复的程序段语句代码相同，仅仅是处理的数据不同罢了。若将这些程序段分离出来，设计成一

个具有一定功能的独立程序段，这个程序段就称为通用过程。通用过程是一个必须从另一个过程(事件过程或其他通用过程)显式调用的程序段。通用过程有助于将复杂的应用程序分解成多个易于管理的逻辑单元，使得应用程序更简洁、更便于维护。

通用过程分为公有(Public)过程和私有(Private)过程两种。公有过程可以被应用程序中的任一过程调用，而私有过程只能被同一模块中的过程调用。可以将通用过程放入窗体模块、标准模块或类模块中。

1. 通用 Sub 过程的定义 通用过程的结构与事件过程的结构类似。

通用 Sub 过程的一般形式如下：

```
[Private | Public][Static] Sub 过程名([参数列表])
    [局部变量和常量声明]
  语句块
    [Exit Sub]
  语句块
End Sub
```

说明：

(1) Sub 过程以 Sub 语句开头，结束于 End Sub 语句。在 Sub 和 End Sub 之间是描述过程操作的语句块，称为子程序体或过程体。在 Sub 语句之后，是过程的声明段，可以用 Dim 或 Static 语句声明过程的局部变量和常量。

(2) 以 Private 为前缀的 Sub 过程是模块级的(私有的)过程，只能被本模块内的事件过程或其他过程调用。以 Public 为前缀的 Sub 过程是应用程序级的(公有的或全局的)过程，在应用程序的任何模块中都可以调用它。若缺省 Private|Public 选项，则系统默认值为 Public。若在一个窗体模块调用另一个窗体模块中的公有过程时，必须以那个窗体名字作为该公有过程名的前缀，即以“某窗体名.公有过程名”的形式调用公有过程。

(3) Static 选项。Static 指定过程中的局部变量为“静态”变量。

(4) 过程名。过程名的命名规则与变量名的命名规则相同。在同一个模块中，过程名必须唯一。过程名不能与模块级变量同名，也不能与调用该过程的调用程序中的局部变量同名。

(5) 参数列表。参数列表中的参数称为形式参数(简称形参)，它可以是变量名或数组名。若有多个参数时，各参数之间用逗号分隔。VB 的过程可以没有参数，但一对圆括号不可以省略。不含参数的过程称为无参过程。

形参的格式如下：

[Optional] [ByVal] [ByRef] 变量名[()] [As 数据类型]

其中：

①变量名[()]　变量名为合法的 VB 变量名或数组名。若变量名后无括号则表示该形参是变量，否则是数组。

②ByVal　表明其后的形参是按值传递参数或称为“传值”(Passed by Value)参数；

③ByRef　表明其后的参数是按地址传递(传址)参数或称为“引用”(Passed by Reference)参数，若形式参数前缺省 ByVal 和 ByRef 关键字，则这个参数是一个引用参数。

④Optional　表示参数是可选参数的关键字，缺省 Optional 前缀的参数是必选参数。可选参数必须放在所有的必选参数的后面，而且每个可选参数都必须用 Optional 关键字声明。

所谓的可选参数就是在调用过程时，可以没有实在参数与它结合。本书不涉及可选参数。

⑤As 数据类型　该选项用来说明变量类型，若缺省，则该形参是“变体型变量”（Variant）。

如果形参变量的类型被说明为“String”，它只能是不定长的。而在调用该过程时，对应的实在参数(简称实参)可以是定长的字符串型变量或字符串型数组元素。如果形参是字符串数组，则没有这个限制。

（6）End Sub　标志 Sub 过程的结束，当程序执行到 End Sub 语句时，退出该过程，并立即返回执行调用该过程语句的下一条语句。

（7）过程体由合法的 VB 语句组成，过程体中可以含有多个 Exit Sub 语句，程序执行到 Exit Sub 语句时提前退出该过程，返回到调用该过程语句的下一条语句。

（8）Sub 过程不能嵌套定义，即在 Sub 过程中不可以再定义 Sub 过程或 Function 过程。但可以嵌套调用。

例如：

```
Sub Zuheshu(a As Integer, b As Integer, zuhe As Integer)'求组合数的 Sub 过程
    zuhe = Fact(b)/Fact(a)/Fact(b - a)'嵌套调用函数 Fact
End Sub

Function Fact(x As Integer)As Double'求正整数 x 阶乘的 Function 函数
   Fact = 1
   Fori = 1 To x
      Fact = Fact * i
   Nexti
End Function
```

2. 建立通用 Sub 过程　创建通用过程的方法有两种。第一种方法的操作步骤是：

（1）打开“代码编辑器”窗口。

（2）选择“工具”菜单中的“添加过程”命令。

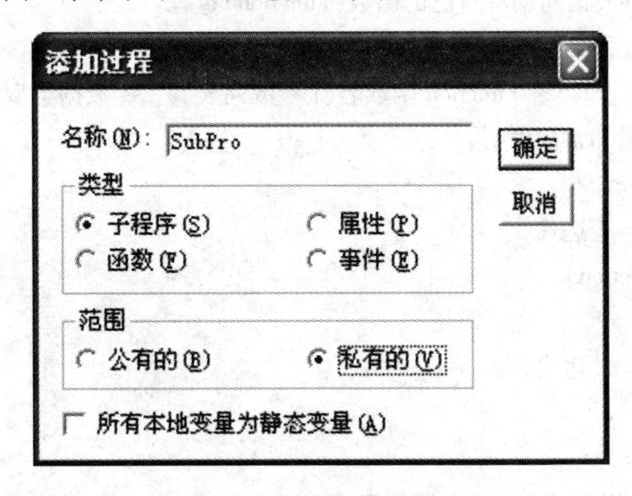

图 6－1　“添加过程”的对话框

（3）首先在“添加过程”的对话框中（如图 6－1 所示）输入过程名(如 SubPro)，接着在“类型”选项中选定过程类型是“子程序”（Sub）还是“函数”（Function），然后在

过程的“范围”选项中选定“公有的”(Public)还是“私有的”(Private),最后单击“确定”按钮,系统就会在“代码编辑器”窗口中创建一个名为 SubPro 的过程样板。

```
Private Sub SubPro()
  ……
End Sub
```

创建通用过程的第二种方法是:

(1) 在“代码编辑器”窗口中的“对象”列表框中选择“通用”,再在“代码编辑器”窗口的文本编辑区空白行处键入“Private Sub 过程名”或“Public Sub 过程名”。

(2) 按[Enter]键,即可创建一个 Sub 过程样板。

下面我们定义一个过程,在这个过程中实现的算法是前面学过的。

```
Private Sub Change(x1 As Integer, x2 As Integer)
    Dim Temp As Integer
    Temp = x1
    x1 = x2
    x2 = Temp
End Sub
```

这是一个实现两个变量交换的过程,这个过程可以对 x1、x2 的值进行交换,x1、x2 的值从主程序传递过来,因此要将他们作为过程的形参,对于过程中使用的其他变量只要在过程中说明即可。变量交换后可以通过参数按地址传递的方式将结果返回给实参,参数传递的概念在后面会详细介绍。

6.2 定义 Function 过程

在前面已经学过了 VB 系统提供的诸多公共函数的用法,如 Exp、Abs、Int、Mid 等。用户也可使用 Function 语句编写自己的函数(Function)过程。

定义 Function 过程的形式如下:

```
[Private|Public][Static] Function 函数名([参数列表])[As 数据类型]
    [局部变量和常数声明]
    [语句块]
    [函数名=表达式]
    [Exit Function]
    [语句块]
    [函数名=表达式]
  End Function
```

说明:

(1) Function 过程应以 Function 语句开头,以 End Function 语句结束。中间是描述过程操作的语句,称为函数体或过程体。语法格式中的 Private、Public、Static 以及参数列表等含义与定义 Sub 过程相同。

(2) 函数名的命名规则与变量名的命名规则相同。在函数体内,可以像使用简单变量

一样使用函数名。

(3) As 数据类型。Function 过程要由函数名返回一个值。使用 As 数据类型选项，指定函数的类型。缺省该选项时，函数类型默认为“Variant”类型。

(4) 在函数体内通过“函数名 = 表达式”语句给函数名赋值，若在 Function 过程中缺省给函数名赋值的语句，则该 Function 过程返回对应类型的缺省值。例如，数值型函数返回 0，而字符串型函数返回空字符串。

(5) 在函数体内可以含有多个 Exit Function 语句，程序执行 Exit Function 语句将退出 Function 过程，返回调用点。

(6) Function 过程与 Sub 过程一样在其内部不得再定义 Sub 过程或 Function 过程。

(7) 可以用前面建立子程序过程的两种方法建立函数过程。只要在（图 6-1）中“类型”框里选中“函数”选项即可；也可以在代码窗口，自己写代码定义函数过程。

【例 6-1】编写一个求 n！的函数过程。

算法说明：求阶乘可通过累乘实现。定义函数过程时，要考虑其通用性，并根据自变量的取值范围与函数值的大小设置适当的数据类型。

```
Private Function Fact(ByVal N As Integer) As Long
    Dim K As Integer
    Fact = 1
    If N = 0 Or N = 1 Then
        Exit Function
    Else
        For K = 1 To N
          Fact = Fact * K
        Next K
    End If
End Function
```

6.3 过程调用

6.3.1 事件过程的调用

事件过程由一个发生在 VB 中的事件来自动调用或者由同一模块中的其他过程显式调用。

【例 6-2】事件过程调用示例。本例的界面如图 6-2 所示，其中命令按钮的 Name 属性设置为 CmdEnd，Label1 的 Aligement 属性设置为 2-Center。

程序代码如下：

```
Option Explicit
Private Sub Form_Load()
    Call Move((Screen.Width - Width)/2, (Screen.Height - Height)/2) '窗体出现在
    屏幕中间
End Sub
```

```
Private Sub Form_Activate()
    Label1.Caption = "欢迎使用" & Chr(13) & Chr(10) & "Visual Basic!" '分两行显示
End Sub

Private Sub CmdEnd_Click()
    Dim Ex As Integer, L As Boolean
    Call Form_Unload(Ex)        '调用窗体卸载事件过程
    If Ex = 1 Then
        MsgBox"不退出，继续运行程序"
    End If
End Sub

Private Sub Form_Unload(Quit As Integer)
    If MsgBox("确定退出吗?", vbYesNo,"退出?") =6 Then  '6 为按“是”按钮返回值
        End
    Else
        Quit = 1
    End If
End Sub
```

图 6－2 程序运行界面

运行程序，首先激活 Initialize(初始化)事件配置窗体，然后产生 Load(加载)事件，VB 将窗体从磁盘装入到内存，调用 Sub Form_Load 事件过程。执行该事件过程将窗体显示在屏幕正中央；窗体被激活，Activate 事件发生，调用 Form_Activate 事件过程，在窗体中显示“欢迎使用 VisualBasic”，Initialize、Load、Activate 等事件都是在一瞬间就完成了。接着程序等待下一个事件的发生。

单击窗体中的“结束”命令按钮，引发命令按钮控件的 Click 事件，调用 CmdEnd_Click 事件过程。在 CmdEnd_Click 事件过程中用 Call Form_Unload(Ex)语句显式调用Form_Unload 事件过程，在窗体中弹出一个“退出?”对话框（图 6－2）。Unload 事件与 Load 事件相反，它最常用的情况是询问用户是否确实要关闭窗体，然后根据用户的回答再做出决定。总之，事件过程可以由发生的事件自动激活以响应系统或用户的活动，也可以被其他过程调用而激活。

6.3.2 Sub 过程调用

Sub 过程和 Function 过程，必须在事件过程或其他过程中显式调用，否则过程代码就永远不会被执行。在调用程序中，程序执行到调用子过程的语句后，系统就会将控制转移到被调用的子过程。在被调用的子过程中，从第一条 Sub 或 Function 语句开始，执行其中的语句代码，当执行到 End Sub 或 End Function 语句后，返回到主调程序的断点（Sub 与 Function 过程的返回位置略有不同），并从断点处继续程序的执行。

每当程序调用一个 Sub 过程或 Function 过程时，VB 就将程序的返回地址(断点)、参数以及局部变量等压入栈内。被调用的过程运行完后，VB 将回收存放变量和参数的栈空间，然后返回断点继续程序的运行。

VB 使用两种方式调用 Sub 过程：一种是把过程名放在 Call 语句中，另一种是把过程名作为一个语句来使用。

1. 用 Call 语句调用 Sub 过程

调用 Sub 过程的形式如下：

Call <过程名>(实参表)

说明：

（1）<过程名>是被调用的过程名字。执行 Call 语句，VB 将控制传递给由“过程名”指定的 Sub 过程，并开始执行这个过程。

（2）实参是传送给被调用的 Sub 过程的变量、常数或表达式。在一般情况下（不考虑过程有可选参数），实参的个数、类型和顺序，应与被调用过程的形参相匹配。有多个参数时在各实参之间用逗号分隔。如果被调用过程是一个无参过程，则括号可省略。

【例6-3】编写一个主程序调用两变量交换的子程序过程，实现两个文本框中的数据交换。界面和运行结果如图6-3所示。

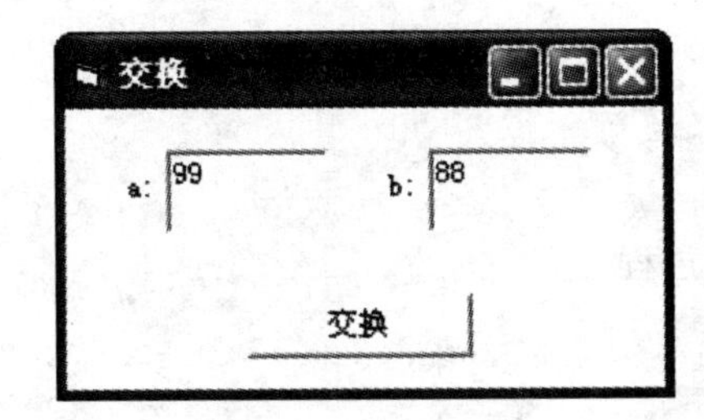

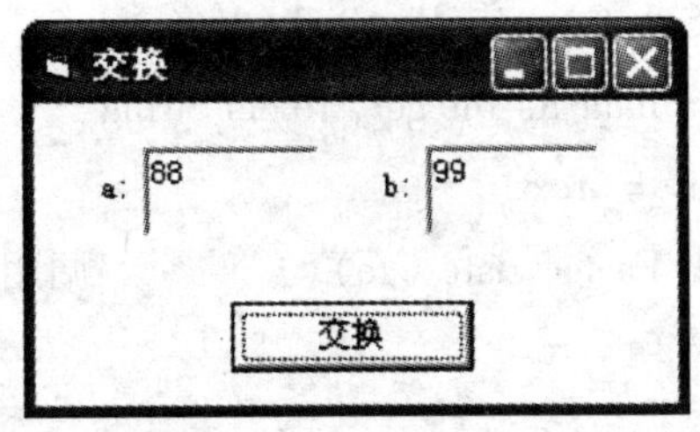

图6-3 交换前后的效果图

```
Option Explicit
Private Sub Command1_Click()
    Dim data1 As Integer, data2 As Integer
    data1 = Text1
    data2 = Text2
    Call Change(data1, data2)        '调用过程
    Text1 = data1
    Text2 = data2
End Sub
```

```
Private Sub Change(x1 As Integer, x2 As Integer)
    Dim Temp As Integer
    Temp = x1
    x1 = x2
    x2 = Temp
End Sub
```

本例中的 Call Change(data1, data2)语句也可以写成 Change data1, data2 的形式，结果完全一样。data1, data2 只能以地址传递方式与形参结合（若以传值的方式与形参结合，将得不到想要的正确结果），参数传递方式在过程调用中会起到关键的作用。本例代码还可以简化，将文本框作为对象进行传递，实现交换，请参见［例 6-8］。

【例 6-4】编写一个找出任意正整数的因子的程序。界面和运行结果如图 6-4 所示，注意：要将 Text2 的 MultiLine 属性设为 True 、ScrollBars 属性设为 2-Vertical。

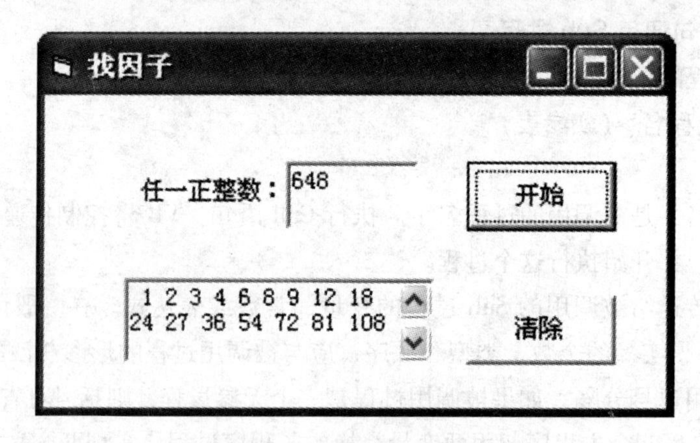

图 6-4　程序界面及结果

```
Private Sub Command1_Click()
    Dim data As Integer, re As String
    data = Text1
    Call Factor(date, re)          '调用过程
    Text2 = re
End Sub

Private Sub Factor(ByVal n As Integer, s As String)
    Dim i As Integer
    For i = 1 To n - 1
        If n Mod i = 0 Then s = s & Str(i)
    Next i
End Sub
```

Sub 过程 Factor 是找出任一个正整数的所有因子的过程，它有两个形式参数：一个是传值的 n，另一个是传址 s。在事件过程 Command1_Click 中，从文本框 Text1 输入数据给变量 data 赋值，通过 Call 语句调用过程，data 的值传给 n，re 则是要从过程中带回结果的实参变量，只能以传址的方式与形参 s 结合。

2. 把过程名作为语句来使用

调用过程的形式如下：

过程名［实参1［，实参2，…］］

与第一种方式相比，它有两点不同：

(1) 不需要关键字 Call。

(2) 实参数表不需要加括号。

例如，可以将上例中的 Call Factor(data, re)用 Factor data, re 语句代替。执行结果与用 Call 语句完全相同。

6.3.3 调用 Function 过程

调用 Function 过程的方法与调用 VB 内部函数的方法一样，即在表达式中写出它的名称和相应的实在参数。

调用 Function 过程的形式如下：

Function 过程名([实参表])

说明：

(1) 调用 Function 过程与调用 Sub 过程不同，必须给参数加上括号，即使调用无参函数，括号也不能缺省。

(2) VB 也允许像调用 Sub 过程那样调用 Function 过程。

例如，设有

Private Function Test(A As Integer)

定义了一个 Function 过程，也可以用下面两种方式调用这个函数：

```
Call Test(dt)
```

或

```
Test dt
```

用这两种方法调用函数时 VB 放弃了函数名的返回值。因此这种调用只适合函数过程只是做某种操作，无须返回结果的情况。比如，函数的功能只是打印一条横线，那就可以使用这种调用方法。

【例6-5】利用 Function 过程编写一个求两个正整数的最大公约数的程序。

```
Option Explicit
Private Sub Form_Click()
    Dim N As Integer, M As Integer, G As Integer
    N = InputBox("输入 N")
    M = InputBox("输入 M")
    G = GCD(N, M)
    Print N; "和"; M; "的最大公约数是:"; G
End Sub

Private Function GCD(ByVal A As Integer, ByVal B As Integer)
    Dim R As Integer
    R = A Mod B
```

```
    Do While R <> 0
        A = B
        B = R
        R = A Mod B
    Loop
    Gcd = B
End Function
```

本程序在 Form_Click 事件过程中用赋值语句“G = GCDC(N, M)”调用 Gcd 函数过程，函数返回值存放在变量 G 中。由于在定义函数 Gcd 时，它的两个形参 A 和 B 被指定为“传值”参数，所以尽管 A、B 两个形参在函数 Gcd 中它们的值被改变，但返回调用程序时，它们对应的实参 N 和 M 仍保持原值不变。

运行结果如图 6-5 所示。

图 6-5　程序结果

6.3.4 调用其他模块中的过程

在应用程序的任何地方都能调用其他模块中的公有(全局)过程。如何调用其他模块中的公有过程，完全取决于该过程是属于窗体模块、类模块还是标准模块。

1. 调用窗体模块中的公有过程　从窗体模块的外部调用窗体中的公有过程，必须用窗体的名字作为被调用的公有过程名的前缀，指明包含该过程的窗体模块。假定在窗体模块 Form1 中含有一个公有 Sub 过程 TestSub，则在窗体 Forml 以外的模块中用下面语句就可以正确地调用该过程：

Call Form1. TestSub([实参表])

即用“<包含该过程的窗体模块名>. <过程名>”作为调用名来调用对应的过程。

2. 调用标准模块中的公有过程　如果标准模块中的公有过程的过程名是唯一的，即在应用程序中不再有同名过程存在，则调用该过程时不必加模块名。如果在两个以上的模块中都含有同名过程，那么调用本模块内的公有过程时，可以不加模块名。假定在标准模块 Module1 和 Module2 中都含有同名过程 SameSub，在 Module1 中用下面语句：

Call SameSub ([实参])

调用的是当前模块 Modulel 中的 SameSub 过程，而不会是 Module2 中的 SameSub 过程。如果在其他模块中调用标准模块中的公有过程，则必须指定它是哪一个模块的公有过程。例如，在 Module1 中调用 Module2 中的 SameSub，则可用下面语句实现：

Call Module2. SameSub ([实参表])

3. 调用类模块中的过程　调用类模块的公有过程时，要求用指向该类某一实例的变量修饰过程。假定在类模块 Classl 中含有公有过程 ClsSub，变量 ExamClass 是类 Classl 的一个实例，可用如下方式调用 ClsSub 过程：

Dim ExamClass As New Classl

```
Call ExamClass. ClsSub( [实参])
```

即要首先声明类的实例为对象变量，并以此变量作为过程名前缀修饰词，不可直接用类名作为前缀修饰词。

6.4 参数的传递

在调用一个有参数的过程时，首先进行的是“形实结合”，即按传值传递或按地址传递方式，实现调用程序和被调用的过程之间的数据传递。通过参数传递，Sub 过程或 Function 过程就能根据不同的参数执行同种任务。

6.4.1 形参与实参

1. 形参 出现在 Sub 过程和 Function 过程声明部分参数表中的变量、数组称之为形参，过程被调用之前，系统不会为这些形参分配内存单元，其作用是说明自变量的类型和形态以及在过程中所“扮演”的角色。形参往往是那些需要从主程序中接收数据（以便在过程中做某些处理）或以后要将过程中的运算结果返回给主程序使用的变量或数组。形参表中的各变量之间要用逗号分隔，一般情况下形参可以是:

（1）除定长字符串变量之外的合法变量名。

（2）后面跟有空括号的数组名。

2. 实参 实参是在调用 Sub 或 Function 过程时，传送给相应过程去做处理的那些变量、数组（数组元素）、常数或表达式、对象，它们包含在过程调用的实参表中。在过程调用传递参数时，形参表与实参表中的对应变量名的数量必须相同（本书可选参数不予考虑），因为“形实结合”是按对应“位置”结合，即第一个实参与第一个形参结合，第二个实参与第二个形参结合，依次类推，而不是按“名字”结合。假定定义了下面过程：

```
Private Sub ExamSub(X As Integer, Y As Single)
………
End Sub
Private Sub Form_Click( )
  Dim X As Single, Y As Integer
  Call ExamSub(Y, X)
End Sub
```

运行程序，单击窗体，触发 Click 事件，激活事件过程 Form_Click。当执行到事件过程中的 Call 语句时，调用 ExamSub 过程，首先进行“形实结合”。形参与实参结合的对应关系是，实参表中的第一个实参变量 Y 与形参表中的第一个形参变量 X 结合，实参表中的第二个实参变量 X 与形参表中的第二个形参变量 Y 结合。

在“形实结合”时，形参表中和实参表中的参数的个数要相同，对应位置的参数类型要尽量一致。

假定有如下过程：

```
Private SubTest(A As Single, Loc As Boolean, Arrayl( ) As Integer, Chrl As String)
End Sub
```

在该过程定义的形参表中，第一个参数是单精度型变量，第二个参数是一个布尔型变

量，第三个参数是一个整型数组，第四个参数是一个不定长的字符串型变量。

```
Private Sub Form_Click( )
    Dim X As Single St As Sting * 5
    Dim A(5) As Integer
    Call Test(X^2, True, A, St)
End Sub
```

在事件过程 Fonn_Click 中用 Call Test(X^2,True,A,St)语句调用 Test 过程。实参表中第一个实参是一个表达式，与形参表中的第一个单精度型变量 A 结合。第二个实参是布尔型常数“True”，与形参表中的第二个布尔型形参变量 Loc 结合。第三个实参是整型数组 A，与形参表中第三个整型形参数组 Arrayl 结合。最后一个实参是长度为 5 的字符串型变量 St，与形参表中的字符串型形参 Chrl 结合。

程序是通过参数向过程传递有关信息的。在 VB 中参数值的传递有两种方式，即按值传递(Passed by Value)和按地址传递(Passed by Reference)。其中按地址传递也称为“引用”。

6.4.2 按值传递参数

当某个形参前有 ByVal 前缀时，表明该参数传递方式按值进行。过程调用时 VB 给按值传递的参数分配一个临时存储单元。将实参变量的值复制到这个临时单元中去。也就是说，按值传递参数时，传递的只是实参变量的副本。当采用按值传递时，过程对参数的任何改变实际上都是对临时存储单元的值改变，仅在过程内部有效，而不会影响实参变量本身。换句话说，一旦过程运行结束，控制返回调用程序时，对应的实参变量保持调用前的值不变，既“形参变化不影响实参的值”。

注意：在 VB 常用的数据类型中，普通变量、数组元素和常数及表达式可以按值传递，而且常数和表达式只有按值传递一种方式。

请看按值传递参数的一个程序示例：

```
Option Explicit
Private Sub Command1_Click( )
    Dim M As Integer, N As Integer
    M = 15 : N = 20
    Call Value_Change (M, N)
    Print "M = "; M,"N = "; N
End Sub

Private Sub Value_Change(ByVal X As Integer, ByVal Y As Integer)
    X = X + 20
    Y = X + Y
    Print "X = "; X,"Y = "; Y
End Sub
```

运行程序，单击命令按钮，触发命令按钮的 Click 事件，执行 Commandl_Click 事件过程，给整型变量 M 和 N 分别赋值 15 和 20，执行 Call Value_Change(M, N)语句，调用 Value_Change 过程；变量 M 与形参 X 结合将 15 传递给形参 X；N 与形参 Y 结合，将 20 传递

给形参 Y。

Value_Change 过程中的赋值语句 X = X + 20，将 X 的值改变为 35。赋值语句 Y = X + Y 将 Y 的值变为 55。输出 X、Y 的值分别为 35、55。因为形参 X 和 Y 都是“传值”参数，所以对 X、Y 的改变，并没有影响存放在内存中的实参变量的值。该过程运行完毕，返回事件过程 Commandl_Click，M 和 N 的值保持不变。输出的结果如图 6-6 所示。

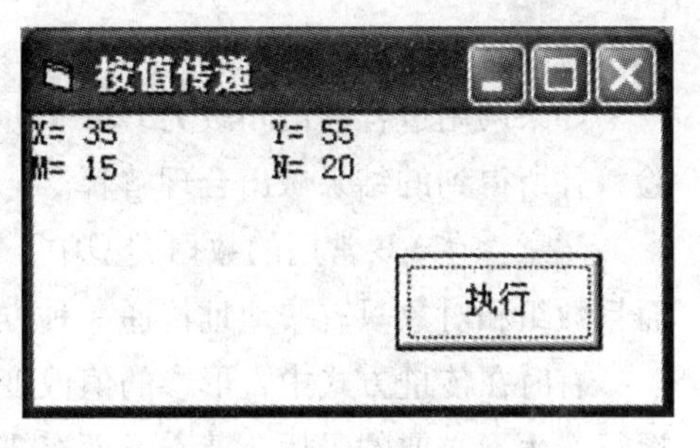

图 6-6 参数按值传递

6.4.3 按地址传递参数

在定义过程时，若形参名前面没有关键字“ByVal”，即形参名前面缺省修饰词，或有“ByRef”关键字时，则指定了它是一个按地址传递的参数。按地址传递参数时，过程中的对应形参所接受的是实参（简单变量、数组元素、数组以及对象）的地址，过程可以改变特定内存单元中的值，这些改变在过程运行完成后依然保持。也就是说，形参和实参共用内存的“同一”地址，即共享同一个存储单元，形参值在过程中一旦被改变，相应的实参值也跟着被改变，既“形参变化影响实参”。

例如，把前面按值传递示例程序中的 Value_Change 过程的参数 X 改为按地址传递，见下列程序：

```
Private Sub Value_Change(X As Integer, ByVal Y As Integer)
  X = X + 20
  Y = X + Y
  Print "X ="; X,"Y ="; Y
End Sub
```

而事件过程 Commandl_Click 不做任何改动，这时调用 Value_Change 事件过程，实参 M 与形参 X 结合时，是将 M 的地址传递给 X，即 M 与 X 共用相同的地址单元。

在事件过程 Value_Change 中对形参 X 的访问，实际是对包含 M 的值的内存单元的访问。程序运行后，输出结果如图 6-7 所示。

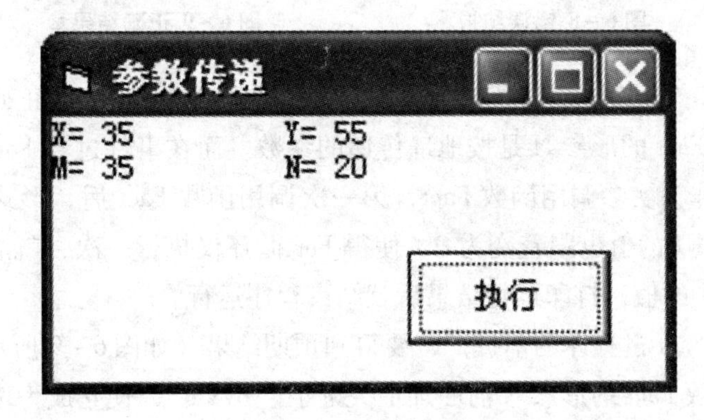

图 6-7 参数按值传递

由此可见，当形参与实参按“传址”方式结合时，实参的值跟随形参的值的变化而变化。一般来说，按地址传递参数要比按值传递参数更节省内存，效率更高。因为系统不必再为形参分配内存，然后再把实参的值拷贝给它。对于字符串型参数，这种传递方式效率

尤其显著。

如果调用过程的语句改为 Call Value_Change((M), N)，结果会是怎样？请读者上机实验，并所得到的结果做出合理解释。

注意：在 VB 常用的数据类型中，普通变量和数组、数组元素及对象可以按地址传递，而且数组和对象只有按地址传递一种方式。

有时在传址方式中，形参的值改变后对应实参的值也跟着发生变化，有可能对程序的运行产生不必要的干扰。请看下面有错误的程序示例，执行得不到正确结果，如图6－8。

【例6－6】编写程序计算5！＋4！＋3！＋2！＋1！的值。

```
Option Explicit
Private Sub Form_Click()
    Dim Sum As Long, i As Integer
    For i = 5 To 1 Step -1
    Sum = Sum + Fact(i)          '方法1：用Fact((i))的形式调用函数
    Next i
    Print "Sum="; Sum
End Sub
Private Function Fact(N As Integer) As Long          '方法2：形参N加前缀"ByVal"
    Fact = 1
    Do While N > 0
        Fact = Fact * N
        N = N - 1
    Loop
End Function
```

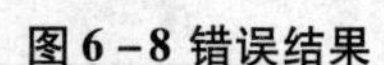
图6－8 错误结果

图6－9 正确结果

运行上述程序，输出结果是：Sum＝120，没有得到 Sum＝153 的正确结果。其原因在于 Function 过程中 Fact 的形参 N 是按地址传递的参数。而在事件过程 Form_Click 的 For 循环中用循环变量 I 作为实参调用函数 Fact，第一次调用函数 Fact 后，形式参数 N 的值被改为0，因而循环变量 I 的值也跟着变为0，使得 For 循环仅执行一次，就立即退出循环。所以程序仅仅求了5！的值，打印运行结果后就结束程序运行。

在不改变函数 Fact 过程体的前提下，要得到预期结果（如图6－9所示），有两种方法：

方法一：在函数 Fact 的形参 N 前面加上关键字“ByVal”，使它成为按值传递的参数；

方法二：把变量转换成表达式（因为表达式只能按值传递）。在 VB 中把变量转换成表达式的最简单的方法，就是把它放在括号内，即用 Fact((I))的形式调用函数 Fact，那么传递给形参 N 的就是实参 I 的值，而不是它的地址。因此 N 的值在函数执行过程中，尽管被改变，但不会影响循环变量 I 的值。

对于按地址传递的形式参数，如果在过程调用时与之结合的实在参数是一个常数或者

表达式，那么VB就会用“按值传递”的方法来处理它，即把常数或表达式的值传递给这个形式参数。如果与按地址传递参数结合的实参是变量(数组元素或数组)，那么它们的类型必须完全一致。如果给按地址传递参数传递的是类型不一致的常数或表达式时，VB会按要求进行数据类型转换，然后再将转换后的值传递给参数。

如果程序在一个算术表达式中调用一个函数，而调用此函数中用到的实参变量也在表达式中出现了，函数就会修改算术表达式中变量的值，从而导致意想不到的结果。请看下面的例子：

```
Option Explicit
Private Sub Commandl_Click( )
  Dim P1 As Integer, P2 As Integer, P3 As Integer
  P1 =2: P2 =3: P3 = 4
  Print Pl + P2 + P3 * Fun_Add(P1, P2, P3)
End Sub
Private Function Fun_Add(a As Integer, b As Integer, c As Integer)
  a = a+10
  b = b+10
  c = c+10
  Fun_Add = a + b + c
End Function
```

在本例中，本想在“立即”窗口中显示输出值161，却输出结果值571。为什么会产生这样的情况呢？这是因为在计算表达式的过程中，函数Fun_Add的优先级别最高，所以程序先调用Fun_Add函数。由于函数的所有的形参都是传址参数，所以函数返回值39，同时也改变了实参变量P1、P2和P3的值，实际计算的是 $12+13+14\times39$ 的值，而不是计算 $2+3+4\times39$ 的值。

为了避免由于在算术表达式中调用函数导致表达式中变量的值发生不应有的变化，要特别注意调用按地址传递参数的函数对结果的影响。如果参数可以按值传递，最好在函数调用时将实参强行转换成表达式。

下面是一个参数数据类型转换的程序示例：

```
Private Sub Form_Click( )
  Dim S As Single
  S=125.5
  Call Convert((S),"12" + ".5")
End Sub
Private Sub Convert(dt As Integer, Si As Single)
  dt=dt*2
  Si=Si+23
  Print "dt="; dt,"Si ="; Si
End Sub
```

运行上述程序，执行Call Convert((S),"12" + ".5")语句时，调用Convert过程，VB首先将单精度型实参变量S转换为表达式，再将单精度型表达式值强制转换成整型值，然

后传递给整型形参 dt，因此 dt 初值为 126。接着计算字符串表达式"12" + ".5"值得到字符串"12.5"，然后将其转换成单精度型的值 12.5，再传递给形参 Si。程序的输出结果如下：

dt = 252，Si = 35.5

如果将 Call 语句改为 Call Convert((S),"26as")，程序执行 Calll 语句时，将产生“类型不匹配”（Type Mistake）的错误，其原因是 VB 无法将字符串"26as"转变成为单精度型的值，传送给 Si 参数。

6.4.4 数组参数

定义过程时，VB 允许把数组作为形参。声明数组参数的格式如下：

形参数组名()［As 数据类型］

形参数组只能是按地址传递的参数。对应实参也必须是数组且数据类型必须和形参数组的数据类型相一致。若形参数组的类型是变长字符串型，则对应的实参数组的类型也必须是变长字符串型；若形参数组的类型是定长字符串型，则对应的实参数组的类型也必须是定长字符串型，但字符串的长度可以不同。调用过程时只要把传递的数组名放在实参表中即可，数组名后面可以不跟圆括号也可以跟圆括号。在过程中不可以用 Dim 语句对形参数组进行重复声明，否则产生“重复声明”的编译错误。但是，在使用动态数组时，可以用 ReDim 语句改变形参数组的维界，重新定义数组的大小。当过程结束返回调用程序时，对应实参数组的维界也将跟着发生变化。

【例 6-7】传递数组参数程序示例。

```
Option Explicit
Option Base 1
Private Sub Form_Click()
    Dim Array() As Integer, i As Integer
    ReDim Array(5)
    For i =1 To 5
        Array (i)  =i
    Next i
    Print "调用前数组维上界是:"; UBound(Array)
    Call Changedim(Array)
    Print "调用后数组维上界是:"; UBound(Array)
    Print "数组各元素的值是:";
    For i = 1 To UBound(Array)
        Print Array(i);
    Next i
    Print
End Sub
Private Sub Changedim(A() As Integer)
    Dim i As Integer
    ReDim Preserve A(7)
```

```
    For i = 6 To 7
        A(i) = 2 * i
    Next i
End Sub
```

程序运行结果如下：

调用前数组维上界是：5

调用后数组维上界是：7

数组各元素的值是：1 2 3 4 5 12 14

6.4.5 对象参数

在 VB 中也可以把对象作为参数向过程传递。在形参表中，把形参变量的类型声明为"Control"，就可以向过程传递控件。若把类型声明为"Form"，则可向过程传递窗体。对象的传递只能是按地址传递。

【例6-8】修改【例6-3】，将文本框作为对象参数，实现交换功能。

```
Option Explicit
Private Sub Command1_Click( )
    Call Change(Text1, Text2)   '调用过程
End Sub
Private Sub Change(x1 As TextBox, x2 As TextBox)
    Dim Temp As Integer
    Temp = x1
    x1 = x2
    x2 = Temp
End Sub
```

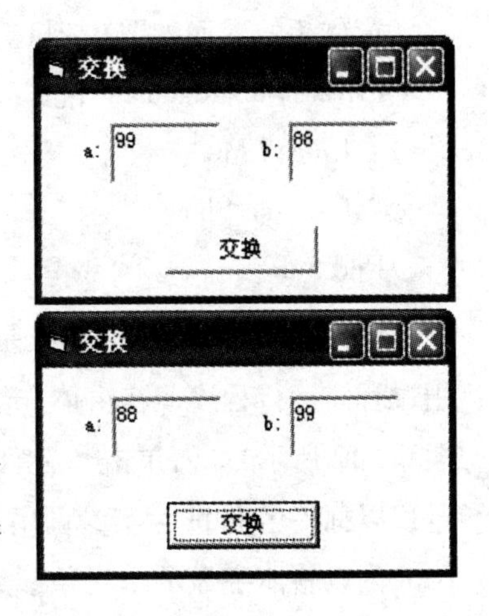

图6-10 交换前后的效果图

可以看出，［例6-8］与［例6-3］的运行结果完全一样如图6-10所示。［例6-8］将形参 x1 和 x2 说明成了对象型参数 TextBox，这样 x1 和 x2 的变化就可以直接影响实参 Text1 和 Text2 了。

【例6-9】对象参数传递程序示例。如图6-12所示分别是示例程序参数传递前后的界面。

窗体1的名称（Name）为 frmFirst，窗体2的名称（Name）为 frmSecond。窗体1中程序代码如下：

```
Private Sub Command1_Click( )
    Call objarg(Lab1)            ' 将窗体 FrmFirst 中的标签框 Lab1 作为实参
End Sub

Private Sub Command2_Click( )
    Call frmarg(frmSecond)       ' 将窗体 frmSecond 作为实参
End Sub
```

```
Private Sub Form_Load( )
    frmFirst. Left  =  2000
    frmFirst. Top  =  1500
End Sub
Private Sub objarg( lad As Control)      ' 形参是控件
    lad. BackColor  =  &HFF0000
    lad. ForeColor  =  &HFFFF&
    lad. Font  =  14
    lad. FontItalic  =  True
    lad. Caption  = 对象参数的传递"
End Sub
Private Sub frmarg( f As Form )        ' 形参是窗体
    f. Left  =  (Screen. Width  -  f. Width) / 2
    f. Top  =  (Screen. Height  -  f. Height) / 2
    frmfirst. Hide
    f. Show
End Sub
```

窗体 2 的界面如图 6-11 所示，程序代码如下：

```
Private Sub Command1_Click( )
  Unload Me
  frmFirst. Show
End Sub
```

图 6-11　窗体 2

应用程序中的 Sub objarg 是以控件对象为参数，而 Sub frmarg 是以窗体对象为参数的通用过程。运行程序，在窗体 frmFirst 中的标签框 Labl 内以正体字显示“学习参数传递”（如图 6-12 所示）。若单击“控件参数传递”按钮，调用执行事件过程 Command1_Click，该过程以标签名 Labl 为实参调用通用过程 objarg。执行 Sub objarg 过程后，在窗体中的标签框 Labl 内以斜体字显示“对象参数的传递”，其前景色为黄色(图 6-12)。若单击“窗体参数传递”按钮，就会激活事件过程 Command2_Click，该过程以窗体名 frmSecond 为实参调用通用过程 frmarg。执行 Sub frmarg 过程后，隐藏窗体 frmFirst，显示 frmSecond 窗体，frmSecond 窗体获得焦点成为活动窗体（图 6-11），单击 Form2 上的“显示窗体 1”按钮，返回窗体 1“对象参数”界面。

各种类型的数据作过程参数的传递规则见表 6-1。

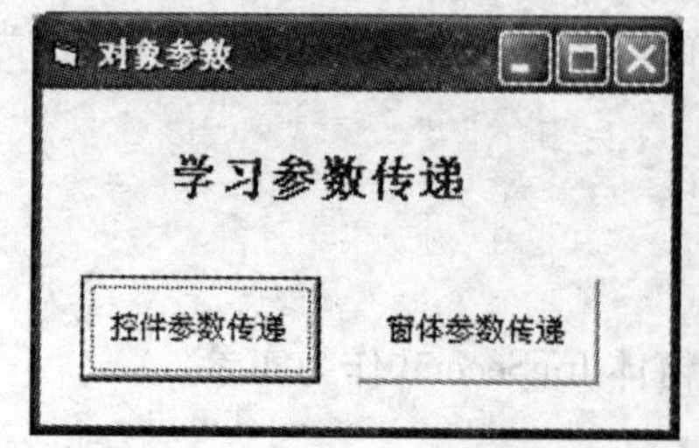

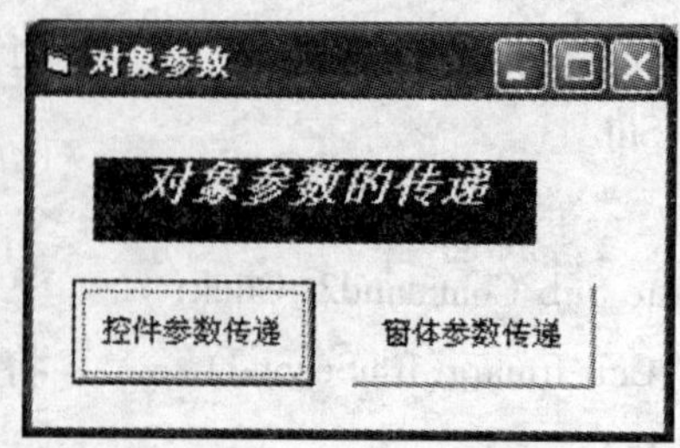

图 6-12　程序运行效果图

表6-1 参数传递规则

参数	按地址传递	按值传递
普通变量	√	√
常数/表达式	×	√
数组	√	×
对象	√	×

6.5 嵌套过程与递归过程

6.5.1 嵌套过程

已知在过程中是不可以定义另外的过程的，即过程不能嵌套定义。但是在过程中是可以调用其他过程的，即过程可以嵌套调用。过程的嵌套调用也称为过程嵌套。嵌套调用时产生的断点被依次放进堆栈（压栈），堆栈按照“先进后出”的原则操作，对调用时的断点依次进行出栈操作。这样，首先返回的是最后一次调用的断点，最后返回的是第一次调用的断点。嵌套调用过程的程序执行流程如图6-13所示。

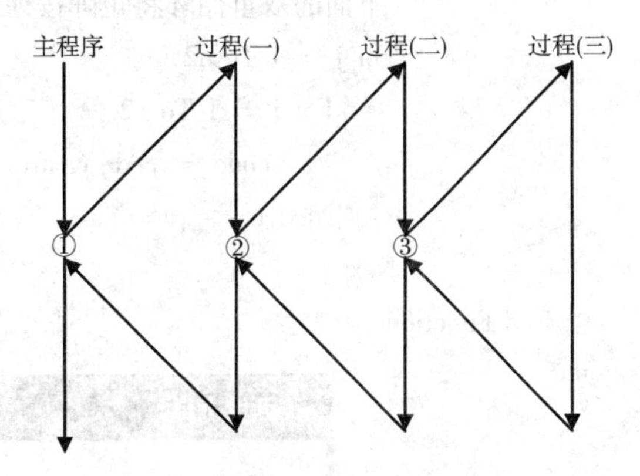

图6-13 嵌套调用过程程序执行流程

【例6-10】采用矩阵变换对西文进行加密。方法是取大于或等于原文长度的最小平方数 n^2，构成一个 $n \times n$ 的矩阵，将原文中的字符逐个按行写入该矩阵，多余的矩阵元素则写入空格字符，再按列读出此矩阵，既为密文。

程序设计界面如图6-14所示。注意：对界面上的两个文本框的 MultiLine 属性设为 True，ScrollBars 属性选择2。

程序代码如下（不含清除和退出按钮）：

```
Option Explicit
Private Sub Command1_Click()
    Dim text As String
    text = Text1
    Text2 = code(text)                    '第一次调用，断点①
End Sub

Private Function code(fir As String) As String
    Dim n1 As Integer, n2 As Integer, m() As String * 1
    Dim i As Integer, j As Integer, k As Integer
    n1 = Len(fir)
    n2 = arr(n1) '调用计算矩阵元素个数函数过程，第二次调用，断点②
```

```
        k = 1
        ReDim m(n2, n2)
        '下面的双重循环将原文按行摆放到矩阵中
        For i = 1 To n2
            For j = 1 To n2
                If k <= n1 Then
                    m(i, j) = Mid(fir, k, 1)
                Else
                    m(i, j) =" " '" " 中为空格
                End If
                k = k + 1
            Next j
            Next i
            '下面的双重循环将矩阵按列连接
            For j = 1 To n2
                For i = 1 To n2
                    code = code & m(i, j)
                Next i
            Next j
End Function                          '其次返回断点①
```

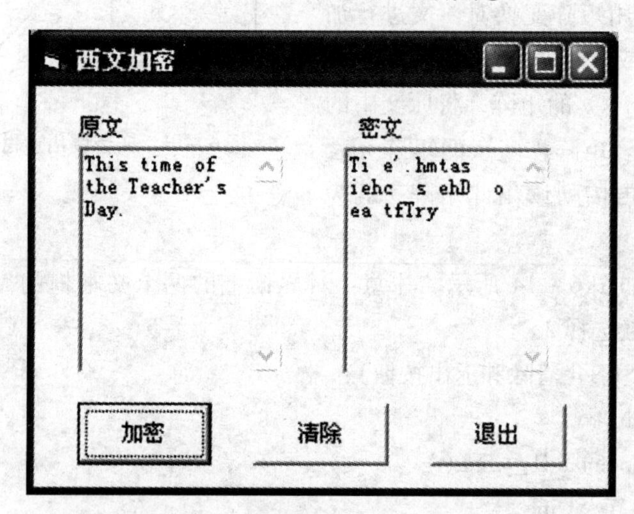

图 6-14 程序界面及运行结果

```
'下面的函数过程用来计算矩阵元素个数
Private Function arr(n As Integer) As Integer
    Dim k As Integer
    k = n
    Do
        If Sqr(k) = Int(Sqr(k)) Then
            arr = Sqr(k)
```

```
            Exit Do
        Else
            k = k + 1
        End If
    Loop
End Function              '首先返回断点②
```

上例中使用了过程的嵌套调用的方法，既在过程中调用其他过程。

6.5.2 递归过程

递归过程是在过程中调用(间接调用或直接调用)自身过程来完成某一特定任务的过程，所以递归过程是一种特殊的嵌套过程。递归是一种十分有用的程序设计技术。由于很多的数学模型和算法设计方法本来就是用递归实现的，用递归过程描述它们比用非递归方法简洁易读，可理解性好，算法的正确性证明也比较容易，因此掌握递归程序设计方法很有必要。

例如，数学中求 n! 可表示为

$$n! = \begin{cases} 1 & \text{当 } n=0 \text{ 或 } n=1 \text{ 时} \\ n*(n-1) & \text{当 } n>1 \text{ 时} \end{cases}$$

利用上式可定义一个名为 Fact(n)的函数，若使用该函数求 n!，即要求出函数 Fact(n)的值，在求解过程中则必须要调用函数本身去求出 Fact($n-1$)的值。也就是说，要在函数定义中调用函数本身，因此它是一个递归定义的函数。

【例6-11】根据上面的递归表达式编写出求 n! 的函数过程。

```
Option Explicit
Private Sub Form_Click( )
    Dim N As Integer, F As Long
    N = InputBox("输入一个正整数")
    F = Fact(N)
    Print N; "! ="; F
End Sub
Private Function Fact(ByVal N As Integer) As Long
    If N = 0 Or N = 1 Then
        Fact = 1
    Else
        Fact = N * Fact(N - 1)
    End If
End Function
```

当输入12时程序运行结果如图6-15所示。

为了将递归调用的过程说明清楚，我们分析求3! 的程序执行过程。单击窗体执行 Form_Click 事件过程，从键盘输入3，赋值给变量N，即求3! 的值。程序以 Fact(N)形式调用函数 Fact。当函数 Fact 开始运行时，首先检测传递过来的参数N是否为1，若为1则函数返回值为1；若不为1，函数执行赋值语句 Fact = N * Fact(N - 1)。函数调用传递的参

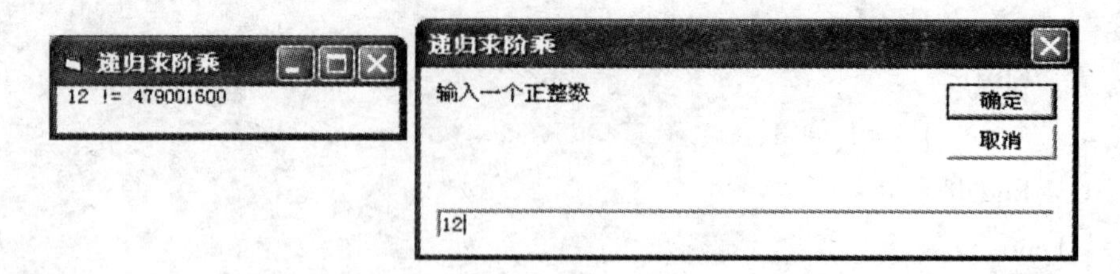

图 6－15　程序运行结果

数 N 是 3，函数计算表达式 3 * Fact(2) 值，由于表达式中还有函数调用，于是 VB 第二次调用 Fact 函数，但传递的参数是 2，因为参数值不为 1，函数同样要执行 Fact = N * Fact(N - 1) 语句，计算表达式 2 * Fact(1) 值。当再一次调用此函数时，参数值为 1，达到递归公式的边界条件，不会再继续调用过程，而是得到函数值 Fact 为 1 并结束本次过程调用，返回到调用本次过程的语句继续执行，函数 Fact 又得到 2 * Fact(1) 的值，既 Fact 为 2 并结束本次过程调用，返回到调用本次过程的语句继续执行……，就这样逐层返回，最后回到最初被调用的函数，函数计算表达式 Fact = 3 * Fact(2)，函数得到返回值 6，并结束本次过程调用，返回到主程序中的调用过程的语句继续执行。递归函数 Fact 的调用和返回过程如图6－16 所示。

从图 6－16 可以看出，递归实际上是将本过程重复执行多次，但每次传递的参数在变化。一个递归问题可以分为“连续调用”和“连续返回”两个阶段。当进入递归调用阶段后，便逐层向下调用递归过程，因此 Fact 函数被调用 3 次，即 Fact(3)、Fact(2)、Fact(1)，直到遇到递归过程的边界条件 Fact = 1 为止。然后带着边界(终止)条件所得到的函数值进入返回阶段。按照原来的路径逐层返回，由 Fact(1) 的值得出 Fact(2) 的值，再由 Fact(2) 的值得出 Fact(3) 的值，结束调用，回到主程序为止。

编写递归过程要注意：递归过程必须有一个结束递归过程的条件(又称为终止条件或边界条件)，此时递归过程为有限递归。例如，上面求 N! 的递归函数的边界条件是 Fact = 1。若一个递归过程无边界条件，它则是一个无穷递归过程，应避免此类情况的发生。

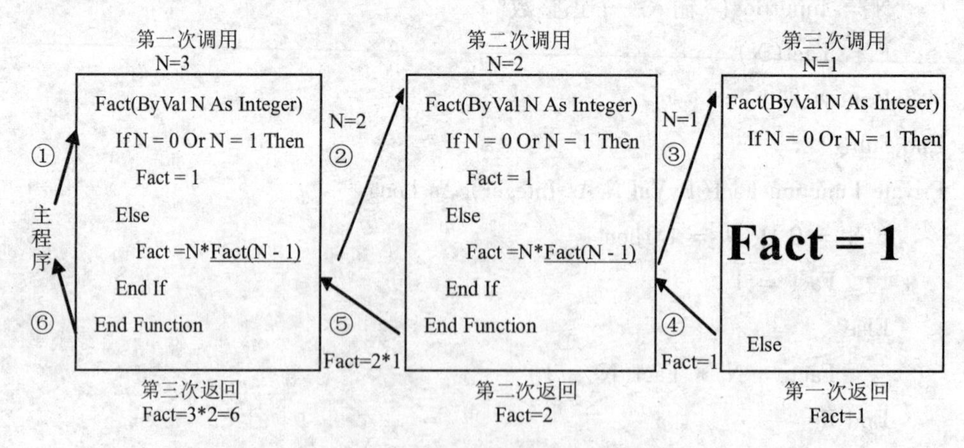

图 6－16　递归调用执行过程示意图

6.6 变量的作用域

掌握变量的作用域概念对于 VB 编程是非常重要的，变量的作用域是用来标明在程序的哪些地方，这些变量名是有意义的（可以使用）。根据定义变量的位置和使用变量定义的说

明语句不同，变量可以分为过程级变量(局部变量)、模块级变量（共用变量）和工程级变量（全局变量）。

6.6.1 过程级变量

在过程中声明的变量是过程级的变量，其作用范围仅限于本过程，在其他过程中不可以使用。也就是说，在包含它们的过程中才能访问或改变这些变量的值，而这些变量仅在这个过程之中才有意义。过程级变量又称为局部变量，是仅供本过程使用的变量。

定义过程级的变量可以使用两种说明符：Dim 和 Static，其中 Static 只能在过程中使用。

1. Dim 说明的过程级（局部）变量 Dim 说明的过程级（局部）变量在过程被执行时，系统为其分配临时的内存单元，当过程结束时，变量内存单元随即释放，变量也就不存在了。此类变量的生命期和作用域一样，均在本过程内。

2. Static 说明的过程级（静态）变量 Static 说明的过程级（静态）变量在过程被执行时，系统为其分配固定的内存单元，当过程结束时，变量内存单元仍然保留，但其他过程不能使用该变量。当这个过程再次被执行时，静态变量会按上次结束过程时保留的值继续运算，既从一次调用传递到下一次调用。只有结束整个工程，静态变量的值才会消失。当某一过程被程序多次调用，并希望过程中的变量值具有连续性时，可以在过程中用关键字 Static 定义静态变量，此类变量的生命期和作用域不一样，作用域在本过程内，而生命期为整个工程。因此，在程序中使用静态变量时要给予特别关注。

扫码“看一看”

【例 6－12】在下面的函数 Local_Variable 中定义了两个局部变量 X 和 Y，其中 X 为静态变量。观察程序输出结果。

```
Option Explicit
Private Sub Form_Click( )
    Dim i As Integer
    For i = 1 To 2
        Print Local_Variable(2)
    Next i
End Sub

Private Function Local_Variable( N As Integer) As Integer
    Static X As Integer
  Dim Y As Integer
  Y = X * 2          '第一次 X = 0，第二次 X = 6
  X = N * 3
  Local_Variable = X + Y
End Function
```

运行结果如图 6－17 所示。

图 6－17 程序运行结果

主程序调用此函数两次，N 均为2，由于第二次调用 X 保留了第一次的结果6，所以造成两次调用的结果不同。

6.6.2 模块级变量

局部变量仅作用于定义此变量的过程或函数内。若要使一个变量可作用于同一个模块内的多个过程，则应在程序的窗体模块的通用段或标准模块中声明（General Declarations）。

定义模块级变量可以使用两种说明符：Dim 和 Private，其中 Private 只能在窗体模块的通用段或标准模块中使用，不能在过程中使用。

模块级（共用）变量的作用范围是定义它的模块，该模块内的所有过程都可以引用它们，但其他的窗体模块却不能访问这些变量。此类变量的生命期和作用域是一样的，即为本窗体（标准）模块内。

【例6-13】关于模块级变量的例子。

```
Option Explicit
Dim TSt As String

Private Sub Form_Activate( )
    Print "TSt 是模块级变量"
    Print "在 Form_Activate 中看 TSt 是："; TSt
    Print
    TSt ="我在 Form_Activate 中变化"
    Call ShowTSt
    End Sub
    Private Sub Form_Load( )
      TSt ="Form_Load( )第一次赋值"
    End Sub
    Private Sub ShowTSt( )
      Print "在过程 ShowTSt 中："; TSt
End Sub
```

运行结果如图6-18 所示。

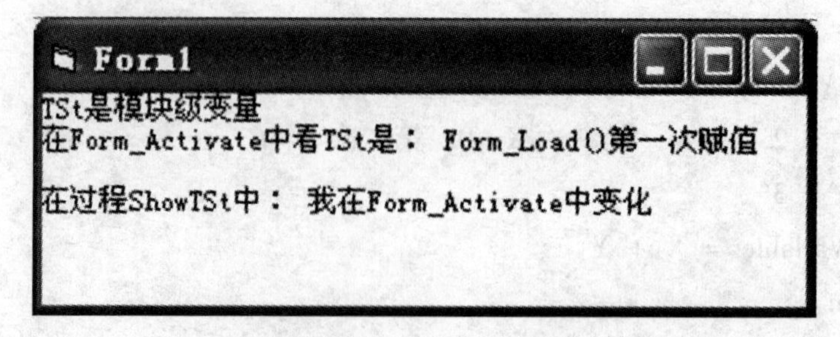

图6-18　程序运行结果

在本例中，程序在三个过程之外定义了一个变量 TSt，当程序运行时，首先在 Form_Load 事件过程中给 TSt 赋值，接着系统激活 Form_Activate 事件过程，显示变量 TSt 的值，然后对 TSt 进行第二次赋值，并调用子过程 Show TSt，子过程 Show TSt 显示变量 TSt 的值。从

上例可知模块级变量 TSt 赋值的作用域是整个窗体模块。

6.6.3 全局变量

除过程级（局部）变量、模块级（共用）变量外，VB 还允许使用工程级（全局）变量。

定义工程级（全局）变量只有一种说明符：Public。用 Public 在窗体模块或标准模块的通用声明段用语句声明的变量，就是全局变量。Public 不能用在过程中对变量声名。

全局变量的变量值在整个工程中都是有意义的。换句话说，本工程的程序中的任何一个代码段都可以引用全局变量。说明全局变量的通常做法是添加一个标准模块（Module），在标准模块的通用声明段集中声明程序中要使用的全局变量，因为有的数据类型不可以在窗体的通用部分将其说明成全局变量，比如：定长字符变量，数组等。全局变量的生命期和作用域是一样的，既为整个工程内。

前面介绍了三种不同作用域的变量，为了更清楚地区别 VB 中四个变量说明符的不同用法，表 6 – 2 对各类变量说明符在代码中出现的位置进行小结。

表 6 – 2　说明符的使用

说明符 / 位置	Dim	Static	Private	Public
通用声明段	√	×	√	√
过程中	√	√	×	×

【例 6 – 14】关于全局变量的程序示例。工程中包括两个窗体模块和一个标准模块。

标准模块 Modulel. bas 中的代码如下：

```
Option Explicit
Public pubbas As String
Public Sub Main( )
    pubbas = "pubbas 是在 Modulel. bas 中定义的全局变量"
    Load Form1
    Load Form2
    Form1. Show                '显示窗体 1
End Sub
```

窗体模块 Form1. frm 中的代码如下：

```
Option Explicit
Public pubfrm As String
Private Sub Form_Load( )
    pubfrm = "pubfrm 是在窗体模块1中定义的全局变量"
    Call Main
End Sub

Private Sub Form_Click( )
    Print "在 Form1中打印:"
```

```
        Print "pubbas 的内容:"; pubbas
        Print "pubfrm 的内容:"; pubfrm
        Print
        Form2.Show                    '显示窗体 2
    End Sub
```

窗体模块 Form2.frm 中的代码如下:

```
    Option Explicit
    Private Sub Form_Click()
        Print "在 Form2中打印:"
        Print "pubbas 的内容:"; pubbas
        Print "pubfrm 的内容:"; Form1.pubfrm
    End Sub
```

对窗体 1 和窗体 2 单击后，可以看到两个窗体上显示的结果如图 6－19 所示。

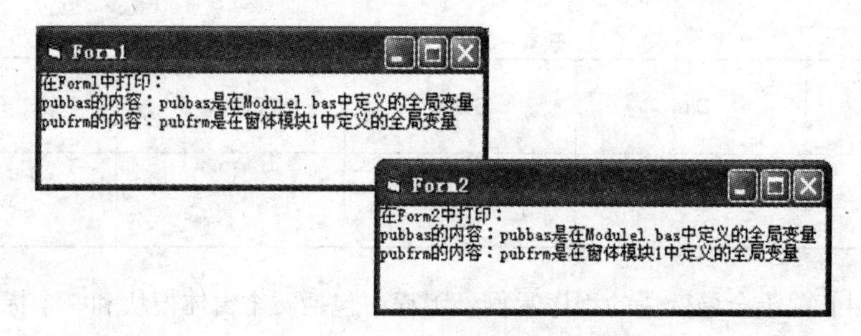

图 6－19　程序运行结果

特别提醒：运行本程序时，为了防止两个窗体相互重叠遮挡住显示的信息，可以在设计状态时，在“窗体布局”窗口调整两个窗体出现的位置，如图 6－20 所示。

图 6－20　调整窗体布局

通过本例可以看出，在标准模块中定义的全局变量，在应用程序任何一个过程中都可以直接用它的变量名来引用它。而在过程中引用其他窗体模块中定义的全局变量时，必须用定义它的窗体模块名作为全局变量的附加前缀，方能正确地引用它。例如，在窗体模块 Form2 中用 Form1.pubfrm 的格式引用在窗体 Form1 中定义的全局变量 pubfrm。

全局变量可以被程序中的所有过程调用。从表面上看，定义全局变量简化了编程，在函数和过程中可以不再定义其他变量，形参也不用再定义，也不用再考虑参数是按值传递还是按地址传递。但遗憾的是，全局变量的值经常变动，更容易给程序造成错误。由于全局变量可以在程序的任何地方被改变，一旦产生错误，将很难断定错误是由哪一个程序段引发的。另外，如果对程序中的全局变量的使用理解不很透彻时就对程序作修改，也可能会对全局变量值造成很大的影响，致使程序得不到正确的结果。因此，一般有个原则，尽量使用作用域小的局部变量，尽量减少用共用变量和全局变量。

前面介绍了各种类型变量的作用域，为了更加直观地表示他们之间的关系，现用图 6－

21 进行描述，在图中可以较清楚地看出各种类型变量的有效范围。

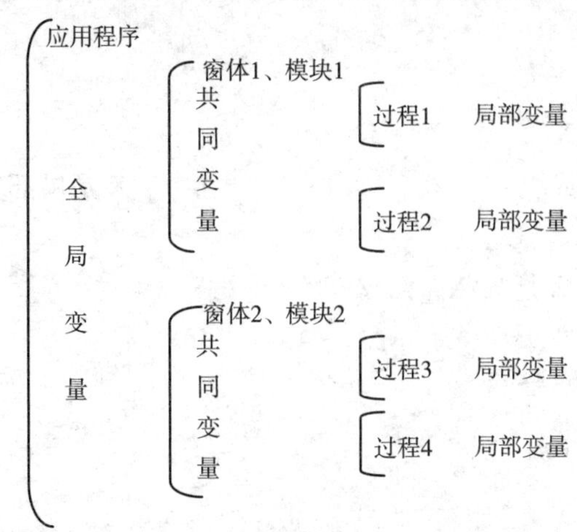

图 6-21 变量作用域

6.6.4 同名变量使用

当变量的作用域不同时，变量的名字可以相同。当模块中的共用（全局）变量与局部变量同名时，在过程中本过程内定义的变量有效，这时共用（全局）变量被隐藏起来，过程结束后，局部变量消失，共用变量有效。也就是说，遇到同名变量时，作用域小的有效。

一般来说，为了避免因变量名相同而造成引用上的混乱，可以对不同模块中说明的同名全局变量用模块名加以限定。例如，一个程序含有两个标准模块 Modulel 和 Module2，分别在这两个模块中都定义了一个全局变量 Password。若在窗体模块中访问 Modulel 中定义的全局变量 Password，就应以 Modulel. Password 的形式来调用它；若在标准模块 Modulel 中引用本模块中的 Password 变量，则可用变量名直接引用；而使用标准模块 Module2 中的全局变量 Password 的话，必须用标准模块名 Module2 作为 Password 的前缀。

【例 6-14】下面程序中，在窗体模块 1 中定义了全局变量 X、Y 和共用变量 Z，在子过程 Comm_X 中定义了与全局变量 X 同名的局部变量 X。同样，在窗体模块 2 中定义了全局变量 X、Y 和共用变量 Z，在子过程 Comm_X 中定义了与全局变量 X 同名的局部变量 X。

Form1 中的代码如下：

```
Option Explicit
Public X As Integer, Y As Integer                'X, Y 是全局变量
Dim Z As Integer                                 'Z 是共用变量

Private Sub Form_Click( )
    Call Comm_X
    Print "X,Y 和 Z 是", X, Y, Z
    Form2. Show
End Sub

Private Sub Form_Load( )
    X = 10
    Y = 20
```

```
    Z = 30
End Sub

Private Sub Comm_X()
    Dim X As Integer                                'X 是局部变量
    X = 123
    Print "X,Y 和 Z 是", X, Y, Z
End Sub
```

Form2 中的代码如下：

```
Option Explicit
Public X As Integer, Y As Integer                  'X, Y 是全局变量
Dim Z As Integer                                    'Z 是共用变量

Private Sub Form_Activate()
    Call Comm_X
    Print "X,Y 和 Z 是 ", X, Y, Z
    Print "form1中的 X 和 Y 是", Form1.X, Form1.Y
End Sub

Private Sub Form_Load()
    X = 1
    Y = 2
    Z = 3
End Sub

Private Sub Comm_X()
    Dim X As Integer                                'X 是局部变量
    X = 2005
    Print "X,Y 和 Z 是", X, Y, Z
End Sub
```

运行结果如图 6－22 所示。

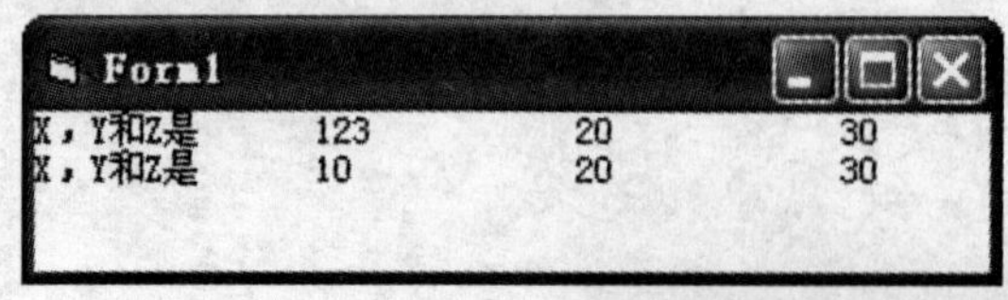

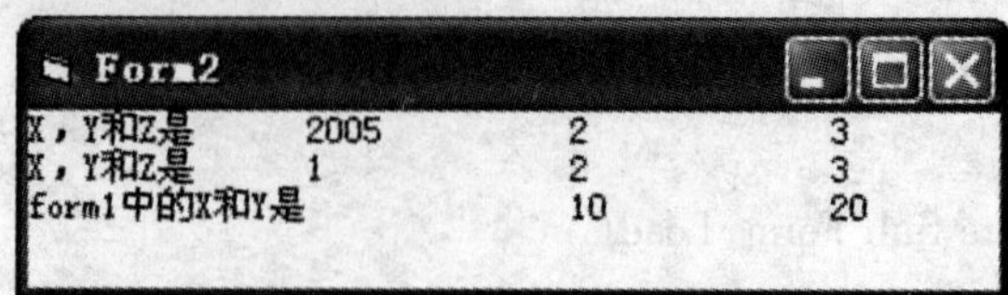

图 6－22 运行结果

从运行结果可以看出，当不同作用域的同名变量发生冲突时，优先访问作用域小（局限性大）的变量。

6.7 综合运用

【例6－15】下面的程序实现将一个一维数组中元素向右循环移动，移位次数在文本框Text1中输入，原数组元素与移动后的数组元素分别放在Picture1和Picture2中。参考界面如图6－23所示。

例如数组各元素的值依次为1、2、3、4、5、6、7、8、9、10，移动四次后，各元素的值依次为7、8、9、10、1、2、3、4、5、6。

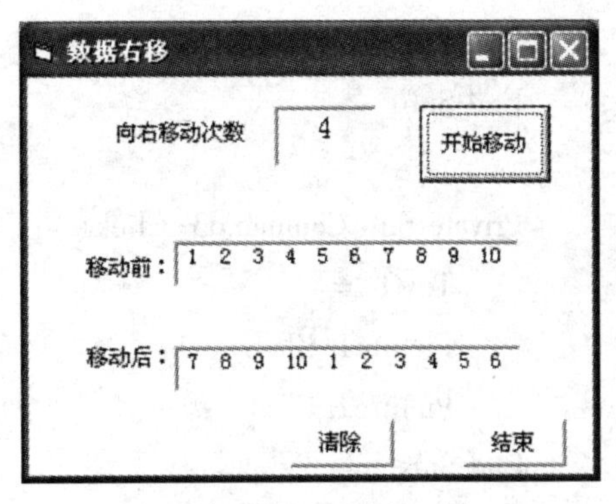

图6－23 界面及结果图

算法分析：为了实现将一维数组中的元素向右平移，我们建立了能够实现每次向右移动一个元素的过程RightMove()。移动时，首先保留先第10个元素值，然后将第9个元素的值移动到第10个元素中，再将第8个元素的值移动到第9个元素中，…，直到将第1个元素的值移动到第2个元素中，最后将原有第10个元素值放到第1个元素中。主程序只要不断调用过程RightMove()，就能实现向右循环移动。

程序代码如下：

```
Option Explicit
Option Base 1
Private Sub Command1_click()
    Dim A(10) As Integer, i As Integer, m As Integer, k As Integer
    For i = 1 To 10
      A(i) = i
      Picture1.Print A(i);            '生成A()数组的原始数据
    Next i
    m = Val(Text1.Text)               '取循环移动次数
    For i = 1 To m
      Call RightMove(A)               '调用右移过程m次
    Next i
    For i = 1 To 10
      Picture2.Print A(i);
    Next i
    Print
End Sub
Private Sub RightMove(X() As Integer)
    Dim i As Integer, t As Integer, k As Integer
    i = UBound(X)
```

```
        t = X(i)                          '最后一个数据保存在t中
        For k = i To LBound(X) + 1 Step - 1 'LBound(X)取数组下界值
                X(k) = X(k - 1)  '依次后移
        Next k
        X(1) = t                          't中的数给第一个元数
End Sub

Private Sub Command2_Click()
    End
End Sub

Private Sub Command3_Click()
    Text1 = ""
    Picture1.Cls
    Picture2.Cls
End Sub
```

【例6-16】把一个任意十进制正整数转换成N进制数(N≤16)。

程序界面设计请参考图6-24，其中Text1的Alignment属性设为2-Center。

要求：按Text1中的进制将Text2中的十进制数进行转换，结果放在Text3中；Label3用于动态显示进制数。

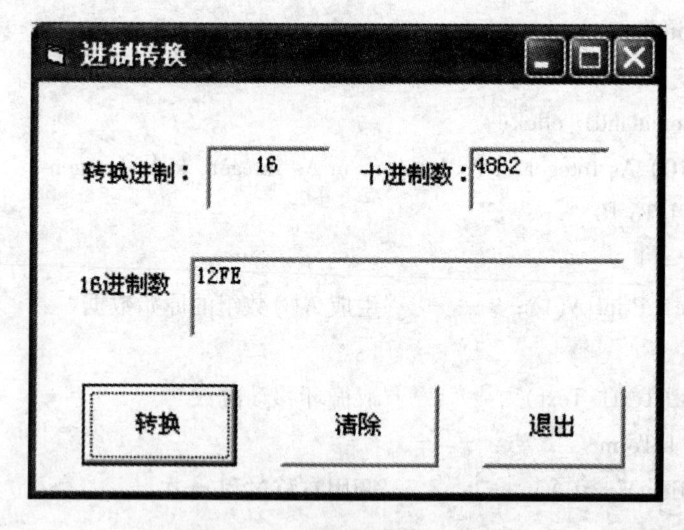

图6-24　程序界面及运行结果

```
Option Explicit
Dim n As Integer, num As Long                '定义窗体级共用变量
Private Sub Text1_Change()
    '取进制
    n = Val(Text1)
    Label3.Caption = Str(n) + "进制数" '标签框动态显示
End Sub
```

```
    Private Sub Text2_Change()
        '取转换数据
        num = Val(Text2)
    End Sub

Private Sub Command1_Click()
    Dim ch As String, i As Integer
    Dim char(15) As String
    Dim bin() As String                          '定义动态数组
        '下面的循环将0-9放进数组char()，且数组下标与对应元数值相同
    For i = 0 To 9
        char(i) = Cstr(i)
    Next I
        '下面的循环将A-F放进数组char()，数组下标与元数中表示数值的字母
对应
    For i = 0 To 5
        char(10 + i) = Chr(Asc("A") + i)
    Next i
    Print
    ReDim bin(1)                                 '动态数组使用前必须重定义
    Call trans(bin, char)                        '调用过程
    For i = UBound(bin) To 1 Step -1             '结果反向输出
        ch = ch + bin(i)
    Next i
    Text3 = ch
End Sub

Private Sub trans(vary() As String, st() As String)
    Dim r As Integer
    Dim k As Integer
    k = 0
    Do Until num = 0
        r = num Mod n                            '求余数
        k = k + 1                                '结果的位数，并为结果数组下标
        ReDim Preserve vary(k)                   '重定义结果数组
    vary(k) = st(r) '以余数值为数组的下标，取出对应字符放到结果数组中
    num = Int(num / n) 'num缩小n倍，不加Int()会因结果四舍五入造成错误
Loop
End Sub
```

```
Private Sub Command2_Click()
    Text1 = ""
    Text2 = ""
    Text3 = ""
    Text1.SetFocus
End Sub

Private Sub Command3_Click()
    End
End Sub
```

在程序中的事件过程 Command1_Click()中定义了字符串数组 Char，并在其后的两个 For 循环中将字符0~9、A~F分别赋给它的0~15号元素。还定义了一个动态字符串数组 bin，将来用它作为实参与通用过程 trans 的形参数组 vary 结合，返回计算结果。通用过程 trans 是一个利用“除N取余”的方法，把一个十进制整数转换为N进制数的过程。调用通用过程 trans 后，形参数组 st 与实参数组 char 结合，因此形参数组 st 的0~15号元素值也分别为0~9、A~F。重复求十进制数 Num 除 N(以后 num 中存放的值是它们的商)的余数 r，并用 r 作为 st 数组下标，用赋值语句 vary(k)=st(r)把每次求得的余数所对应的N进制数的字符存放到 vary 数组的相应元素中，直到 num 的值等于0为止。由于实参数组 bin 是一个动态数组，因此与之结合的形参数组 vary 也是一个动态数组。所以在 Do 循环中每求得一个余数后，都要用“k=k+1”和“ReDim Preserve vary(k)”两个语句来增大 vary 数组的维上界，当然实参数组 bin 维上界也跟着变化了。返回调用程序后再将数组 bin 的元素反向并到字符串变量 ch 中。字符串变量 ch 的值就表示了所要求的N进制数。

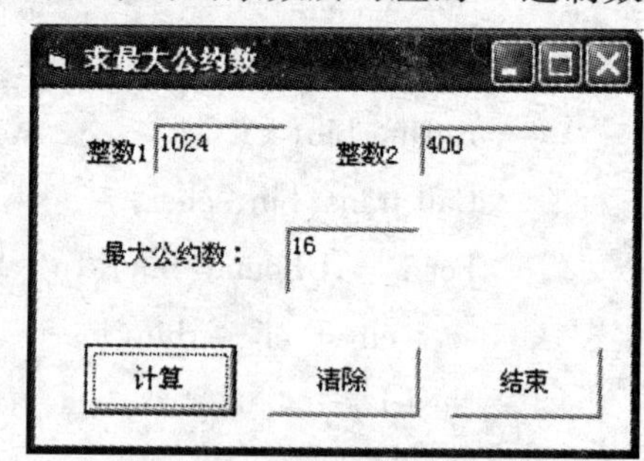

图6-25 程序界面及运行结果

【例6-17】编写一个递归函数，求任意两个整数的最大公约数。程序设计界面如图6-25所示。

程序中的 Function 过程 GCD 是按照欧几里得算法(也称为辗转除法)设计的一个递归函数，其边界条件(终止条件)是：当 R=0 时，函数赋值返回。

```
Option Explicit
Private Sub Form_Activate()
    Text1.SetFocus
End Sub

Private Sub Command1_Click()
    Dim N As Integer, M As Integer, G As Integer
    N = Text1
    M = Text2
```

```
    G = GCD(N, M)
    Text3 = G
End Sub

Private Function GCD(ByVal A As Integer, ByVal B As Integer)
    Dim R As Integer
    R = A Mod B
    If R = 0 Then
        GCD = B                 '当满足边界条件，将结束递归调用
    Else
        A = B
        B = R
        Gcd = GCD(A, B)         '不满足边界条件，继续递归调用
    End If
End Function
```

[例6-18] 假设文件in.txt中存放3~1000之间的所有整数，编写程序读取文件中的数据并在其中找出可以表示为两个整数平方和的素数。参考界面如图6-26所示。

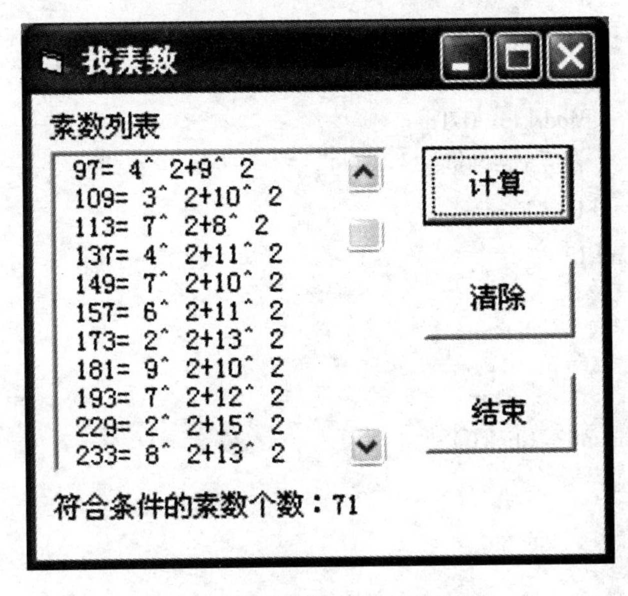

图6-26 程序界面及运行结果

本程序使用过程判断素数并将符合条件的素数放在列表框中。

程序代码如下：

```
Option Explicit
Private Sub Command1_Click()
  Dim m As Integer, k As Integer
  Dim i As Integer, j As Integer
  Dim s As String
  Open "in.txt" for input as #1
  Do While Not EOF(1)
```

```
                Input #1, i
                If prime(i) Then
                    For j = 2 To Sqr(i) - 1
                      k = i - j ^ 2
                      If Sqr(k) = Int(Sqr(k)) Then
                        s = Str(i) & " =" & Str(j) & "^2" & " +" & Sqr(k) & " ^2"
                        List1. AddItem s
                        Exit For
                      End If
                  Next j
                End If
        Loop
        Close #1
        Label2. Caption = "符合条件的素数个数:" & List1. ListCount
End Sub
Private Function prime(p As Integer) As Boolean
        Dim k As Integer
        prime = True
        For k = 2 To Sqr(p)
                If p Mod k = 0 Then
                    prime = False
                    Exit For
                End If
        Next k
End Function

Private Sub Command2_Click()
        List1. Clear
End Sub

Private Sub Command3_Click()
        End
End Sub
```

【例6-19】快速排序。将产生的10个两位随机整数显示在图片框1中，对10个数进行排序后显示在图片框2中。程序界面如图6-27所示。

排序有很多种方法，我们前面介绍过选择排序和冒泡排序，这里用的是一种快速排序方法，具体算法是：以数组中的任意一个数为基准，将数组中所有小于他的数移动到他的左边，大于他的数移动到他的右边，然后再对他左右两边的数据分别按此办法进行处理，依次类推，直到每一边剩下一个数据为止。以数组中间的一个数为基准，用递归过程实现快速排序算法的程序代码如下：

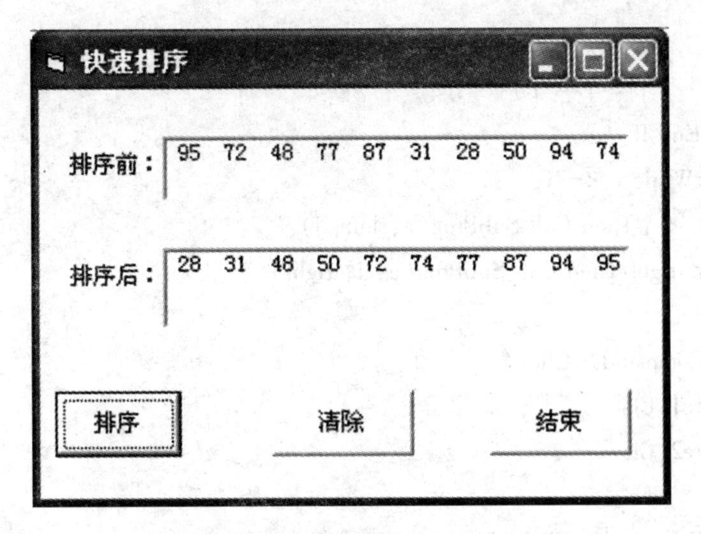

图6-27 程序界面及运行结果

```
Option Explicit
Private Sub Command1_Click( )
    Dim a(10) As Integer, s As String, i As Integer
    Randomize
    For i = 1 To 10
        a(i) = Int(90 * Rnd) + 10
        Picture1. Print a(i);
    Next i
    Call SubProg(a, 1, 10)
    For i = 1 To 10
        Picture2. Print a(i);
    Next i
End Sub
Private Sub SubProg(a( ) As Integer, left As Integer, right As Integer)
    Dim i As Integer, j As Integer, x As Integer, y As Integer, mid As Integer
    i = left
    j = right
    mid = (left + right) / 2
    x = a(mid)
    Do
        If a(i) < x Then
            i = i + 1
        ElseIf x < a(j) Then
            j = j - 1
        ElseIf i <= j Then
            y = a(i)
            a(i) = a(j)
            a(j) = y
```

```
            i = i + 1
            j = j - 1
        End If
    Loop While i <= j
    If left < j Then Call SubProg(a, left, j)
    If i < right Then Call SubProg(a, i, right)
End Sub
Private Sub Command2_Click()
    Picture1. Cls
    Picture2. Cls
End Sub
Private Sub Command3_Click()
    End
End Sub
```

扫码“练一练”

第 7 章　高级界面设计

扫码“学一学”

内容提要

- 常用窗体控件
- 对话框设计
- 菜单设计
- 工具栏设计
- 多窗体操作

图形用户界面给程序提供了一个图形化的接口，用户和程序之间的交互通过图形用户界面实现，可以使用户更快地掌握程序的使用方法。图形用户界面由控件实现，控件是用户使用键盘鼠标与之交互的对象。Visual Basic 集成开发环境提供了强大的图形用户界面设计功能，具有丰富控件资源。第 2 章里已经介绍了窗体和几个常用控件，但对于功能强大、操作友好的实际应用程序来讲是远远不够的。本章将继续学习常用的窗体控件，此外还要学习对话框、菜单、工具栏、状态栏和多窗体的操作。

7.1 常用窗体控件

Visual Basic 中控件可以分为三类：标准控件、ActiveX 控件、可插入对象。

1. 标准控件　标准控件又称内部控件。启动 Visual Basic 后，自动在工具箱中列出的就是标准控件，共 20 个。它们不能从工具箱中被删除。

2. ActiveX 控件　ActiveX 控件是一种 ActiveX 部件，又可划分为四种：ActiveX 控件、ActiveX. EXE、ActiveX. DLL 和 ActiveX 文档。

Active 部件由 VB 和第三方开发商提供，是可以重复使用的编程代码和数据，由用 ActiveX 技术创建的一个或多个对象所组成。ActiveX 部件是扩展名为 . OCX 的独立文件，通常存放在系统根目录下的 SYSTEM 子目录中。例如，UpDown 控件就是一种 ActiveX 控件，它对应的 ActiveX 部件文件为 C:\WINDOWS\system32\MSCOMCT2. OCX。目前，在 Internet 上大约有 1000 多种 ActiveX 控件可供下载，大大提高了程序的开发效率。

用户在使用 ActiveX 控件之前，需先将它们加载到工具箱中，方法是：

(1) 选择“工程”菜单下的“部件”，弹出的“部件”对话框中包含了全部已登记的 ActiveX 控件。

(2) 选定所需 ActiveX 控件左边的复选框。

(3) 单击“确定”按钮。所选控件就会列于工具箱中，然后就可以像标准控件一样使用了。

对于没有在“部件”对话框中列出的第三方 ActiveX 控件，可以通过“部件”对话框中的“浏览”按钮，找到相对应的扩展名为 . OCX 的文件即可。

对于初学者来说，ActiveX 控件和 ActiveX. DLL 以及 ActiveX. EXE 部件的明显区别是：

ActiveX 控件有可视的界面，当使用“工程”菜单下的“部件”命令加载后在工具箱上有相应的图标显示。而 ActiveX. DLL 以及 ActiveX. EXE 部件是代码部件，没有界面，当使用“工程”菜单下的“引用”命令设置对对象库的引用后，工具箱上没有图标显示，但可以用“对象浏览器”查看其中的对象、属性、方法和事件。

3. 可插入对象 可插入对象是 Windows 应用程序的对象，例如“Microsoft Excel 工作表”。可插入对象也可以添加到工具箱中，具有与标准控件类似的属性，可以同标准控件一样使用。

7.1.1 分组控件

第二章里我们学习了单选钮，它使用起来方便快捷，但是单选钮具有如下特点：当其中一个被选中时，其他所有单选钮将自动处于非选定状态（关闭状态）。因此当我们处理如图 7－1 所示的问题时将遇到麻烦。

当同一个窗体上存在多组相互独立的单选按钮时，就需要用到分组控件。一个分组控件内的所有单选按钮为一组，对它们的操作不会影响该分组控件以外的单选按钮。同时，每个分组控件就像窗体一样本身就是一个容器，可以在这些分组控件上放置其他控件，例如文本框、单选按钮、命令按钮等，这样不仅可以提供视觉上的分组而且还可以实现总体的显示或隐藏操作。常见的分组控件有框架（Frame）、选项卡（SSTab）、图片框（PictureBox）等。

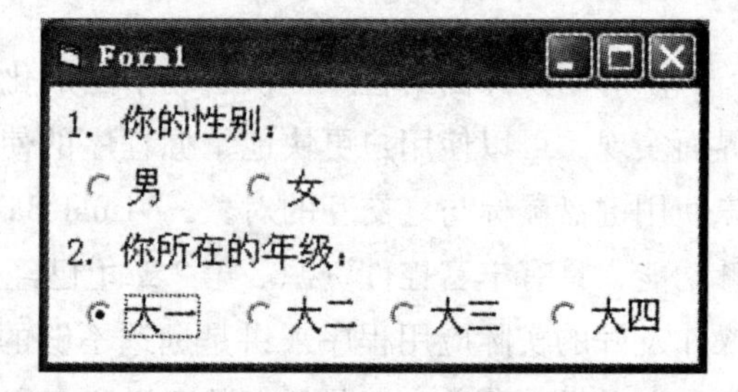

图 7－1 同一窗体上多组选项间会相互干扰

7.1.1.1 Frame 控件

框架（Frame）是最常用的分组控件，利用框架可以将图 7－1 中的控件处理为如图 7－2 所示的形式。

1. 创建方法 利用框架对控件进行分组，首先应当创建框架控件，然后在需要分组的控件添加到框架上。为框架添加分组控件有两种方法：

（1）单击工具箱中的工具，然后利用出现的“+”指针，在框架中的合适位置拖拽出适当大小的控件。（不可以采用直接双击工具箱中工具的方法，这样创建的控件将隶属于窗体）

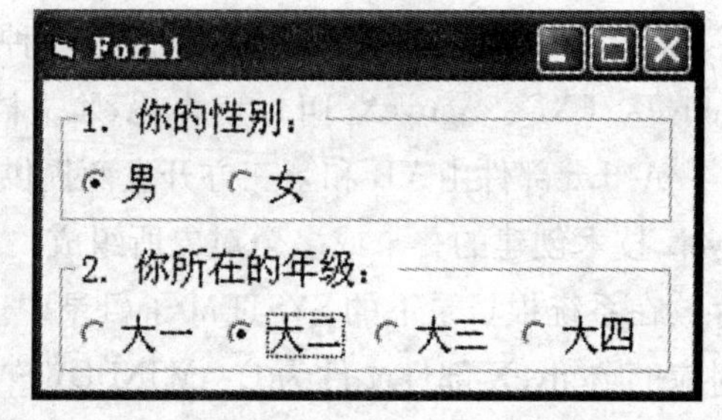

图 7－2 用框架对同一窗体上多组选项分组

（2）将现已存在的控件剪切至剪贴板，在目标框架内右击鼠标进行粘贴。

2. 重要属性

（1）Caption 属性 该属性用于设置框架上的标题名称（一般为该组控件的作用或类别）。如果 Caption 属性为空，则框架为封闭的矩形框，但是框架中的控件仍然为一个独立的组。

（2）Enabled 属性 当将框架的 Enabled 属性设为 False 时，程序运行时该框架在窗体中的标题正文为灰色，表示框架内的所有对象均被屏蔽，不允许用户对其进行操作。

（3）Visible 属性 当将框架的 Visible 属性设为 False 时，程序运行时该框架以及框架内的所有对象均隐藏，不可见。

3. 事件 框架可以响应 Click 和 DbClick 事件。但是，通常在程序中不需要为框架编写事件过程代码，框架的主要功能是为成组出现的控件分组。

4. 应用实例

【例7-1】如图7-3所示，在 Form1 上添加一个文本框 Text1（text 属性清空），框架 Frame1（将 Caption 属性设定为"药品"）和 Frame2（将 Caption 属性设定为"病症"），以及命令按钮 Command1（Caption 属性为"完毕"）和 Command2（Caption 属性为"退出"）。在 Frame1 上添加两个单选钮 Option1（Caption 属性为"阿莫西林"，Value 属性为 True）和 Option2（Caption 属性为"红霉素"，Value 属性为 False），在 Frame2 上添加两个单选钮 Option3（Caption 属性为"支气管炎"，Value 属性为 True）和 Option4（Caption 属性为"肠道炎"，Value 属性为 False）。

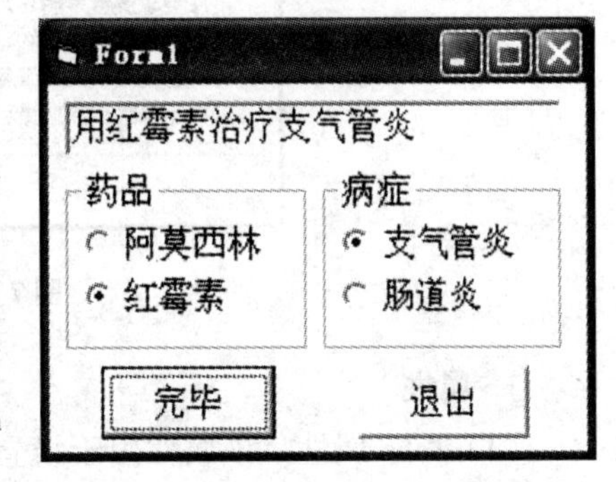

图7-3 框架应用实例

代码窗口中输入如下代码：

```
Private Sub Command1_Click()
    Dim medicine As String '定义一个字符型变量，用来代表用户选择的药品
    Dim disease As String '定义一个字符型变量，用来代表用户选择的疾病
    If Option1. Value = True Then
        medicine = "阿莫西林"
    Else
        medicine = "红霉素"
    End If
    If Option3. Value = True Then
        disease = "支气管炎"
    Else
        disease = "肠道炎"
    End If
Text1. Text = "用" & medicine & "治疗" & disease
End Sub
Private Sub Command2_Click()
    End
End Sub
```

按下快捷键 F5 运行该程序，观察对两个框架内控件的操作是否互不影响。选择后单击"完毕"按钮，即可在文本框中显示用户的选择结果。

7.1.1.2 SSTab 控件

SSTab 就是 Windows 程序中的选项卡控件，如图7-4中每个选项卡都可以作为其它控件的容器。但只能有一个选项卡处于选定状态，非选定状态的选项卡除了选项卡标签外所有内容都被隐藏。

SSTab 控件是 ActiveX 控件，使用前需要通过"工程"菜单下的"部件"将"Microsoft

Tabbed Dialogue Control 6.0 控件”添加到工具箱中。

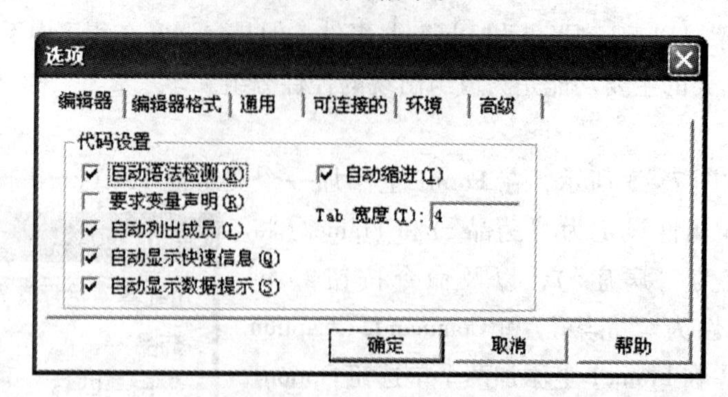

图 7-4　SSTab 控件应用实例

1. 属性

（1）Tabs 属性　该属性用于设置 SSTab 控件上选项卡的总个数（在图 7-4 中 Tabs 的值为 6）。既可以在设计模式下更改也可以在运行模式下更改从而动态增/删选项卡。

（2）TabsPerRow 属性　该属性用于设置 SSTab 控件上每一行可以显示的选项卡个数。在图 7-5 中 TabsPerRow 的值为 2。

（3）Rows 属性　在运行模式下，该属性可以返回选项卡的行数。

（4）Tab 属性　Tab 为选项卡的编号，从 0 开始。该属性可以返回目前处于激活状态的选项卡编号，也可以通过修改该属性的值来决定哪个选项卡被激活。

2. Click 和 DblClick 事件　SSTab 响应 Click 和 DbClick 事件，但很少用。通常在每个选项卡中添加相应的命令按钮来执行用户的选择结果，如图 7-4 所示。

DbClick 事件和其他控件用法相同，Click 事件过程的语法为：

```
Private Sub SSTab 控件名_Click(PreviousTab As Integer)
语句块
End Sub
```

其中 PreviousTab 参数表明本次单击之前处于激活状态的选项卡编号。例如在图 7-4 所示状态下，当单击“通用”选项卡时 Click 事件中的 PreviousTab 参数的值为 0，再单击“高级”选项卡时 Click 事件中的 PreviousTab 参数的值为 2。

3. 应用实例

【例 7-2】现有一个实验动物出库管理软件，如图 7-5 要求在离开“鼠”、“兔”、“狗”选项卡(Tab 编号分别为 0、1、2)进入任意其他选项卡时，即时计算合计金额。完毕单击“退出”结束程序。

（1）通过“工程”菜单下的“部件”将“Microsoft Tabbed Dialogue Control6.0 控件”添加到工具箱中，并在窗体上添加一个 SSTab 控件。

（2）在属性窗口中将 Tabs 设为 4，TabsPerRow 设为 2，并分别为每个选项卡设置 Caption 属性。

（3）如图 7-5 所示，为每个选项卡添加相应的控件。

（4）在代码窗口中输入以下代码：

```
Private Sub SSTab1_Click(PreviousTab As Integer)
  If PreviousTab = 3 Then
    Text6 = 15 * Val(Text1) + 30 * Val(Text2) + 120 * Val(Text3) + _
```

```
        500 * Val(Text4) + 2500 * Val(Text5)
      End If
    End Sub
    Private Sub Command1_Click()
        End
    End Sub
```

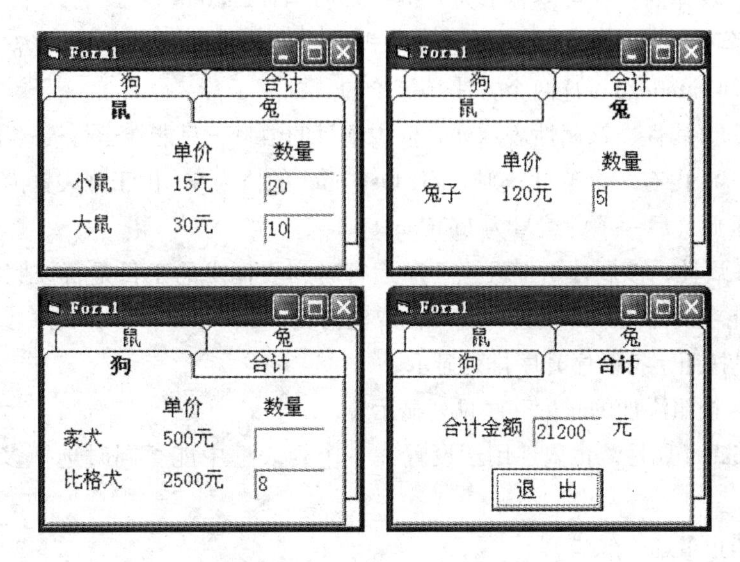

图7-5 实验动物出库管理系统

7.1.2 列表选择控件

列表选择控件提供一系列的候选项，用户可以自行选择。列表框和组合框是最常用的列表选择控件。

7.1.2.1 ListBox 控件

列表框（ListBox）通过提供多个候选项供用户选择，达到与用户交互的目的。用户只能从给定的候选项中选择，不能添加和修改候选项。图7-6就是一个具有8个候选项的列表框（默认名称为List1）。

1. 重要属性

（1）Text属性　Text属性值是当前被选定条目的内容，只能在运行模式下设置或引用。图7-6中List1.Text的值为“兔子”。通过该属性可以获得用户的选择结果。

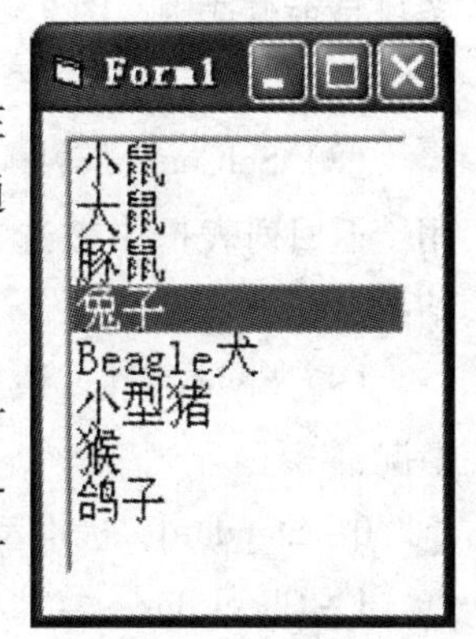

图7-6 列表框

（2）ListIndex属性　该属性只能在运行模式下设置或引用。ListIndex的值表示程序运行时被选定条目的序号(第一项序号为0，第二项为1，依次类推……)。如果没有选中任何条目，ListIndex值为-1。图7-6中List1.ListIndex的值为3。通过该属性可以获得用户选择的是第几项。

（3）List属性　该属性既可以在设计模式下通过属性窗口设置，也可以在运行模式下设置或引用。

List属性是一个字符型数组，存放列表框中的条目，下标从0开始的。图7-6中，第一项List1.List(0)的值为“小鼠”，第二项List1.List(1)的值为“大鼠”……。

通过该属性可以在运行模式下修改某个条目的内容。下面的语句可以将图 7 -6 中的“豚鼠”改为“荷兰猪”：List1. List(2) ="荷兰猪"

图 7 -6 中用户选择的条目编号为 3(List1. ListIndex =3)，选定的具体内容“兔子”可以表示为 List1. List(3)。如果用户选择的条目编号为 n，则选定的具体内容就可以表示为 List1. List(n)。既然 List1. ListIndex 的值就是用户选择的条目编号 n(第一个条目的编号为 0)，那么选定的具体内容就可以表示为 List1. List(List1. ListIndex)。

现在我们学习了两种方法来获得运行模式下用户选择条目的具体内容：List1. Text 和 List1. List(List1. ListIndex)，这两个方法是等价的。

（4）ListCount 属性　该属性表示列表框中项目的数量，只能在运行模式下引用。图7 -6 中的列表框 List1 内有 8 个条目，则 List1. ListCount 的值为 8。由于列表框内条目的编号是从 0 开始的，因此最后一项的编号为 ListCount -1。

（5）Sorted 属性　该属性用于设置程序运行时列表框内的条目是否按照字符顺序升序排列显示，只能在设计模式下设置。有两种取值情况：

True -条目按照字符顺序升序排列显示。

False -条目按照添加的先后顺序排列显示。

（6）MultiSelect 属性　该属性用于设置在一个列表框中能否同时选择多个条目。有 3 种取值情况：

0 -None 禁止多选（缺省）。

1 -Simple 简单多选。鼠标单击或按空格键（可利用上下箭头在各个条目间移动）表示选择或取消选择某个条目。

2 -Extended 扩展多选。按住 Ctrl 键，同时用鼠标单击或按空格键表示选择或取消选择一个条目；按住 Shift 键同时单击鼠标，或者按住 Shift 键同时移动光标键，可以选定多个连续项。

（7）Selected 属性　前面讲的 List1. Text 和 List1. List(List1. ListIndex)都只能适用于列表框不允许多选的情况，当同时选中多个条目时就需要使用 Selected 属性来获得用户的选择结果。该属性只能在运行模式下引用。

Selected 属性是一个布尔型数组，其元素与列表框中的条目一一对应，元素值表示对应条目是否被选中。图 7 -6 中“兔子”被选定，则 List1. Selected(3)为 True，其余的都是 False。

（8）SelCount 属性　如果 MultiSelect 属性设置为 1(Simple)或 2(Extended)，则该属性用于返回列表框中被选中条目的个数。通常它与 Selected 一起使用，以获得用户的选择结果。

（9）Style 属性　该属性用于设置列表框的风格，只能在设计模式下设置。有 2 种取值情况：

0 -Standard，标准型(缺省)。

1 -CheckBox，复选框形式，如图 7 -7 所示。

注意：当 Style 设定为 1 时 MultiSelect 属性只能为 0，但是此时允许多选(前面带有复选框，当然可以进行复选了)。

2. 常用方法

（1）AddItem 方法　AddItem 方法用于向列表框中添加新的条目。语法格式为：

对象 . AddItem Item［，Index］

Item：必须是字符串表达式，是新增条目的具体内容。

Index：新增条目在列表框中的位置，如果省略，则添加到最后。若 Index 为 0 则添加为最顶端的第一项。

（2）RemoveItem 方法　RemoveItem 方法用于从列表框中删除条目。语法格式为：

对象 . RemoveItem Index

Index：被删除条目的编号。对于顶端的第一个条目，Index 为 0。

图 7－7　带复选框的列表框

（3）Clear 方法　Clear 方法用于清除列表框中的所有条目。语法格式为：

对象 . Clear

3. 事件　列表框能够响应 Click 和 DblClick 事件，但很少用。一般单击某个命令按钮时才读取用户的选择结果。

4. 应用实例

【例 7－3】如图 7－8 所示为交换两个列表框中条目的程序。右侧列表框中的条目按照字符顺序升序排列，左侧列表框中的条目按照添加的先后顺序排列。当双击某个条目时，该条目从本列表框中被删除添加到另一个列表框中。

（1）在窗体上创建两个列表框，名称分别为 List1 和 List2

（2）把列表框 List2 的 Sorted 属性设置为 True

（3）在代码窗口中输入如下代码：

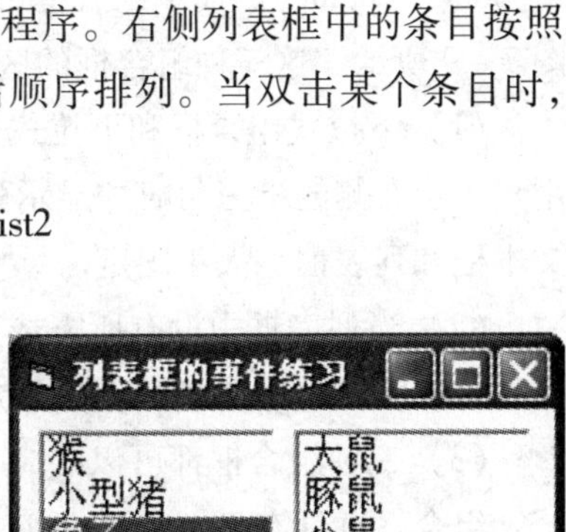

图 7－8　列表框应用练习

```
Private Sub Form_Load( )
    List1. FontSize = 14
    List1. AddItem "小鼠"
    List1. AddItem "大鼠"
    List1. AddItem "豚鼠"
    List1. AddItem "兔子"
    List2. FontSize = 14
    List2. AddItem "Beagle 犬"
    List2. AddItem "小型猪"
    List2. AddItem "猴"
    List2. AddItem "鸽子"
End Sub
Private Sub List1_DblClick( )
    List2. AddItem List1. Text
    List1. RemoveItem List1. ListIndex
End Sub
Private Sub List2_DblClick( )
    List1. AddItem List2. Text
    List2. RemoveItem List2. ListIndex
```

```
End Sub
```

7.1.2.2 ComboBox 控件

ComboBox(组合框)是 VB 的标准控件，它是文本框和列表框的组合。

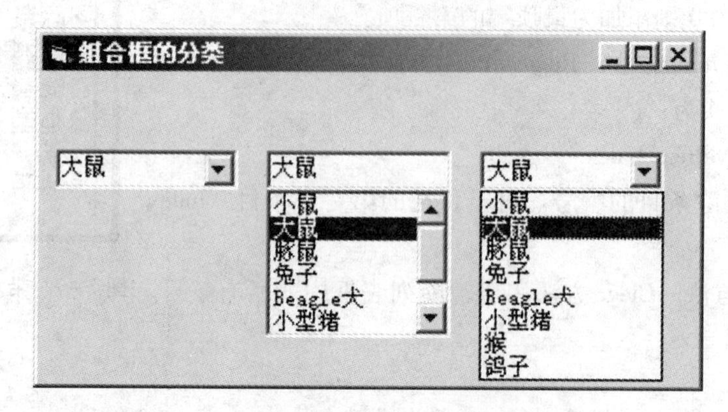

图 7-9　组合框的分类

1. Style 属性　该属性用于设置组合框的格式，有 3 种取值情况：下拉式组合框(0 - Dropdown Combo)、简单组合框(1 - Simple Combo)、下拉式列表框(2 - Dropdown List)，如图 7-9 所示。这三种组合框的区别为：

(1) 下拉式组合框和下拉式列表框运行时只显示文本框，如图 7-9 左侧图形所示，当用户单击右侧的下三角时才显示列表框，如图 7-9 右侧图形所示。而简单组合框同时显示文本框和列表框，大小固定。

(2) 当列表框中没有所需选项时，下拉式组合框和简单组合框允许用户在文本框中输入新的内容，而下拉式列表框不允许。

(3) 三种组合框都可以响应 Click 事件，只有简单组合框可以响应 DblClick 事件。

组合框也具有 Text、ListIndex、List、ListCount、Sorted 等属性，含义同 List 控件，但没有 MultiSelect、Selected、Selcount 属性。

2. 应用实例

【例 7-4】编写一个程序实现必须从给定的实验类型中选择一个实验种类，从给定实验动物列表中选择可用的动物类型（可以多选），当单击“读取”按钮时将用户的选择结果输出到窗体上，如图 7-10 所示。

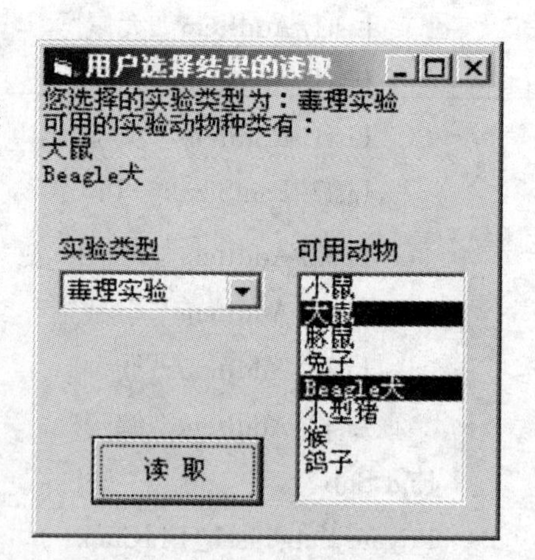

图 7-10　读取选择结果

(1) 创建一个组合框 Combo1，将 Style 属性设定为 2 (Dropdown List)

(2) 创建一个列表框 List1，将 MultiSelect 属性设定为 2(Extended)

(3) 创建一个命令按钮 Command1，将 Caption 属性设定为“读取”

(4) 在代码窗口中添加如下代码：

```
Private Sub Command1_Click( )
    Print "您选择的实验类型为:" & Combo1. Text
    Print "可用的实验动物种类有:"
```

```
'逐条检查 List1 中的条目
For i = 0 To List1. ListCount - 1
  '如果该条目被选中了则进行打印显示
  If List1. Selected(i) = True Then
    Print List1. List(i)
  End If
Next i
End Sub
```

7.1.3 滚动条

滚动条(ScrollBar)分为水平滚动条和垂直滚动条两种，它们都是VB的标准控件。除了方向不同外，水平滚动条和垂直滚动条的结构和操作是一样的。两端各有一个箭头，中间有一个滑块。如图7－11所示。

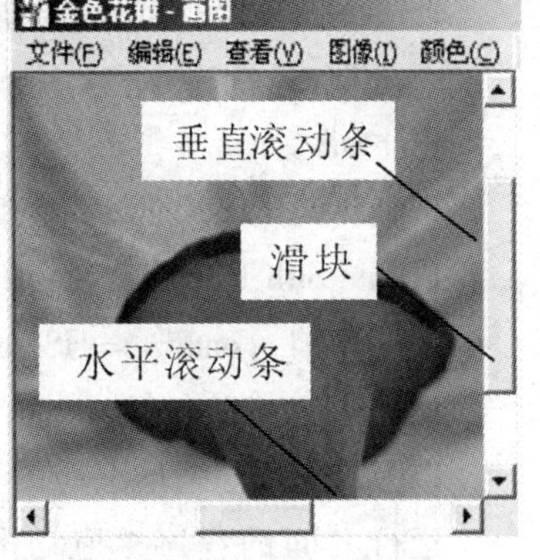

图7－11　滚动条

扫码“看一看”

1. 重要属性

（1）Max属性　该属性用于设置当滑块移至水平滚动条最右端，或垂直滚动条最下端时滚动条所能表示的极值（范围为－32768～32767）。

（2）Min属性　该属性用于设置当滑块移至水平滚动条最左端，或垂直滚动条的最上端时滚动条所能表示的极值（范围为－32768～32767）。

说明：Max属性仅表示滚动条一端的值，并不代表最大值，可以小于Min属性的值。

（3）Value属性　该属性用于设置和返回滑块在滚动条上的位置。一个滚动条就相当于一个数轴，当Min属性和Max属性的值确定后，Value属性值就是滑块所在位置对应于该数轴上的值。

注意：不能将Value属性值设置在Max属性和Min属性范围之外的值。

（4）LargeChange属性　该属性用于设置单击滚动条上滑块与箭头间位置时，Value属性增加或减小的值。

（5）SmallChange属性　该属性用于设置单击滚动条两端的箭头时，Value属性增加或减小的值。

2. 事件

（1）Scroll事件　当拖动滚动条上的滑块时，就会触发Scroll事件。

说明：通过语句改变Value属性的值、单击滚动条两端的箭头、单击滑块与箭头间位置时都不会触发Scroll事件。

（2）Change事件　只要滚动条的Value属性值发生改变就会触发Change事件。

说明：通过语句改变Value属性的值、单击滚动条两端的箭头、单击滑块与箭头间位置、拖动滚动条上的滑块松开时都会触发Change事件。

一般为滚动条编写代码时，这两个事件都要编写。

3. 应用实例

【例7－5】编写一个利用滚动条来改变文本框内文字大小的应用程序，如图7－12

所示。

在窗体上添加一个文本框 Text1（Text 属性为“测试字符”，字体大小为 10 号）和一个水平滚动条 HScroll1（Max 为 60，Min 为 10，SmallChange 为 1，LargeChange 为 5）

图 7－12　利用滚动条改变字符的字号

在代码窗口中输入下列代码：

```
Private Sub HScroll1_Change( )
    Text1. FontSize = HScroll1. Value
End Sub
```

以上代码用于单击滚动条两端的箭头或滑块与箭头间的空白区域时生效。

```
Private Sub HScroll1_Scroll( )
    Text1. FontSize = HScroll1. Value
End Sub
```

以上代码用于拖动滚动条上的滑块时生效。

运行上面的程序，拖动滑块、进行 SmallChange、LargeChange 的改变，观察变化的结果。

【例 7－6】利用滚动条浏览大图片，如图 7－13 所示。

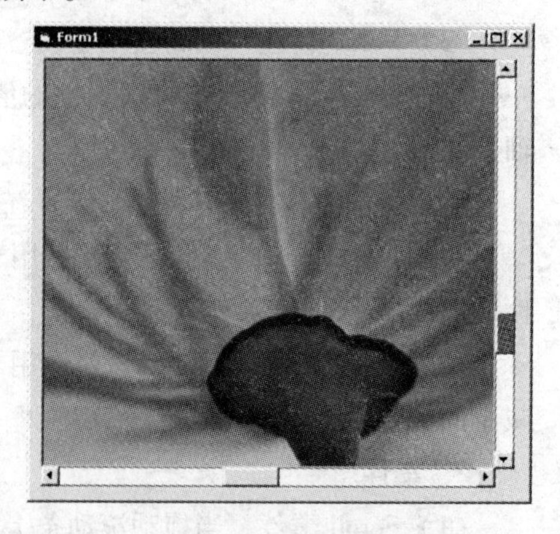

图 7－13　利用滚动条浏览大图片

（1）在窗体上添加一个图片框 Picture1，大小比窗体适当小一些，再添加两个滚动条 HScroll1 和 VScroll1，摆放到如图 7－13 所示的位置。

（2）在 Picture1 内再添加一个图片框 Picture2（添加方法同在框架内添加其他控件），AutoSize 属性设为 True，Picture 属性设为 WindowsXP 系统提供的壁纸“金色花瓣 . JPG”（或其他稍大些的图片文件）。

（3）移动 Picture2 使得 Picture2 的右下角刚好与 Picture1 的右下角对齐，记下此时 Picture2 的 Left 属性值 X（此例中为－6360）和 Top 属性值 Y（此例中为－3840），再次移动 Picture2 使得 Picture2 的左上角刚好与 Picture1 的左上角对齐。

（4）设置 HScroll1 的 Max 属性为 X 即 6360，Min 属性设定为 0（Max > Min），SmallChange 为 100，LargeChange 为 1000；VScroll1 的 Max 属性为 Y 即－3840，Min 属性设定为 0（Min > Max），SmallChange 为 50，LargeChange 为 500。

（5）在代码窗口中输入下面的代码：

```
Private Sub HScroll1_Change( )
    Picture2. Left = -1 * HScroll1. Value
```

```
End Sub
Private Sub HScroll1_Scroll()
    Picture2. Left = -1 * HScroll1. Value
End Sub
Private Sub VScroll1_Change()
    Picture2. Top = VScroll1. Value
End Sub
Private Sub VScroll1_Scroll()
    Picture2. Top = VScroll1. Value
End Sub
```

说明：HScroll1 的 Max 值为正，VScroll1 的 Max 值为负是为了说明这两种设置方法都可以，不同的是程序中是否需要乘以 -1。

7.1.4 时间日期控件

Visual Basic 提供了几种时间日期控件，用来进行秒表计时、日期选择等功能。常见的有 Timer 控件、DateTimePicker 控件等。

7.1.4.1 Timer 控件

Timer 控件是 VB 提供的标准控件，它可以实现指定代码的周期性自动运行。该控件在运行时不可见。

1. 重要属性

（1）Interval 属性　该属性用于设置和返回 Timer 事件周期性自动运行的时间间隔。单位是毫秒(千分之一秒)，取值范围为 0 ~ 65535。若 Interval 属性值设为 1000，则 Timer 事件每秒钟触发一次；若其属性值为 100，则十分之一秒触发一次，若 Interval 设为 0，则不触发 Timer 事件。

（2）Enabled 属性　该属性用于设置 Timer 控件是否生效。当 Enabled 属性值为 False 时，Timer 事件不触发。

2. 事件　Timer 控件只支持一种事件过程，那就是 Timer 事件。该事件过程每隔 Interval 指定的时间间隔自动执行一次，前提是 Interval >0 和 Enabled = True 两个条件同时为真。

注意：VB 中有几个易混淆的概念：Timer 控件、Timer 事件、Timer 函数和 Time 函数。Timer 控件是 VB 中模拟秒表计时器的一种工具，每隔一定的时间间隔运行一次 Timer 事件过程中的程序语句；Timer 函数返回从午夜（0：00：00）开始到现在经过的秒数；Time 函数返回当前系统的时间(格式为“00：00：00”)。

3. 应用实例

【例 7 - 7】设计程序自动缩放字体。要求程序运行后单击“开始”按钮，Text1 中的字体开始周期性地自动放大；当字号大于 100 时，开始周期性地缩小；当字号小于 10 时，开始周期性地放大。单击“停止”按钮，保持当前字号不变。如图 7 - 14

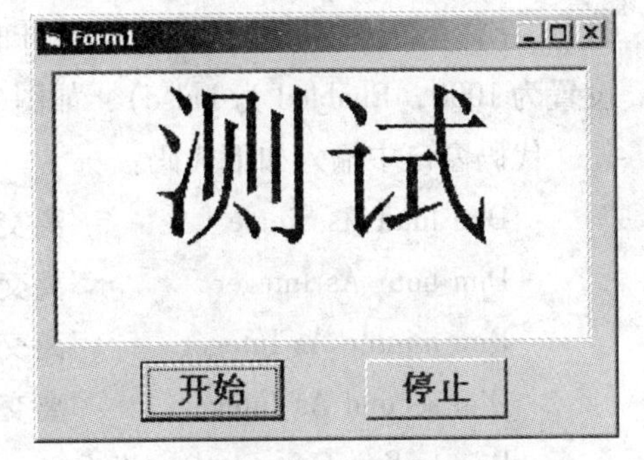

图 7 - 14　用计时器放大字体

所示。

（1）在窗体上添加一个文本框 Text1（Text 属性为“测试”，字号为 110，大小刚好能容纳这两个字符）

（2）创建两个命令按钮 Command1 和 Command2（Caption 属性分别为“开始”和“停止”）

（3）添加一个计时器控件 Timer1（Enabled 为 False，Interval 为 1000）

（4）在代码窗口中输入以下语句：

```
Dim suofang As Integer '该变量控制应该放大(记为 1)还是缩小(记为 -1)
Private Sub Form_Load()
    Text1.FontSize = 20                    '程序开始时，字号设为 20 号
    suofang = 1                            '程序开始时，处于放大状态
End Sub
Private Sub Command1_Click()
    Timer1.Enabled = True                  '开始缩放
End Sub
Private Sub Command2_Click()
    Timer1.Enabled = False                 '停止缩放
End Sub
Private Sub Timer1_Timer()
    If Text1.FontSize < 10 Then            '小于 10 号时开始放大
      suofang = 1
    ElseIf Text1.FontSize > 100 Then       '大于 100 号时开始缩小
      suofang = -1
    End If
    Text1.FontSize = Text1.FontSize + 10 * suofang
End Sub
```

【例 7-8】考试倒计时程序，在窗体上添加三个标签 Label1、Label2、Label3（Caption 属性分别为“现在时间”、“交卷时间”、“剩余时间”，字体均为宋体四号），三个文本框 Text1、Text2、Text3（Text 属性均为空，字体为宋体四号），一个命令按钮 Command1（Caption 属性为“开始考试”，字体为宋体四号），以及一个计时器 Timer1（Interval 设置为 1000，Enabled 为 False），如图 7-15 所示。

图 7-15　考试倒计时

代码窗口中输入如下代码：

```
Dim total As Single          '离交卷时间还有多长秒
Dim hour As Integer          '离交卷还有几个整小时
Dim minute As Integer        '离交卷时间除 hour 小时外还余几分钟
Dim second As Integer        '离交卷时间除 hour 小时 minute 分钟外还余几秒钟
Private Sub Command1_Click()
    Timer1.Enabled = True'开始考试
```

```
End Sub
Private Sub Timer1_Timer( )
 Text1. Text  =  Time
 total  =  DateDiff( "s" , Time, Text2. Text)  '距交卷总共还有多长时间(秒为单位)
    hour  =  total  \  3600                      '离交卷还有几个整小时
    minute  =  ( total Mod 3600 )  \  60         '离交卷除整小时外还有几分钟
    second  =  total Mod 60                      '离交卷除整分钟外还有几秒钟
Text3  =  hour & ":" & minute & ":" & second     '以"00: 00: 00" 形式显示剩余时间
    If total  <=  0 Then                         '判断是否到达交卷时间
        Timer1. Enabled  =  False                '不再计时
        MsgBox "考试结束,请交卷!"                 '提示用户交卷
    End If
End Sub
```

运行程序，在 Text2 中输入考试结束的时间，格式为“00：00：00”（中间为英文的冒号），注意应当比当前的系统时间大。单击“开始考试”，观察运行结果。

7.1.4.2 DateTimePicker 控件

DateTimePicker 控件可以提供如图 7－16 所示的下拉式日历供用户选择日期，并按照指定的格式将选择结果显示出来。

图 7－16　DateTimePicker 控件

DateTimePicker 控件不是标准控件，使用前需要通过“工程”菜单下的“部件”将“Microsoft Windows Common Controls－2 6.0(SP6)”添加到工具箱中，新增的 就是 DateTimePicker 控件。

1. 重要属性

（1）Format 属性　该属性用于设置 DateTimePicker 控件中日期和时间的显示格式。有四种取值情况：

0 － dtpLongDate 长日期格式显示。形如 2019年 9 月22日

1 － dtpShortDate 短日期格式显示。形如 2019/ 9 /22

2 － dtpTime 时间格式显示。形如 0 :00:00

3 － dtpCustom 使用格式字符串来指定一种自定义格式进行显示。

（2）CustomFormat 属性　该属性用于设置 DateTimePicker 控件中用户自定义的显示格式。前提是 Format 属性值必须为 dtpCustom。语法格式为：

对象名 . CustomFormat ＝格式表达式

例如，语句 DTPicker1. CustomFormat ＝" yyy/MM/dd" 可以使控件 DTPicker1 显示为 2019年 9 月22日 。语句 DTPicker1. CustomFormat ＝" yyy － MM － dd dddd" 可以使控件 DTPicker1 显示为 2019-00-22 星期日 。

格式表达式中，可以使用的字符串及其含义如表 7－1 所示。

表 7-1 格式表达式中可以使用的字符串及其含义

字符串	含义	字符串	含义
d	1 或 2 位的日，例 2、21	h	1 或 2 位的小时(12 小时制)
dd	2 位的日，例 02、21	hh	2 位的小时(12 小时制)
ddd	星期英文缩写，例 Mon	H	1 或 2 位的小时(24 小时制)
dddd	星期英文全拼，例 Monday	HH	2 位的小时(24 小时制)
M	1 或 2 位月，例 1、10	m	1 或 2 位的分钟
MM	2 位的月，例 01、10	mm	2 位的分钟
MMM	月份英文缩写，例 Jan	s	1 或 2 位的秒
MMMM	月份英文全拼，例 January	ss	2 位的秒
y	1 位的年份（2019 显示为“9”）	AM/PM	用 AM 和 PM 表示 12 小时制
yy	2 位的年份（2019 显示为“19”）	A/P	用 A 和 P 表示 12 小时制
yyyy	完整的年份（2019 显示为“2019”）	ttttt	用完整时间表示法表示

说明：

· 中文版 VB 系统中，“ddd”“MMM”分别显示为形如“星期一”“一月”的中文格式，因此“ddd”与“dddd”“MMM”与“MMMM”没有区别。

· 小时、分钟、秒设的只是显示格式，具体值需用户指定，不会自动显示系统时间。

· 可以在格式字符串中添加主体文本(表中列出的格式字符串以外的说明文本)。例如，语句 DTPicker1. CustomFormat ="'today is:'yyy 年 M 月 d 日 dddd" 会使控件显示为 today is:2019年0月22日星期日。由于主体文本内“today is:”中的“t”代表“上、下午”，“d”代表“日”，“y”代表“年”，“s”代表“秒”，因此为避免歧义，必须用单引号括起来。至于“年”、“月”、“日”，由于无歧义，因此括不括起来均可。如果写为"today is:yyy 年 M 月 d 日 dddd"，则显示为 上o22a19 i 0:2019年0月22日星期日。

(3) Value 属性　该属性用于返回或设置控件当前选中的日期。

(4) Day、Month、Year 属性　这些属性分别用于返回和设置控件显示日期中的日、月份、年份。当修改某个属性时其它几个属性的值不会跟着变化，例如语句 DTPicker1. Month =5 可以将图 7-16 中的日期更改为 2019/5/22。

(5) DayOfWeek 属性　该属性用于返回或设置当前显示日期为一个星期中的第几天。范围为 1～7(星期日为 1，星期六为 7)。例如 DTPicker1 中显示的日期为 2019-00-22 星期日，语句 DTPicker1. DayOfWeek = 3 可以将显示日期修改为 2019-00-24 星期二。

2. Change 事件　只要 DateTimePicker 控件中显示的日期发生改变就会触发 Change 事件。通过 Value、Year、Month、Day、DayOfWeek 等属性就可以获得用户指定的日期。

7.1.5 RichTextBox

同一个文本框中的全部文本必须具有同一种格式，包括字体格式、对齐方式等。有时一篇文章中需要多种文字、段落格式等设置，甚至插入图形就像 Word 一样。这时文本框控件就不能胜任了，需要使用 RichTextBox 控件。

RichTextBox 控件不是标准控件，使用前需要通过“工程”菜单下的“部件”将“Microsoft Rich TextBox Control 6.0”添加到工具箱，新增的就是 RichTextBox 控件。

1. 特有的重要属性　RichTextBox 能够实现多种文字格式的设定，是因为它可以对选中部分的字符进行单独的设定。例如：将选中字符的字号设定为 20 磅的语句为［对象名.］SelFontSize = 20，将选中字符的颜色设定为红色语句为［对象名.］SelColor = vbRed。更多属性参见表 7 - 2。使用方法参考 TextBox。

表 7 - 2　RichTextBox 控件常用的格式化属性

分类	属性	值类型	说明
选中文本	SelText SelStart SelLength		同 TextBox 控件
字体字号	SelFontName SelFontSize		同上
字型	SelBold SelItalic SelUnderline SelStrikethru	逻辑型	粗体、斜体、下划线、删除线
上、下标	SelCharOffset	整型	>0 上标，<0 下标，Twip 为单位
颜色	SelColor	整型	
缩排	SelIndent SelRightIndent SelHangingIndent	整型	缩排单位由 ScalMode 决定
对齐方式	SelAlignment	整型	（指段落）0 左、1 右、2 居中

2. 在 RichTextBox 中插入图像　在 RichTextBox 控件中可以插入 *.bmp 的图像文件，语法如下：

对象名.OLEObjects.add［索引］，［关键字］，文件标识符

其中：对象名 是 RichTextBox 控件的名称。

OLEObjects　是添加到 RichTextBox 控件中的对象的集合。

索引和关键字　是添加元素的编号和标识名（OLEObjects 就像一个班级，编号就是班级里每一个学生的学号，标识名就是每一个学生各不相同的姓名。我们可以利用唯一的学号或姓名来识别每一个学生），可以省略，但是逗号不能省略。

文件标识符 是被插入对象的带有完整路径的文件名

例如：将 Windows 自带的图形文件“C:\Windows\Greenstone.bmp”插入到当前光标位置，方法为：

RichTextBox1.OLEObjects.add , ,"C:\Windows\Greenstone.bmp"

3. RichTextBox 的文件操作　用 LoadFile 方法可以方便地将磁盘文件显示在 RichTextBox 中，用 SaveFile 方法可以将 RichTextBox 中的内容保存至磁盘文件。

（1）LoadFile 方法　LoadFile 方法能够将 RTF 文件（*.rtf）或文本文件（*.txt）装入 RichTextBox 控件并显示，语法格式为：

对象名.LoadFile 文件标识符［，文件类型］

其中：对象名为某个 RichTextBox 控件的名称

文件标识符为欲加载文件的文件名（包含完整路径），可以是变量

文本类型取值为 0 或 rtfRTF 为 RTF 文件（缺省）；取值 1 或 rtfTEXT 为文本文件

把“D:\mytest\abc.txt”文件加载到 RichTextBox1 控件中并显示的语句为：

RichTextBox1.LoadFile "d:\mytest\abc.txt", rtfTEXT

（2）SaveFile 方法　SaveFile 方法将 RichTextBox 控件中的内容保存为 Rtf 文件或文本文

件，语法格式为：

对象名.SaveFile 文件标识符[，文件类型]

把 RichTextBox1 控件中的内容保存至“D:\mytest\abc.txt”的语句为：

RichTextBox1.SaveFile "D:\mytest\abc.txt", rtfTEXT

4. 应用实例

【例7-9】在窗体中添加一个 RichTextBox 控件，将其 Text 属性清空，字体设为宋体、四号；再添加三个命令按钮，Caption 属性分别为“字体格式”、“上标”、“段落居中”。如图7-17所示。

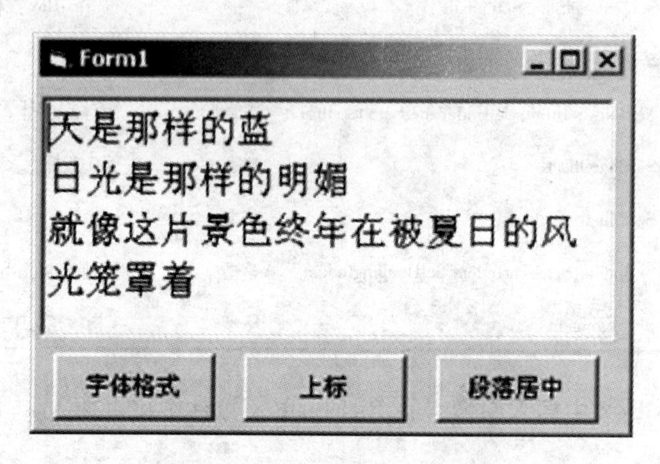

图7-17 RichTextBox 属性练习

在代码窗口中输入以下代码：

```
Private Sub Command1_Click()
    RichTextBox1.SelFontSize = 20
    RichTextBox1.SelUnderline = True
    RichTextBox1.SelColor = vbRed
    RichTextBox1.SelFontName = "隶书"
End Sub
Private Sub Command2_Click()
    RichTextBox1.SelFontSize = RichTextBox1.SelFontSize\2    '字号缩小一半
    RichTextBox1.SelCharOffset = 150                         '字符提升150Twip
End Sub
Private Sub Command3_Click()
    RichTextBox1.SelAlignment = 2                            '段落居中对齐
    End Sub
Private Sub Form_Load()
    RichTextBox1.Text = "天是那样的蓝" & vbCrLf & "日光是那样的明媚" _
      & vbCrLf & "就像这片景色终年在被夏日的风光笼罩着"
End Sub
```

7.2 对话框设计

VB 中的对话框分为预定义对话框、通用对话框和自定义对话框三种。预定义对话框为 VB 系统提供的格式固定的对话框，例如 InputBox 输入框、MsgBox 消息框等；通用对话框是 VB 提供的集打开、另存为、颜色、字体、打印机、帮助于一体的 Windows 应用程序标准格式对话框；自定义对话框是 VB 的一个窗体，用户可以按照自己的意愿来设计其格式和功能。

7.2.1 通用对话框

Visual Basic 提供了集打开、另存为、颜色、字体、打印机、帮助六种基于 Windows 标准对话框于一体的通用对话框。CommonDialog 控件不是标准控件，使用前需要通过“工程”菜单下的“部件”将“Microsoft Common Dialog Control6.0”添加到工具箱中，新增的▣就是 CommonDialog 控件。

该控件和 Timer 控件一样，运行时不可见。只有为 Action 属性设置相应的值或者调用其 Show 方法才可以显示相应的对话框。

1. 针对这六种对话框的通用属性和方法

（1）Action 属性和 Show 方法　在运行模式下通过设置 Action 属性值或调用 Show 方法都可以打开 CommonDialog 相应的对话框。具体值见表 7－3。

表 7－3　CommonDialog 控件的 Action 属性和 Show 方法

通用对话框的显示类型	Action 属性值	Show 方法
“打开(Open)”文件对话框	1	ShowOpen
“另存为(Save As)”文件对话框	2	ShowSave
“颜色(Color)”对话框	3	ShowColor
“字体(Font)”对话框	4	ShowFont
“打印(Print)”对话框	5	ShowPrinter
“帮助(Help)”对话框	6	ShowHelp

例如下面的两条语句是等价的：

CommonDialog1.ShowOpen

CommonDialog1.Action = 1

说明：通用对话框只是为用户提供直观的操作界面，返回用户的操作结果，而不能进行真正的打开、保存、打印等操作，这些功能需要相应的程序来实现。

（2）CancelError 属性

该属性用于设置当单击“取消”按钮时是否产生错误信息。

当 CancelError = False 时单击“取消”不出现错误提示；若 CancelError = True 单击“取消”按钮时系统提示错误号为 32755 的错误，可以通过这个错误号来判断是否用户取消了操作。

2.“打开(Open)”对话框　“打开”对话框提供了可以遍历每个驱动器、文件夹和

文件的功能，如图 7－18 所示，并可以返回用户的选择结果。

“打开”对话框的重要属性：

(1) FileName 属性　该属性用于返回或设置“打开”对话框中选定的文件名（包含完整路径）。图 7－18 中 FileName 属性的值为“c:\windows\explorer. exe”。

(2) FileTitle 属性　该属性用于返回“打开”对话框中选定的文件名（不包含路径），图 7－18 中 FileTitle 属性的值为“explorer. exe”。

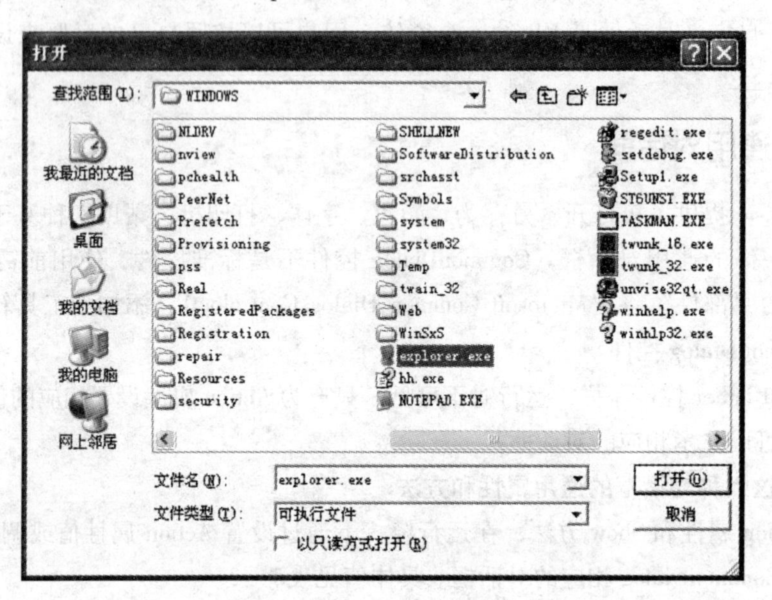

图 7－18　“打开”对话框

(3) Filter 属性　该属性用于设置“打开”对话框中“文件类型”处提供的文件类型过滤器。每个过滤器由两部分组成，前面部分是显示给用户看的信息，后面部分是系统显示的文件类型，两部分用“|”分隔。例如只允许用户看到可执行文件，可以使用下面的语句定制过滤器，运行结果如图 7－18 所示。

CommonDialog1. Filter = "可执行文件|*. exe"

如果一个过滤器允许同时显示多种文件类型，可以将后面的多个文件类型用英文的分号隔开。例如：CommonDialog1. Filter = "图片文件|*. jpg; *. bmp; *. gif; *. ico"。

Filter 属性可以包含多个过滤器，每个过滤器之间也要用“|”隔开。例如在“文件类型”处提供“文本文件”、“可执行文件”、“所有文件”3 种文件类型过滤器，可以使用下面的语句：

CommonDialog1. Filter = "文本文件|*. txt|可执行文件|*. exe|所有文件|*. *"

(4) FilterIndex 属性　该属性用于设置当提供了多个过滤器时，默认地哪个过滤器生效，系统默认值为 0（第一个过滤器）。

注意 FilterIndex = 0 和 1 都是第一个，第二个过滤器值为 2，第三个为 3，……。

(5) InitDir 属性　该属性用于设置“打开”对话框的初始目录。

3. “另存为(Save as)”对话框　“另存为”对话框和“打开”对话框相似，提供了可以遍历每个驱动器、文件夹和文件的功能，用户可以在“文件名”处输入新的文件名，如图 7－19 所示，并可以返回用户的操作结果。用法参见“打开”对话框。

4. “颜色”对话框　“颜色”对话框提供了让用户通过鼠标点击就可以选择相应颜色的功能，如图 7－20 所示，并返回用户的选择结果。

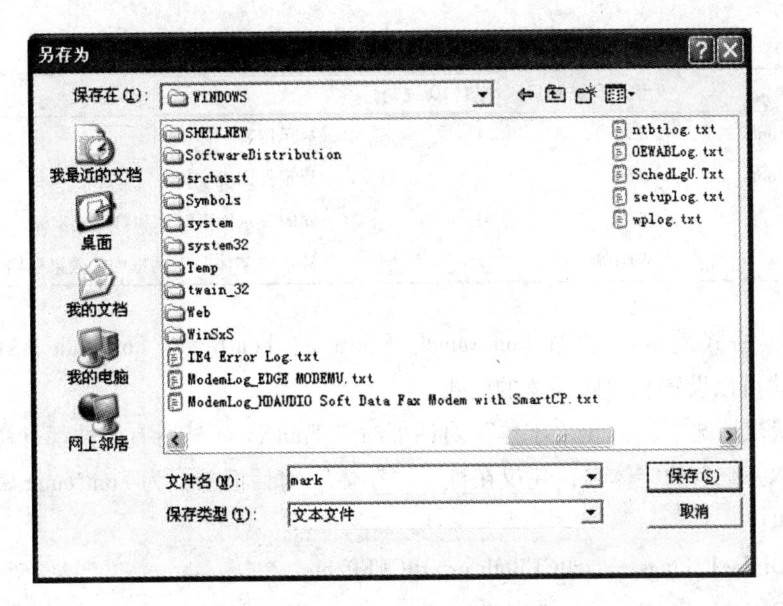

图 7－19　“另存为”对话框

Color 属性是“颜色”对话框的一个重要属性，通过该属性可以设置和返回对话框中选定的颜色。

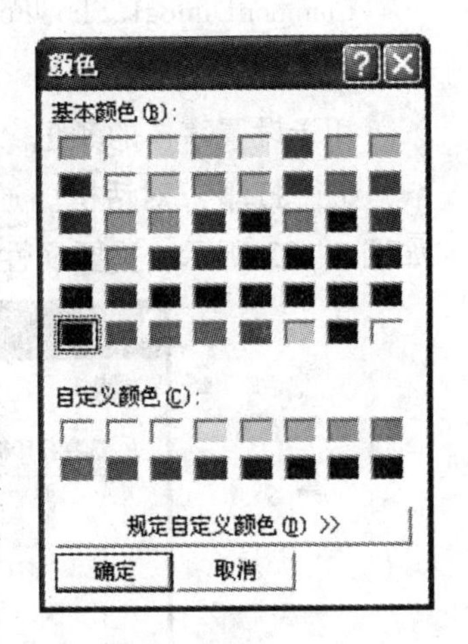

图 7－20　“颜色”对话框

5. “字体”对话框　“字体”对话框提供了选择字体、字号、效果和颜色等功能，如图 7－21 所示，并返回用户的选择结果。

“字体”对话框的主要属性：

（1）Flags 属性　在打开“字体”对话框之前必须设置该属性，否则系统会报告“没有安装字体。请从控制面板打开“字体”文件夹以便安装字体”的出错信息。Flags 属性可以设置的常数组合如表7－4 所示，其中常数 cdlCFEffects 不能单独使用，需要和其它常数一起进行“Or”运算使用。

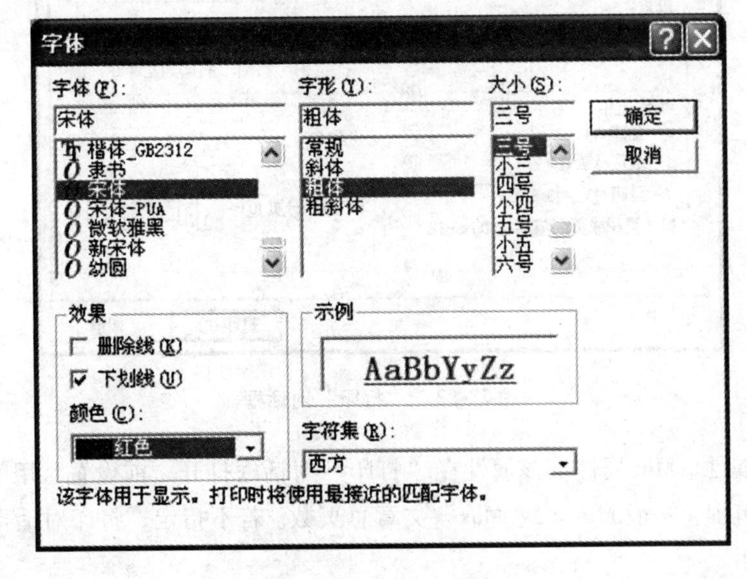

图 7－21　“字体”对话框

表 7-4 “字体”对话框中 Flags 属性的取值

常数	值(16 进制)	值(10 进制)	含义
cdlCFScreenFonts	&H1	1	显示屏幕字体
cdlCFPrinterFonts	&H2	2	显示打印机字体
cdlCFBoth	&H3	3	同时显示屏幕字体和打印机字体
cdlCFEffects	&H100	256	显示“字体”对话框中的效果框架

(2) 字体格式属性　通过 FontName、FontSize、FontBold、FontItalic、FontUnderline、Strikethru 属性可以设置和返回字体的格式。

说明：默认情况下，打开“字体”对话框时除 FontName 外所有属性都有初始值。为了避免赋给字体一个空的字体名，建议在打开“字体”对话框前，为 FontName 属性设置一个初始值。例如：

```
CommonDialog1. Flags = cdlCFBoth or cdlCFEffects
CommonDialog1. FontName ="宋体"
CommonDialog1. ShowFont
```

(3) Color 属性

用于设置字体的颜色。

6. “打印”对话框　通过“打印”对话框，用户可以选择打印机、打印范围和份数，如图 7-22 所示。重要属性有：

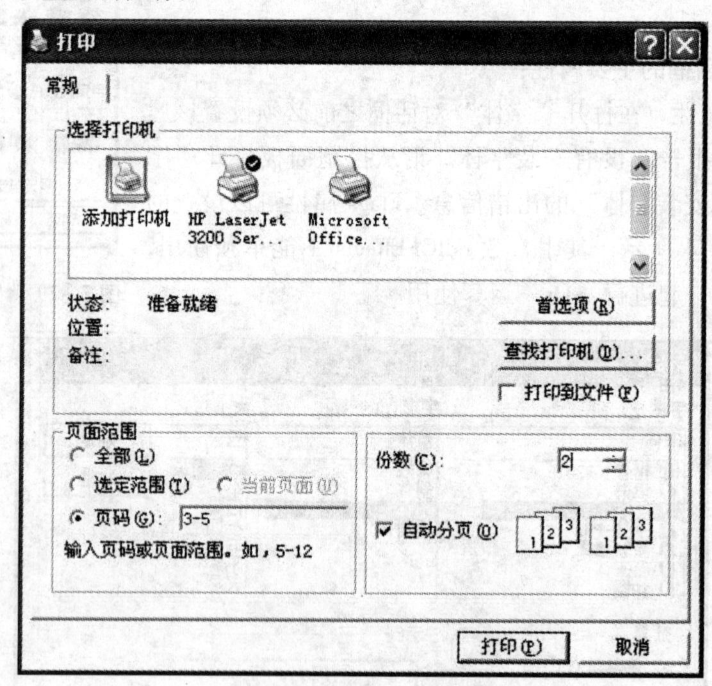

图 7-22 “打印”对话框

(1) Max 属性、Min 属性　该属性在“打印”对话框打开之前设置，用于限定用户可以指定的页面范围，一般 Min=1、Max=文章总页数。若不指定，打印对话框中的“页码(G)”将不可用。

(2) FromPage 属性、ToPage 属性　该属性用于设置和返回打印的起始页码和终止页码。图 8-22 中 FromPage=3、ToPage=5。

（3）Copies 属性　该属性用于返回用户指定的打印份数。

7. 通用对话框应用实例

【例7－10】设计如图7－23所示的应用程序。单击“打开”可以通过“打开”文件对话框选择一个文本文件，并将文件内容显示在文本框Text1中。单击“背景色”可以通过“颜色”对话框选择一个颜色，并将该颜色应用于文本框背景。单击“字体”可以通过“字体”对话框设置字体格式，并将结果应用于文本框中。单击“打印”可以通过“打印”对话框指定打印机和打印份数，并将文本框内容通过打印机输出。单击“保存”可以通过“另存为”对话框将修改后的文本框内容保存到文件“D:\EnglishTest. txt”中。

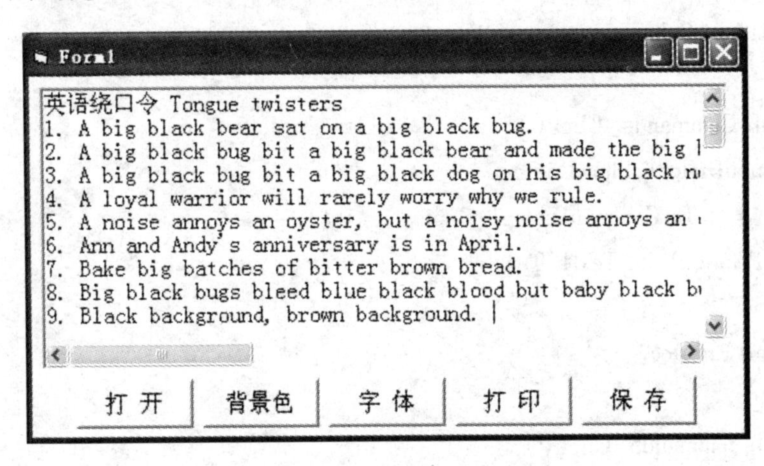

图7－23　通用对话框应用实例

（1）在窗体上添加一个文本框Text1，内容为空、MultiLine = True、ScrollBars = 3(Both)。

（2）在窗体上添加一个通用控制对话框CommonDialog1和5个命令按钮，如图设置其Caption属性。

（3）在代码窗口中输入如下代码

```
Private Sub Command1_Click()
Dim InputData$    '从文件中读取的信息
CommonDialog1. Filter = "文本文件|*. txt"
CommonDialog1. ShowOpen                '开启“打开”对话框
Open CommonDialog1. FileName For Input As #1 '打开指定文件准备读取
    Do Until EOF(1)                    '直到读取到文件末尾为止
        Line Input #1, InputData       '从1号文件读取一行，存入变量
        Text1. Text = Text1. Text & InputData & vbCrLf
    Loop
Close #1                               '关闭用户指定的文件
End Sub
Private Sub Command2_Click()
    CommonDialog1. ShowColor
    Text1. BackColor = CommonDialog1. Color
End Sub
Private Sub Command3_Click()
    CommonDialog1. Flags = cdlCFBoth Or cdlCFEffects
```

```
        CommonDialog1. FontName ="宋体"'避免出现字体名称为空的错误
        CommonDialog1. ShowFont
        Text1. FontName = CommonDialog1. FontName
        Text1. FontBold = CommonDialog1. FontBold
        Text1. FontItalic = CommonDialog1. FontItalic
        Text1. FontSize = CommonDialog1. FontSize
        Text1. FontUnderline = CommonDialog1. FontUnderline
        Text1. FontStrikethru = CommonDialog1. FontStrikethru
        Text1. ForeColor = CommonDialog1. Color
    End Sub
    Private Sub Command4_Click( )
        CommonDialog1. ShowPrinter
        For i = 1 To CommonDialog1. Copies
            Printer. Print Text1. Text
        Next i
        Printer. EndDoc
    End Sub
    Private Sub command5_Click( )
        CommonDialog1. Filter ="文本文件|*. txt"
        CommonDialog1. ShowSave '开启“另存为”对话框
        Open CommonDialog1. FileName For Output As #1 '打开指定文件准备写入
            Print #1, Text1. Text '将 Text1 中的内容写入 1 号文件
        Close #1 '关闭用户指定的文件
    End Sub
```

7.2.2 自定义对话框

自定义对话框是用户创建的可以为应用程序接收信息的 VB 窗体。通过在窗体上添加适当的控件并设置相应的属性值，来定义窗体的外观和功能。

VB 提供了几种常用自定义对话框的模板，通过“工程”菜单下的“添加窗体”打开“添加窗体”对话框，如图 7－24 所示，其中常用模版有：

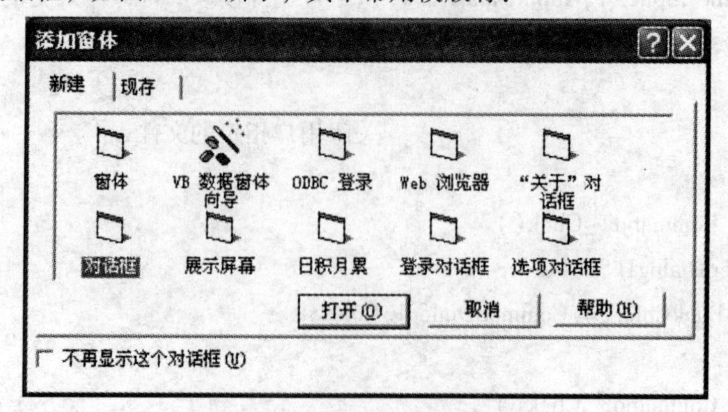

图 7－24 “添加窗体”对话框

“关于”对话框——设计软件版本、版权信息等说明信息的对话框模版
展示对话框——设计软件初始欢迎界面、公司Logo信息的对话框模版
日积月累——设计软件使用技巧提示信息的对话框模版
登录对话框——设计身份验证界面的对话框模版
选项对话框——设计多个选项卡界面的对话框模版
对话框——设计任意界面、功能灵活的对话框模版

对话框窗体与一般窗体在外观上的区别是：对话框没有窗体控制图标及最大化和最小化按钮，窗体大小不可调整。对话框窗体属性设置如表7－5所示。

表7－5　对话框窗体属性设置

属　性	值	说　明
BorderStyle	3－Fixed Dialog	固定边框，大小不可调整，无最大和最小化按钮
Icon	空	没有窗体控制图标

一般来说，对话框必须至少包含一个退出该对话框的命令按钮，通常建立两个命令按钮“确定”和“取消”。其中，“确定”按钮用于执行动作并关闭对话框退出，而且Default属性为True；“取消”按钮用于单纯地关闭对话框退出，而且Cancel属性为True。

自定义对话框的显示和关闭操作参见后面的多窗体操作。

7.3 菜单设计

利用Visual Basic提供的菜单编辑器可以很方便地创建功能强大的菜单。菜单按照外观和位置可以分为下拉式菜单（如图7－25所示）和弹出式菜单两种。

所有菜单都是通过菜单编辑器(如图7－26所示)来创建的，在对象窗口为活跃窗口的情况下调用菜单编辑器的方法有：

（1）执行“工具”菜单里的“菜单编辑器”命令
（2）单击工具栏中的“菜单编辑器”按钮
（3）在对象窗口空白处右击，弹出的快捷菜单中选择“菜单编辑器”命令
（4）通过快捷菜单“Ctrl＋E”

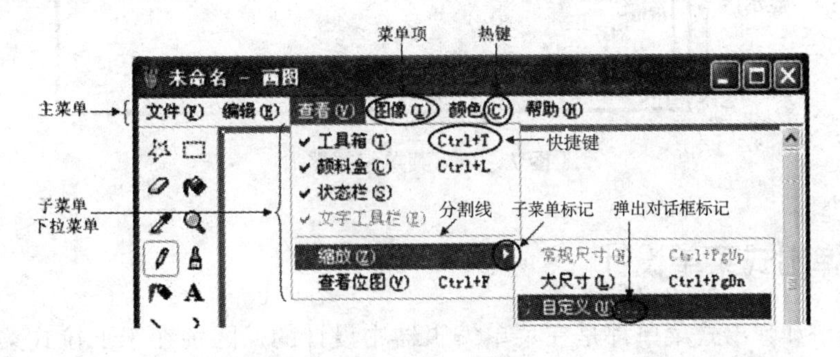

图7－25　下拉式菜单

7.3.1 下拉式菜单设计

下拉菜单位于窗体的顶部，每个菜单项包括分割线在内其实就是一个和命令按钮类似的

控件，拥有自己的名称(Name)、标题(Caption)等属性，支持相应的事件和方法。

1. 创建菜单项

(1)打开菜单编辑器，在“标题”处输入菜单项的标题文本(Caption)；在“名称”处输入菜单项的名称(Name)，即可创建第一个菜单项。

(2)单击“下一个”或“插入”按钮，重复上一步操作，添加新菜单项。

(3)在显示区选中某菜单项，单击编辑区中的上下箭头可以调整菜单项在菜单中上下的排列位置；单击右箭头可以将之降级为下一级子菜单（前面增加一个“…”标志）；单击左箭头进行升级。

(4)对于分割线需要在“名称”处输入唯一的名称，标题属性为英文减号(-)。

说明：控制区中的“复选”指菜单项在显示时前面增加一个“√”符号；“有效”就是 Enabled 属性；“可见”就是 Visible 属性。

2. 创建热键和快捷键 为菜单项增加热键的方法和命令按钮相同，在标题文本中需要出现下划线的字符前增加一个英文连字符“&”即可。主菜单中热键的调用方法是 Alt + 热键字符，下拉菜单中的热键调用时不需要 Alt 键。

快捷键无需通过主菜单打开下拉菜单，就可以直接调用某个下拉菜单项。设置方法是在显示区中选中相应的子菜单项，在控制区中的“快捷键”组合框中选择一个唯一的键盘组合即可。

说明：具有子菜单的菜单项（图 7 - 25 中的“查看”、“缩放”等）可以有热键但是不能设置快捷键。

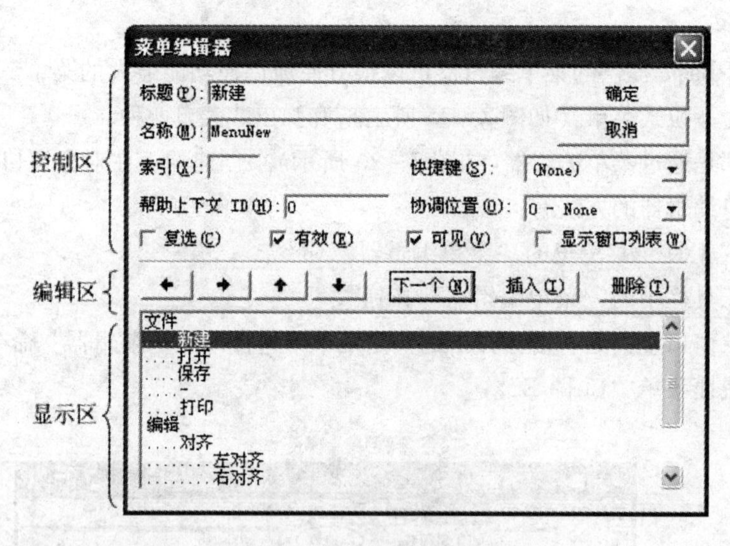

图 7 - 26 菜单编辑器

7.3.2 弹出式菜单设计

下拉式菜单和弹出式菜单都是在菜单编辑器中设计的，区别在于下拉式菜单位于窗口顶部、内容固定，而弹出式菜单出现在鼠标右击的位置、内容可以根据用户意图的不同(例如在表格中右击、在段落上右击、在图片上右击等）而变化，因此弹出式菜单又称为“智能菜单”。

1. 设计弹出式菜单的内容 和下拉式菜单一样，在菜单编辑器中设计一个带有子菜单的主菜单项（例如 MenuEdit、MenuAlignment 等)，将该主菜单项的 Visible 属性设为 False

(并不是只有 Visible = False 的菜单才可以弹出，将其设为 False 是因为大多数弹出式菜单的内容都是特殊定制的，只有被弹出时才显示)。

2. 显示弹出式菜单 通过 PopupMenu 方法可以将主菜单项（例如 MenuEdit）的子菜单以弹出的形式显示出来，但是主菜单项本身不显示。语法格式为：

PopupMenu 菜单名，[标志参数]，[X]，[Y]

其中：菜单名是必需的，指具有子菜单的菜单项名称；

标志参数用于指明菜单的具体弹出位置和响应的鼠标操作，具体见表7－6；

X、Y 用于指明弹出式菜单出现的坐标，默认是鼠标所在坐标。

表7－6 弹出式菜单的标志参数

分类	常数	值	说明
位置	vbPopupMenuLeftAlign	0	X 坐标为弹出菜单的左边界（默认）
	vbPopupMenuCenterAlign	4	X 坐标为弹出菜单的中心
	vbPopupMenuRightAlign	8	X 坐标为弹出菜单的右边界
操作	vbPopupMenuLeftButton	0	弹出菜单中的菜单项只响应鼠标左键操作（默认）
	vbPopupMenuRightButton	2	弹出菜单中的菜单项同时响应鼠标的左右键

例如当鼠标右击窗体时，将图7－26 中的“编辑”菜单弹出，鼠标位置在弹出菜单的中部，并且弹出菜单项同时响应鼠标的左右键操作。代码为：

```
Private Sub Form_MouseDown(Button As Integer, Shift As Integer, X As Single, Y As Single)
    If Button = 2 Then          '如果按下鼠标右键(左键为1，右键为2，中键为4)
        PopupMenu MenuEdit, vbPopupMenuCenterAlign + PopupMenuRightButton
    End If
End Sub
```

7.3.3 为菜单项编写代码

无论是下拉式菜单还是弹出式菜单，在菜单编辑器中设计完毕后只要 Visible 属性为 True，无需运行程序即可在对象窗口中展开。

对菜单项编程和对命令按钮编程的方法相似，在设计模式下单击展开的某个菜单项就可以进入代码窗口中对应的 Click 事件过程。

没有子菜单的菜单项都是独立的控件，支持控件的所有基本功能，可以将菜单项创建成控件数组（只需在菜单编辑器中将菜单项的索引值设置为0 即可)，实现菜单项的动态添加和删除功能。

说明：菜单项只支持 Click 事件；不能对有子菜单的菜单项编程。

7.4 工具栏设计

工具栏为用户提供了对应用程序中最常用命令的快速访问，已经成为 Windows 应用程序的标准功能。

工具栏控件不是标准控件，使用前需要通过“工程”菜单下的“部件”将“Microsoft Windows Common Controls 6.0”添加到工具箱中，同时添加的九个控件都是 Windows 风格应

用程序常用的标准控件，其中的（ToolBar）和（ImageList）就是设计工具栏所需要的两个控件。

工具栏中的所有按钮(Button)对象就是一个控件数组，它们对应同一个 ButtonClick 事件，通过 Select Case 结构根据各个对象关键字(Key)或索引(Index)的不同来识别不同的按钮。ImageList 是一个图像库，它不能单独使用，专门为其它控件(例如 ToolBar)提供图像的引用。

1. 向 ImageList 控件中添加图像 在窗体上添加一个 ImageList 控件（默认名称为 ImageList1)，右击该控件选择“属性”，打开“属性页”窗口，如图 7-27 所示。在“图像”选项卡下：

“插入图片”按钮可以添加扩展名为 . bmp、. ico、. gif、. jpg 的新图像。

“删除图片”按钮可以删除选中的图像。

“索引”为每个图像的唯一编号，第一个图像编号为 1。

“关键字”为每个图像的唯一标识名。

“图像数”为已添加图像的个数。

ImageList 和某个工具栏建立关联后就不能再进行编辑处理了，因此一定要事先添加足够的图像。图中所示的所有图像均由 VB 系统提供，路径为 VB 安装目录(…)下的“…\Microsoft Visual Studio\COMMON\Graphics\Bitmaps\TlBr_W95\”。

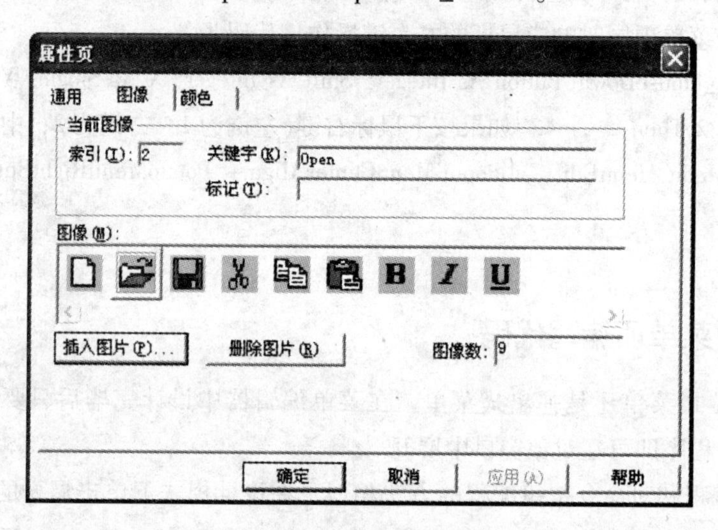

图 7-27 ImageList 属性页

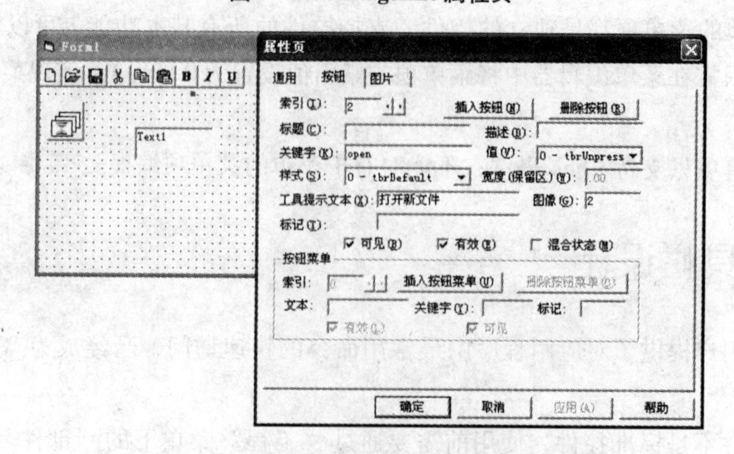

图 7-28 新建工具栏和对应的属性页窗口

2. 在 ToolBar 控件中添加按钮　在窗体上添加一个 ToolBar 控件（默认名称为 ToolBar1），右击该控件选择“属性”，打开“属性页”窗口，如图 7-28 所示。用户在这里完成 ToolBar 控件的设置操作。

（1）进入属性页的“通用”选项卡，在“图像列表”组合框中选择合适的图像列表框（本例为 ImageList1），指明本工具栏中的图像的来源。

（2）进入“按钮”选项卡，在这里添加/删除按钮对象。其中：

“插入按钮”用于增加新的按钮对象。

“删除按钮”用于删除目前编辑的按钮对象。

“索引”是每个按钮对象的唯一编号，在 ButtonClick 事件区分各按钮。

“标题”就是按钮对象的 Caption 属性，一般保留空值。

“关键字”是每个按钮对象的唯一标识，在 ButtonClick 事件区分各按钮。

“值”组合框用于设置按钮被按下的状态。tbrPressed 表示被按下，tbrUnPressed 表示没有被按下。仅当样式为 1 和 2 是才有效。

“样式”组合框用于设置按钮的外观样式，有六种选择，含义见表 7-7。实际样例如图 7-29 所示。

表 7-7　工具栏中按钮的六种样式

值	常数	按钮类型	说明
0	tbrDefault	标准按钮	单击后恢复原态，如“新建”按钮
1	tbrCheck	开关按钮	单击保持按下状态，再击恢复原态，如“加粗”按钮
2	tbrButtonGroup	编组按钮	一组按钮中只能有一个生效，如“左对齐”按钮
3	tbrSepatator	分隔按钮	产生具有 8 个像素宽度的分隔符
4	tbrPlaceholder	占位按钮	产生宽度可调的分隔符，以便放置“字号”组合框等控件
5	tbrDropdown	菜单按钮	产生下拉菜单按钮对象，如 VB 标准工具栏中的“添加新窗体”按钮

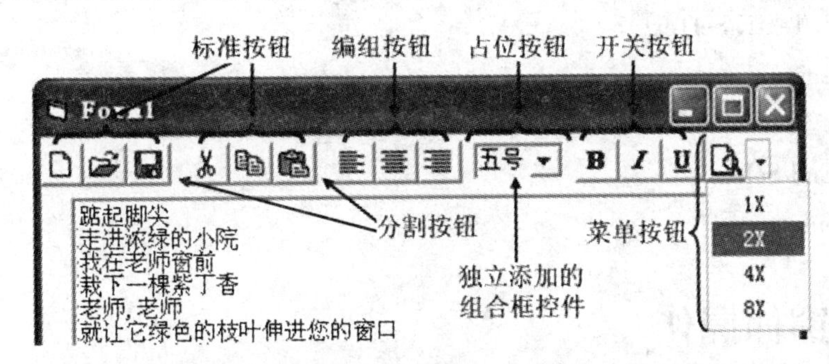

图 7-29　工具栏按钮的六种样式

“宽度（保留区）”只有在样式为“占位按钮”时才生效。此时只是生成了一个宽度较大的分隔符，需要向这个空间内放置其他控件（例如图 7-29 中的字号组合框），添加其他控件的方法和向框架（Frame）中添加新控件相同，这样其他控件才可以随工具栏的显示/隐藏而同步显示/隐藏。

“工具提示文本”和命令按钮的 ToolTipText 相似，当用户将鼠标指针停留在某个按钮上时出现的功能提示文字。

“图像”非常重要，指引用的图像在相应图像列表框中的关键字或索引。

“插入按钮菜单”指当样式为“菜单按钮”时，为该按钮添加菜单项。

3. 为 ToolBar 控件中的按钮编写代码 一个工具栏中所有的按钮对象（不包括在占位按钮处添加的其他控件）对应同一个 ButtonClick 事件，为了区分不同的按钮可以采用 Select Case 结构，通过每个按钮关键字和索引的不同来编写对应的代码。例如图 7－29 中的工具栏可以采用如下的程序结构：

方法一：通过关键字来区分

```
Private Sub Toolbar1_ButtonClick(ByVal Button As MSComctlLib. Button)
    Select Case Button. Key
    Case …
    …
    Case "cut"
      t = Text1. SelText
      Text1. SelText = ""
    Case …
      …
    End Select
End Sub
```

方法二：通过索引来区分（第一个按钮的索引为 1，占位按钮也有索引）

```
Private Sub Toolbar1_ButtonClick(ByVal Button As MSComctlLib. Button)
    Select Case Button. Index
    Case . . .
      . . .
    Case 5
      t = Text1. SelText
      Text1. SelText = ""
    Case . . .
      . . .
    End Select
End Sub
```

7.5 多窗体操作

前面介绍的 VB 工程都只包含一个窗体，实际应用程序中一般都由多个窗体构成（身份验证窗体、数据输入窗体、结果显示窗体等），这就用到了多窗体的操作。

1. 添加多个窗体 既可以向工程中添加新窗体，也可以添加现有窗体(例如标准的身份验证窗体)从而加快程序的开发速度。打开“添加窗体”对话框的方法有：

（1）通过“工程”菜单下的“添加窗体”打开。

（2）单击标准工具栏中“添加窗体” 按钮旁的三角，通过下拉菜单中的“添加窗体”打开。

（3）右击“工程资源管理器”窗口，弹出式菜单中选择“添加”/“添加窗体”打开。

在打开的“添加窗体”窗口中，选择“新建”选项卡可以添加新窗体，选择“现存”

选项卡可以添加现有的窗体。

说明："现有窗体"隶属于某个现有工程，添加现有窗体时需要注意：

①"现有窗体"添加后是被多个工程共享的，窗体被编辑后会影响到其他工程。

②欲添加的"现有窗体"名称和本工程中已有窗体的名称不能同名，否则添加时会出现错误。

2. 设置启动窗体　有多个窗体时，工程运行时首先加载的窗体叫做启动窗体，默认情况下为第一个添加的窗体。如果想从其他窗体启动，需要通过"工程"菜单下的"工程名称 + 属性"菜单项或者在工程资源管理器窗口中右击工程名称在弹出式菜单中选择"工程名称 + 属性"菜单项打开"工程属性"窗口。在"通用"选项卡下的"启动对象"组合框中指定启动窗体。

说明：VB 工程可以从某个窗体启动，也可以从标准模块中名称为 Sub Main 的过程启动。当在窗体启动前需要预加载某些内容或者需要用户做出某些决策时就可以通过 Sub Main 过程启动。

3. 窗体的操作　对工程中的窗体有 4 种基本操作：

（1）Load 窗体名　Load 语句用于将指定窗体载入内存。虽然并不显示，但是加载完毕后窗体中的控件和各种属性可以被引用。

（2）窗体名 . Show［模式］　Show 方法用于将指定窗体显示出来。如果该窗体还没有被加载，就先自动执行 Load 操作。其中，"模式"用于决定窗体的状态，有两种取值情况：

0 – vbModeless 无模式型(默认)，不用关闭新打开的窗体就可以对其他窗体操作

1 – vbModal 模式型，关闭新打开的窗体前不可以对其他窗体操作

（3）窗体名 . Hide　Hide 方法用于将指定窗体隐藏，但是并不从内存中卸载。

（4）UnLoad 窗体名　UnLoad 语句用于从内存中卸载指定的窗体。如果该窗体还没有被隐藏，就先自动执行 Hide 操作。

4. 窗体间数据的存取　从一个窗体中获取另一个窗体中操作的结果，主要有三种方法：

（1）通过控件的属性值获取　例如，将窗体 Form1 中文本框 Text1 的内容赋值给当前窗体(Form2)中的变量 s，代码为：s = Form1. Text1. Text。

其中，被引用窗体的名称(本例中的 Form1)是必需的。

（2）通过在窗体代码内声明的公共变量获取　例如，将窗体 Form1 中声明的公共变量 a 的值赋给当前窗体(Form2)中的变量 b，代码为：b = Form1. a。

其中，被引用窗体的名称(本例中的 Form1)是必需的。

（3）通过模块中的公共变量获取　例如，将窗体 Form1 中文本框 Text1 的内容赋值给当前窗体(Form2)中的变量 s。可以在模块(例如 Module1)内定义一个公共变量 a，当离开 Form1 时将 Text1 的内容赋给公共变量 a，在当前窗体中通过访问公共变量 a 来获得文本框中的内容。

5. 应用实例

【例 7 – 11】编写一个包含三个窗体和一个模块的简易成绩管理系统，如图 7 – 30 所示。要求窗体间通过全局变量进行数据的传递。

（1）新建一个包含三个窗体和一个模块(Module1)的标准 EXE 工程，按照图中所示进

行三个窗体的界面设计。

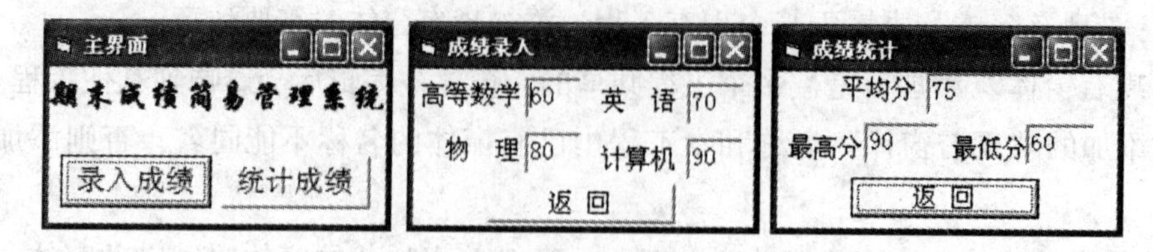

图 7-30　简易成绩管理系统

（2）在模块（Module1）中定义 4 个全局变量用于存放 4 门课的成绩，代码如下：

```
Public Math!
Public English!
Public Physics!
Public Computer!
```

（3）在主界面窗体的代码窗口中输入下面代码

```
Private Sub Command1_Click()
    FrmInput. Show
    Me. Hide
End Sub
Private Sub Command2_Click()
    FrmStat. Show
    Me. Hide
End Sub
```

（4）在成绩录入窗体的代码窗口中输入下面代码

```
Private Sub Command1_Click()
    Math = Val(Text1)
    English = Val(Text2)
    Physics = Val(Text3)
    Computer = Val(Text4)
    FrmMain. Show
    Me. Hide
End Sub
```

（5）在成绩统计窗体的代码窗口中输入下面代码

```
Private Sub Form_Load()
    Dim Sum!, Max!, Min!
    Sum = Math + English + Physics + Computer
    txtAver = Sum / 4
    Max = IIf(Math > English, Math, English)
    Max = IIf(Max > Physics, Max, Physics)
    txtMax = IIf(Max > Computer, Max, Computer)
    Min = IIf(Math < English, Math, English)
    Min = IIf(Min < Physics, Min, Physics)
```

```
    txtMin = IIf(Min < Computer, Min, Computer)
End Sub
Private Sub Command1_Click()
    FrmMain.Show
    Me.Hide
End Sub
```

运行程序，观察运行结果。

扫码“练一练”

扫码“学一学”

第8章　文　件

内容提要

- 从文件的结构、分类和访问说起
- 顺序文件、随机文件和二进制文件
- 文件处理函数和语句
- 文件系统控件

计算机在处理任何信息，除了希望显示在屏幕上或者发出声音，能让用户看见听见之外，一般都希望将其可靠的保存起来，文件就是一种很好的选择，它可以把各种信息按照一定要求有效的存储在计算机外部存储介质上。文件指存储在计算机外部存储介质（如磁盘）上的用文件名标识的数据的集合。通常情况下，计算机处理的大量数据都是以文件的形式存放的，操作系统也是以文件为单位管理数据的。

Windows 管理的文件可以分为程序文件和数据文件两类，前面章节中利用 Visual Basic 编程环境设计的文件（扩展名为 . frm，. vbp，. bas，. cls，. exe 等的文件）都是程序文件，而存放程序处理数据的文件就是数据文件，常用扩展名 . txt，. dat，. doc 等（也可以没有扩展名）。本章主要介绍的是数据文件，重点介绍使用程序处理数据文件的概念、步骤和常用方法。

VB 具有较强的对文件进行处理的能力，在访问存放在外部介质上的数据文件时，首先要按文件名找到所指定的文件，然后再从该文件中读取数据；要向外部介质存储数据也必须先建立一个文件（以文件名标识），才能向它输出数据。同时 VB 中又提供了大量与文件管理有关的辅助的语句和函数，以及用于制作文件系统的控件，我们在开发应用程序时，这些手段都可以使用。

8.1 文件概述

文件就是保存在磁盘上的字节，采取什么样的结构去保存一个文件，即字节之间的关系，以及每个字节表示什么内容（是整数、字符串还是数据记录等），根据这些结构我们将数据文件的类型划分为三类：顺序文件、随机文件、二进制文件。Visual Basic 根据不同的文件类型，提供了相应的访问方式、语句及命令。只有清楚了文件类型，才能选择合适的语句来访问。

8.1.1 文件结构

为了有效地对数据进行读写，文件中的数据必须以某种特定的格式存储，这种特定的格式就称为文件的结构。VB 文件由记录组成，记录由字段组成，字段由字符组成。

1. 字符　是构成文件的最基本单位。字符可以是数字、字母、特殊符号或汉字符。这里所说的“字符”一般为西文字符，一个西文字符用一个字节存放。如果为汉字字符则通

常用两个字节存放。

2. 字段　也称域。字段由若干个字符组成，用来表示一项数据。例如邮政编号“100084”就是一个字段，它由6个字符组成；姓名“张三”也是一个字段，它由2个汉字组成。

3. 记录　由一组相关的字段组成。例如在通讯录中，每个人的姓名、单位、地址、电话号码、邮政编码等构成一个记录，见表8-1所示。在VB中以记录为单位处理数据。

表8-1　记录表格信息

姓名	单位	地址	电话号码	邮政编码
张三	信息学院	建国道103号	7656789	110078

4. 文件　由记录构成。一个文件应含有一个以上的记录。例如在通讯录中有100个人的信息，每个人的信息是一个记录，100个记录构成一个文件。

8.1.2 文件类型

根据文件的结构和访问方式，VB把数据文件分为三类：顺序文件、随机文件和二进制文件。存取一个文件时，可根据文件类型的不同，采用不同的存取方式，对应的文件存取类型有顺序存取、随机存取和二进制存取。

1. 顺序文件　将数据存入一个顺序文件时，依次将每个字符转换为相应的ASCII码存储，读取数据时必须从文件的头部开始，按数据写入的顺序，一个一个的读取，不能只读取某一个数据。用顺序存取方式形成的文件称为顺序文件，可认为顺序文件中的记录由一个字段构成，顺序存取方式规则最简单。

如同听录音机中的磁带一样，要在顺序文件中查找某个数据，必须从第一个数据开始，逐个读取直到找到需要的数据，所以顺序文件适宜存储有规律和不经常修改的数据。主要用于文本文件，也最适合于文本文件，如Microsoft的Word、记事本、写字板等。

注意：顺序文件中换行符、英文逗号、空格都可以作为数据项之间的分割符，行与行之间以不可见的回车符（ASCII码值为10）与换行符（ASCII码值为13）分隔。

2. 随机文件　随机存取的文件由一组固定长度的记录组成，每条记录分为若干个字段，每个字段的长度固定，可以有不同的数据类型。比如一个学生记录文件中保存了一个班级所有学生的记录，每个学生记录中包含学号、姓名、年龄、家庭住址等多个字段的数据，一般用自定义数据类型来建立这些记录。用随机存取方式形成的文件称为随机文件。

随机文件适合于以记录为单位存取的场合。由于每个记录具有相同的长度，各记录的数据项数目相等，对应的数据项数据类型相同，所以当知道一个记录的长度时随机文件可计算出记录的个数，还能直接定位到某一条记录。因此在查找记录的时候不需要从头开始搜索，可直接定位到该条记录。这就好比是CD支持任意点播一首曲目，而用磁带就不可能做到。因此随机文件适宜存储有经常查询以及修改的数据。

由于随机文件不是文本文件，所以使用文本编辑软件打开随机文件后，各条记录显示为杂乱无章的字符。

3. 二进制文件　二进制存取方式可以存储任意希望存储的数据，存放的是数据的二进制的值。它与随机文件很类似，但没有数据类型和记录长度的限制。用二进制存取方式形成的文件称为二进制文件。

在随机文件中，有些字符型字段不同记录的长度相差很多，但为了使最长的字符串能够存入，就必须把该字段的长度说明为最长字符串的长度，这样就会浪费了大量的存储空间。为了节省存储空间，可以使用二进制存取文件。由于它没有固定长度的记录，不能向随机文件那样任意取出第几条记录。

二进制文件占用的外存空间小，使用文本编辑软件不能查看文件的内容。

8.1.3 文件访问

在 VB 中，数据文件不能直接执行，但是可以通过 VB 提供的相应访问方式、语句及命令，编写相应的应用程序进行处理。虽然不同类型的数据文件其访问方式有所区别，但是处理步骤却基本上是相同的：

1. 打开文件 一个外存文件必须先打开才能使用。

2. 进行读、写操作 在打开的文件上执行所要求的读取或者写入操作。在文件处理中，把内存中的数据传输到外部设备（例如磁盘）并作为文件存放的操作叫做写操作，而把数据文件中的数据传输到内存程序中的操作叫做读操作。可见，在程序处理外存文件中的数据时，必须配合使用内存变量。

3. 关闭文件 文件处理一般需要以上三步。

注意：在程序中进行文件操作时，通常情况下要访问的文件需要带有完整路径的文件名。但如果操作的是当前驱动器上的文件，可以在路径中不指明驱动器号；如果操作的是当前驱动器上当前文件夹下的文件，可以不指定路径，只使用文件名。例如：如果 C 为当前驱动器，C:\Vb6 为当前文件夹，则 C:\Vb6\Score.txt 可以简写为 Score.txt。

8.2 顺序文件的操作

8.2.1 打开顺序文件

格式：Open <文件名> For{Input|Output|Append} As <文件号>[Len = buffersize]

语句中各参数的说明：

1. <文件名> 要访问的顺序文件带有完整路径（或相对路径）的文件名。

2. Input、Output 和 Append 选项 文件的访问模式，是指对文件要进行什么操作。

Output 选项：对文件进行写操作，即将数据写入磁盘文件。注：用 Output 选项模式打开一个不存在的文件时，VB 会首先在磁盘上创建一个新的顺序文件，文件打开后文件的指针位于文件开头，准备向文件写入数据；而如果用 Output 选项模式打开一个已经存在的文件时，原始文件会被清除，重新写入新数据。

Input 选项：从打开的文件中进行读取数据操作，即将数据从文件中读入内存。注：文件必须存在，否则将出现错误。

Append 选项：将数据追加到文件末尾。如果文件不存在则首先创建，如果存在则文件打开后文件指针位于文件的末尾准备向文件的尾部追加数据。

3. <文件号> 为被打开的文件指定一个文件号，该文件号用来标识打开文件的文件句柄，以后访问该文件时，可通过<文件号>对打开的文件进行读写操作。文件号必须是 1 到 511 之间的整数。

4. **Len 参数**　用于在文件与程序之间拷贝数据时指定缓冲区的字符数。

8.2.2 读顺序文件

要读取顺序文件的内容，应首先以 Input 模式打开该文件，然后使用读语句或函数将数据读到内存变量中。

扫码“看一看”

1. 格式 Line Input# <文件号>，<变量名>

功能：该语句可以读取一行数据，并存放在<变量名>中。

说明：变量必须是字符串类型或变体型。

说明：

(1) <文件号>

是用 Open 语句打开文件时指定的文件号（句柄），<变量名>为内存变量，变量类型为字符串类型或体型。

(2) Line Input#语句

在循环读取数据时，会一行一行的读取，行之间通过回车/换行符标识。

2. 格式 Input #<文件号>，<变量名1> [，<变量名2>...]

功能：该语句用来把从打开文件中读取的各数据项分别存放在对应的变量中。

3. 格式 Input(Length，#<文件号>)

功能：Input 函数可以读取指定长度 Length 的数据（字符个数）。

说明：

(1) Length 用来指定从文件中读取字符的长度。

(2) 读取指定长度的字符串中可以包括空格、逗号、双引号和回车符等。

8.2.3 写顺序文件

要将数据写入顺序文件，应首先以 Output 或 Append 模式打开该文件，然后使用 Print# 或 Write#语句将数据写入文件中。

1. Print 语句

格式：Print #<文件号>，<输出数据列表>

功能：向文件中写入数据。

说明：

(1) <文件号>：是用 Open 语句打开文件时指定的文件号（句柄），<输出数据列表>为要写入文件中的数据项，各数据项间要用"，" 或"；" 分隔。

(2) "，" 表示下一个字符在下一个打印区开始输出，"；" 表示下一个字符紧跟前一个字符输出。若无 {，|；} 选项，Print#语句会在数据结束处添加一对回车/换行符。

(3) 在实际编程中，经常将文本框中的文本以文件的形式存储到磁盘上，这时可用 Print#语句来实现。

2. Write 语句

格式：Write #<文件号>，<输出数据列表>

功能：向文件中写入数据。

说明：

(1) Write 语句与 Print 语句基本相同，各数据项间可用"，" 或"；" 分隔。区别在于

Write 语句无论以"," 还是";" 分隔都以紧凑格式存放（数据项之间逗号分隔），且同时输出字符串上的双引号。

（2）Print#语句常与 Line Input#语句配合使用。

（3）Write 语句常与 Input#语句配合使用。

8.2.4 关闭顺序文件

在对打开的文件进行各种操作结束后，还必须将其关闭，否则会造成数据丢失。

格式：Close <#文件号> [，<#文件号>...]

说明：<文件号>：为打开文件时指定的文件号。

8.2.5 顺序文件应用举例

【例 8－1】在下面的 Command1_Click( )事件过程中，分别使用不同写入格式的 Write # 语句和 Print #语句，向顺序文件中写入数据。使用 Windows 的记事本打开该顺序文件，结果如图 8－1 所示。

```
Private Sub Command1_Click( )
    Open "C:\temp\test.txt" For Output As #1
    Print #1, "Visual Basic 6.0", 666.88, Date, True
    Write #1, "Visual Basic 6.0", 666.88, Date, True
    Print #1, "Visual Basic 6.0"; 666.88; Date; True
    Write #1, "Visual Basic 6.0"; 666.88; Date; True
    Close #1
End Sub
```

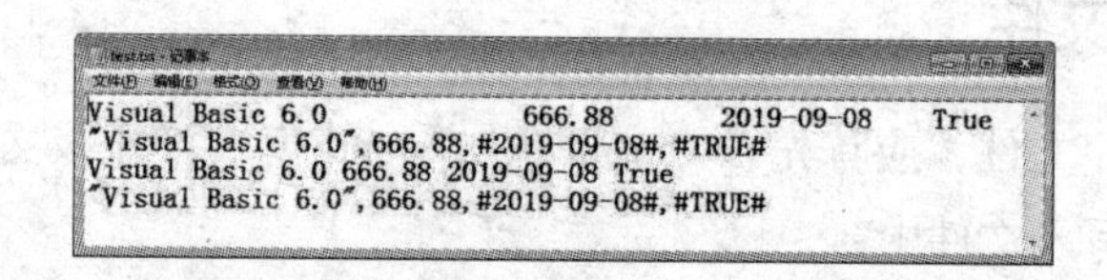

图 8－1　顺序文件 test.txt 中的内容

这里，文件中存储的数据有不同的类型：

"Visual Basic 6.0" 是一个字符串常量，特征是由一对双引号括起来的任意字符，包括空格。注意，双引号一定是英文的，字符则可以是中文等。

666.88 是一个数值常量。

Date 是一个系统内部函数，它能给出当前系统的日期，类似函数还有很多。

True 是一个逻辑常量，另一个逻辑常量是 False。

【例 8－2】在下面的事件过程中，分别使用 Input #语句、Line Input #语句对上例中的顺序文件 test.txt 进行读操作，并将读出的结果在窗体中输出，结果如图 8－2 所示。

```
Private Sub Command1_Click( )
  Dim str1 As String, str2 As String
  Dim n1 As Single, n2 As Date, n3 As BooLean
  Open "C:\temp\test.txt" For Input As #1
  Line Input #1, str1
```

```
    Print str1
    Input #1, str2, n1, n2, n3
    Print str2
    Print n1
    Print n2
    Print n3
End Sub
```

为了要实现这一功能，程序中使用 Dim 语句定义了四种不同类型的变量：

str1，str2 是字符串型变量。

n1 是单精度数值型变量。数值型变量还有很多种。

n2 是日期型变量。相应的还有时间型、星期型等多种。

n3 是布尔型逻辑变量。

程序运行后将读出的结果显示在窗体中，如图 8－2 所示（注意：文件中的数据没有读完）。

图 8－2 读文件

【例 8－3】如图 8－3 所示，设计一个简易的文本编辑器，它具有打开文件，对打开的文本文件进行编辑和保存文本文件的功能。本程序使用顺序文件。在打开指定文件后，可将文件的内容读入文本框中，然后进行编辑，编辑完后可再将文本框中的内容写入指定文件中。

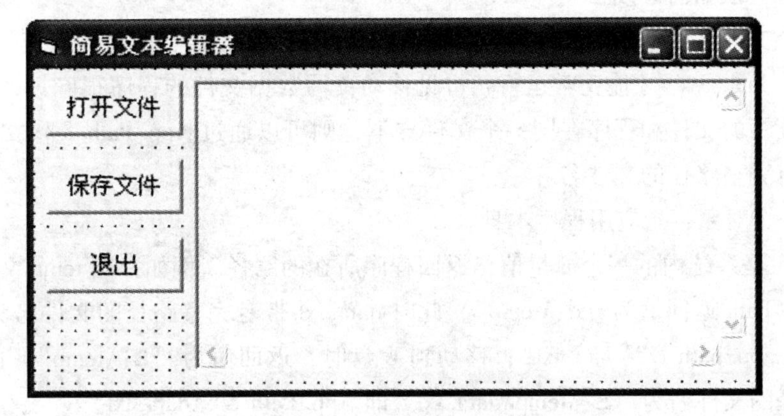

图 8－3 简易文本编辑器

注：指定的文件为 C 盘下 temp 文件夹中的 data. txt 文件，程序也保存在此文件夹中。

首先新建一个工程，将窗体的 Caption 属性值设置为“简易文本编辑器”，在窗体中加入一个文本框、三个按钮。将文本框的 Text 属性清空；MultiLine 属性值设置为“True”，显

示多行文本；ScrollBars 属性值设置为 3 – Both，显示水平、垂直滚动条。应用程序界面设计如图 8 –3 所示。

下面是本程序的全部代码。

```
Private Sub Command1_Click( )
    Dim GetString As String
    Open "c:\temp\data.txt" For Input As #1
        Do Until EOF(1)
            '由于要将文件中所有内容读取出来，因此只要没读到文件末尾则一直读
            Line Input #1, GetString '读取一行的内容放入变量中
            Text1.Text = Text1.Text & GetString & vbCrLf
            'Line Input 在读取一行的内容时没有将回车换行符读取出来，因此需要手
                动添加回车换行符
        Loop
    Close #1
End Sub

Private Sub Command2_Click( )
    Open "c:\ temp \ data.txt" For Output As #1
        Print #1, Text1.Text '将 Text1 的内容写入文件中
    Close #1
End Sub

Private Sub Command3_Click( )
    Unload Form1
End Sub
```

思考：如果整个文件夹（包含程序以及 data. txt 文件）移动到 D 盘或者 E 盘，程序是否能正常运行？该如何修改？

如果整个文件夹移动到 D 盘则数据文件 data. txt 带有完整路径的文件名变化，需要修改为“d:\temp\data. txt”才能正常运行，可见移动读写数据文件的程序很麻烦，需要修改代码，但如果读写的文件和程序在同一个文件夹下，则可以通过 App. Path &"\文件名" 动态获得文件带有完整路径的文件名。

App 是一个对象，指应用程序本身。

App. Path 是系统内的一个变量值，返回程序所在的路径。例如：当 temp 文件夹移动到 D 盘时，App. Path 返回值为“d:\temp”，此时 data. txt 带有完整路径的文件名为“d:\temp\data. txt”即 app. path &"\data. txt"；移动到 E 盘时，返回值为“E:\temp”，此时 data. txt 带有完整路径的文件名为“E:\temp\data. txt”即 App. Path &"\data. txt"。

由此可见，在程序中读写数据文件时，最好将程序与数据文件放在同一个文件夹下，读写文件时带有完整路径的文件名通过 App. Path &"\文件名" 动态获得，这样在移动文件夹时不需要修改程序代码，非常方便。

8.3 随机文件的操作

8.3.1 打开随机文件

Open <文件名> [For Random] As <文件号> Len = <记录长度>

说明：

(1) <文件名>为所要打开的随机文件名称。

(2) For Random 是缺省的选项，表示打开随机文件。

(3) <文件号>标识打开文件的文件句柄（文件号），必须是1－511之间的整数。

(4) Len = <记录长度>指定每条记录的长度，记录长度可用函数 Len( )确定。

8.3.2 读写随机文件

对随机文件中记录进行操作，要先将记录数据读到内存变量中，修改后再写回到随机文件。

1. 读记录语句 Get #<文件号>, <记录号>, <变量>

功能：将随机文件中指定的记录，读取到变量中。

说明：

(1) <文件号> 打开文件时指出的文件句柄。

(2) <记录号> 要读取的记录号。省略记录号，读取的是当前记录的下一条记录。

(3) <变量> 接受记录内容的记录型变量。

2. 写记录语句 Put #<文件号>, <记录号>, <变量>

功能：将记录变量的内容写入到所打开文件中的指定记录处。

说明：

(1) <文件号> 所要打开文件的文件句柄（文件号）。

(2) <记录号> 要写入或替换的记录位置。

(3) <变量> 要写入的记录型数据变量。

(4) 记录型数据变量的创建

格式：

```
Type 类型名
  元素名 AS 类型
  元素名 AS 类型
  元素名 AS 类型
  ...
End Type
```

功能：创建一个记录类型的变量，用来存放记录中的若干个数据项。

说明：一般情况，一条记录包含多项内容。例如，一个学生的记录可能包含学号、姓名、性别以及年龄等信息。这样基本数据类型就不能满足数据的要求，这就需要创建一个记录类型的变量，记录类型的变量为用户自定义变量。

例：自定义一个名为"Student"的记录型变量类型，其中包括学号、姓名、性别和年

龄等信息。

```
Type Student
  Sno As Integer
  Sname As String * 10
  Ssex As String * 2
  Sage As Integer
End Type
```

注：在定义了 Student（记录型）后，就可以将变量声明为 Student 类型了。

例：Dim Stu As Student

该语句声明了一个名为记录类型的变量，包含四个成员，在程序中可用“变量.元素”的形式引用成员。

例：Stu. Sno = 1 'Stu. Sno 表示引用了 Stu 记录型变量中的一个变量元素。

```
  Stu. Sname  = "张三"
  Stu. Ssex = "男"
  Stu. Sage = 20
```

8.3.3 关闭随机文件

随机文件的关闭语句与顺序文件相同：Close <文件号>

8.3.4 随机文件应用举例

【例 8-4】下面的例子是使用自定义数据类型，在 Command1_Click()事件过程中，实现对随机文件的写操作；在 Command2_Click()事件过程中，实现对随机文件的读操作，并在窗体上显示结果，如图 8-4 所示。

```
Option Base 1
Private Type student                    '在声明段中声明自定义数据类型
  name As String * 8
  sex As Boolean
  birth As Date
  score(1 To 2) As Integer
End Type

Private Sub Command1_Click()
    Dim stu(2) As student                          '声明自定义数据类型的数组
    Open "C:\stuscore.txt" For Random As #1 Len = Len(stu(1)) '打开随机文件
    stu(1).name = "张三": stu(1).sex = True       '给数组元素赋值
    stu(1).birth = #5/7/1982#: stu(1).score(1) = 80: stu(1).score(2) = 92
    stu(2).name = "李红": stu(2).sex = False
    stu(2).birth = #9/2/1982#: stu(2).score(1) = 40: stu(2).score(2) = 70
    Put #1, 1, stu(1) '把数组元素值写入文件记录中
    Put #1, 2, stu(2)
Close #1
```

```
End Sub

Private Sub Command2_Click()
    Dim stu(2) As student                          '声明自定义数据类型的数组
    Open "C:\stuscore.txt" For Random As #1 Len = Len(stu(1))   '打开随机文件
        Get #1, 1, stu(1)              '把数据读入自定义数据类型的数组
        Print stu(1).name
        Print stu(1).sex
        Print stu(1).birth
        Print stu(1).score(1)
        Print stu(1).score(2)
    Close #1
End Sub
```

程序界面及运行结果如图8-4所示。(注意：本程序只读出了第一个记录)

思考一下：怎样修改程序可以读出第二个记录？或者连续读出两个记录？

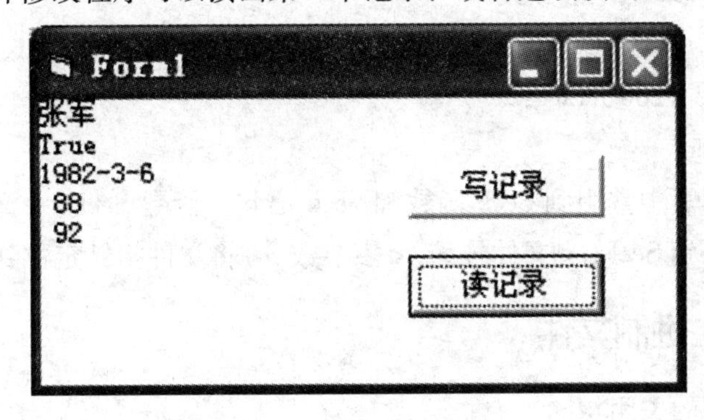

图8-4　随机文件读记录

8.4 二进制文件

8.4.1 创建和打开二进制文件

Open <文件名> For Binary As <文件号>

打开或建立二进制文件要使用Binary方式，不用Len = <记录长度>限定记录长度。

如：打开一个名为rest.dat的二进制文件。

```
Filenumber = Freefile
Open "rest.dat" For Binary As Filenumber
```

说明：

(1) 函数FreeFile返回一个整数，表示下一个可供Open语句使用的文件号。

(2) 如果rest.dat文件已存在，就打开它；若不存在，则创建一个名为rest.dat的二进制文件。

8.4.2 读写二进制文件

可从打开的二进制文件的指定位置读取一定长度的数据，也可将一定长度的二进制数据写入二进制文件的指定位置。

Get #<文件号>,<字节数>,<变量名>

Put #<文件号>,<字节数>,<变量名>

<字节数>为读写位置的字节数，Get 语句从<字节数>指定的位置读取 Len(变量名)个字节到<变量名>指定的变量中。Put 语句从当前位置把<变量名>指定变量中的数据写到文件中，写入的长度为 Len(变量名)个字节。

例如：从位置 800 起写入一个字符串"5678"，从位置 1200 起写入字符串"Visual Basic"的程序：

```
Filenumber = FreeFile
Open "rest. dat" For Binary As Filenumber
Costs1 = "5678"
Costs2 = "Visual Basic"
Put #Filenumber, 800, Costs1
Put #Filenumber, 1200, Costs2
Close #Filenumber
```

在二进制文件读写中常用到 Seek 函数和 Seek 语句。函数 Seek(<文件号>)返回当前文件指针的位置；语句 Seek(<文件号>,<字节数>)将文件指针定位到<字节数>处。

8.4.3 关闭二进制文件

与其他数据文件的关闭相同

Close #<文件号>

<文件号>省略时，将关闭所有打开的文件。

8.5 文件操作语句及函数

8.5.1 文件操作语句

1. FileCopy 语句　格式：FileCopy <源文件>,<目标文件>

复制文件。“源文件”、“目标文件”参数为字符串表达式，可以包含目录或文件夹以及驱动器。不能对已经打开的文件进行复制。例如：

```
Dim SourceFile As String : Dim DestinationFile As String
SourceFile = "C:\Tc\Stu1. c"                    '指定源文件名。
DestinationFile = "D:\Stu1. c"                  '指定目的文件名。
FileCopy SourceFile, DestinationFile            '将源文件复制到目的文件中
FileCopy SourceFile,"E:\Stu1. bak"              '将源文件复制到 E 盘的新文件中
```

2. Kill 语句　格式：Kill <文件名>

从磁盘上删除“文件名”所指定的文件。“文件名”中可以使用“*”和“?”，因此

Kill 语句可同时删除多个文件。如果文件已经打开，则不能删除。例如将 C:\Windows\Temp 中的所有扩展名为 .tmp 的文件删除，使用下面的语句：

```
Kill "C:\Windows\Temp\*.tmp"
```

3. Name 语句　格式：Name <旧文件名> As <新文件名>

重新命名文件、文件夹或目录名。"旧文件名"和"新文件名"可以是文件也可以是文件夹。

如果"旧文件名"和"新文件名"的路径相同，则是重新命名；如果"旧文件名"和"新文件名"的路径不相同，则是移动文件或文件夹。例如：

```
Name "C:\Tc\Stu1.c" As "C:\Tc\Stu1.bak"   '更改文件名
Name "C:\Tc\Stu1.c" As "C:\Tcbak\Stu1.c"  '移动文件
Name "C:\Tc\Stu1.c" As "D:\Auto.c"        '移动文件并更名
```

4. ChDrive 语句　格式：ChDrive <驱动器号>

改变当前驱动器。"驱动器号"参数是一个字符串表达式，只使用它的首字母；如果使用空字符串，则不会改变当前驱动器。例如：

```
ChDrive "C:"                              '改变当前驱动器为 C 盘
```

5. ChDir 语句　格式：ChDir <path>

改变当前文件夹（当前目录）。path 参数是一个字符串表达式，它指定哪个文件夹（目录）将成为当前文件夹（当前目录）。path 可以包含驱动器号，如果没有指定驱动器，则改变的是当前驱动器的当前文件夹（当前目录）。ChDir 语句只能改变当前文件夹（当前目录），不能改变当前驱动器。例如：

```
ChDir "C:\Windows\Temp"   '置 C:\Windows\Temp 为 C:的当前文件夹
```

6. MkDir 语句

格式：MkDir <path>

创建一个新的文件夹。path 参数是一个字符串表达式，它应包括完整路径，如果没有指定驱动器，则 MkDir 语句会在当前驱动器上创建新的文件夹。例如：

```
MkDir "C:\User1"          '在 C 盘的根目录下创建新文件夹 User1
MkDir "\User1"            '在当前驱动器的根目录下创建新文件夹 User1
MkDir "User1"             '在当前驱动器的当前目录下创建新文件夹 User1
```

7. RmDir 语句　格式：RmDir <path>

删除指定的目录或文件夹。如果没有指定驱动器，则默认当前驱动器。要删除的目录或文件夹中不能有文件，若有文件，则必须在删除目录或文件夹之前，先使用 Kill 语句删除所有文件。例如：

```
RmDir "C:\Windows\Temp\User1"          '删除文件夹 User1
```

8.5.2 文件操作函数

1. LOF 函数　格式：LOF(文件号)

返回"文件号"所代表文件的长度，长度以字节为单位，该文件已用 Open 语句打开。LOF 函数的返回值为 Long 数据类型，当返回值为 0 时，表示文件为空文件。例如：

```
Dim FileLength As Long
Open "c:\test.txt" For Input As #1         '打开文件。
```

FileLength = LOF(1)　　　　　　　　　'取得文件长度。

Close #1　　　　　　　　　　　　　　'关闭文件。

2. LOC 函数　格式：LOC(文件号)

返回“文件号”所代表文件的读写位置，LOC 函数的返回值为 Long 数据类型。对于随机文件，返回的为上一次对文件进行读出或写入的记录号；对于二进制文件，返回的为上一次读出或写入的字节位置；对于顺序文件，返回的是文件的当前字节位置除以 128 的值，对于顺序文件通常不使用 LOC 函数。

3. EOF 函数　格式：EOF(文件号)

该函数测试当前读写位置即文件指针是否位于“文件号”所代表文件的末尾。是文件尾则返回 True，否则返回 False。

4. FileLen 函数　格式：FileLen(文件名)

此函数返回指定文件的文件长度，以字节为单位，返回值为 Long 数据类型。文件不要求打开；当调用函数时，如果所指定的文件已经打开，则返回的值是这个文件在打开前的大小。

5. FreeFile 函数　格式：FreeFile[(范围)]

使用 FreeFile 函数可获得尚未被占用的文件号中的头一个，参数“范围”可以是 0 或 1，也可以省略。FreeFile 或 FreeFile( ) 或 FreeFile(0) 返回 1 ~ 255 之间未使用的文件号；FreeFile(1) 返回 256 ~ 511 之间未使用的文件号。

6. Seek 函数　格式：Seek(文件号)

返回“文件号”所指定文件的当前读写位置，返回值为 Long 数据类型。对于随机文件，返回值为下一个将要读出或写入的记录号；对于顺序文件或二进制文件，返回值是下一次发生读写操作的字节位置。

7. CurDir 函数　格式：CurDir[(驱动器号)]

返回一个字符串，该字符串表示指定驱动器的当前路径。可选的“驱动器号”参数是一个字符串表达式，指定一个存在的驱动器。如果没有指定驱动器，或“驱动器号”是零长度字符串（""）即空字符串，则 CurDir 函数返回当前驱动器的当前路径。例如：

str1 = CurDir("C")　　　　　　　　　'返回 C：驱动器上的当前目录

str1 = CurDir　　　　　　　　　　　'返回当前驱动器的当前路径

8. Dir 函数　格式：Dir [(<PathName[,Attributes]>)]

返回一个表示文件名、目录名或文件夹名称的字符串。

PathName 参数是一个字符串型表达式，用来指定文件名和目录名或文件夹名称，可以包含驱动器、路径，并支持通配符“ * “和”? “。

Attributes 参数用来指定文件和文件夹的属性，它的取值可以是表 8 - 2 中的一项或多项之和。

表 8 - 2　Dir 函数“文件属性”参数的含义

参数值		含　义
0	VbNormal	默认值，常规文件
1	VbReadOnly	常规文件和只读属性文件
2	VbHidden	常规文件和隐藏属性文件

续表

参数值		含 义
4	VbSystem	常规文件和系统属性文件
8	VbVolume	返回驱动器卷标。如果指定了其他属性，此时“文件属性”参数的取值是多项之和，则忽略 VbVolume
16	VbDirectory	常规文件与文件夹（目录）

Dir 函数用来检查指定的目录下是否有指定的文件和文件夹，并符合指定的文件属性。Dir 函数返回的是一个字符串类型值。当参数 PathName 中没有使用通配符时，如果有符合参数要求的文件或文件夹，则返回文件或文件夹的名称，否则返回空字符串。如果 PathName 参数中使用了通配符，此函数可以返回第一个符合条件的文件名或文件夹名；如果下一次使用不带参数的 Dir 函数，则返回第二个符合条件的文件名或文件夹名。连续使用不带参数的 Dir 函数，可以把符合条件的文件名或文件夹名全部返回，直至返回空字符串，如果再使用不带参数的 Dir 函数则会出错。第一次调用 Dir 函数时，必须指定 PathName 参数。

例如下面的程序是把 D 盘根目录下的所有文件和文件夹的名称在窗体中输出。

```
Private Sub Command1_Click( )
    Dim str1 As String
    str1 = Dir("D:\*.*",16)
    Do
      If str1 <> "" Then
          Print str1
      Else
          Exit Do
      End If
      str1 = Dir( )
    Loop
End Sub
```

8.6 文件系统控件

在 VB 程序中对文件读写时，程序中的文件是固定的，如果想要换为别的文件，则需要修改代码，而我们希望当读取一个文件或者将数据写入一个文件的时候，可由用户来选择读取或者写入的文件，就像在一些应用程序中的“打开”、“保存”对话框，在对话框中可选择相应的文件进行操作，这就需要用来引导用户查找/定位磁盘文件的向导。

Visual Basic 提供了三个有关文件处理的专用控件：DriveListBox 驱动器列表框控件、DirListBox 目录列表框控件、FileListBox 文件列表框控件。由于这些控件都与文件的操作有关，所以它们也被称为文件系统控件。使用这些控件可以迅速地确定驱动器、文件和目录等信息，三个控件可以单独使用，也可结合在一起使用。

8.6.1 驱动器列表框

DriveListBox 控件的图标为▭，它是一个下拉式列表框，其自动列出系统中有效的驱动

器名称，包括网络共享驱动器。在程序的运行阶段，用户可以通过键盘输入有效的驱动器名称，也可以在控件的下拉列表中进行选择，如图 8-5 所示。系统默认的驱动器为当前驱动器。

驱动器列表框控件不仅具有一些列表框的属性，如：List、ListCount、ListIndex 等属性；也具有一些文本框控件的属性，如：Font 、FontSize 等属性。这些属性的使用与在列表框和文本框中的使用方法是一样的。

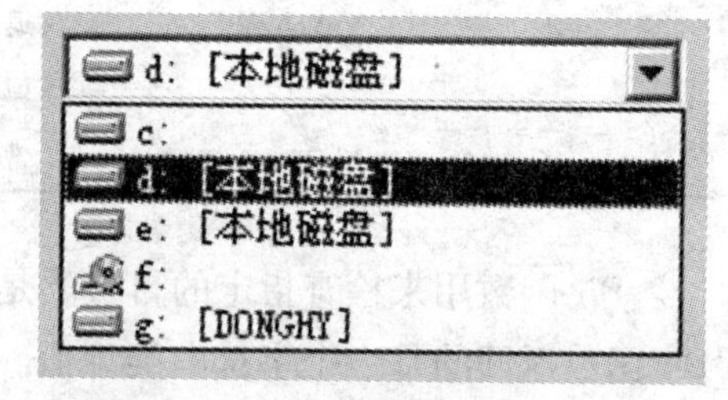

图 8-5 驱动器列表框控件

1. DriveListBox 控件的重要属性

（1）Drive 属性　Drive 属性是驱动器列表框控件独有的属性，这个属性的设置决定驱动器列表框中最顶端驱动器名称的显示，可以给该属性赋一个字母指定驱动器。如：

```
Drive1. Drive = "C"
```

大小写字母均可，也可以赋给此属性一个字符串，但只有第一个字母才有意义。驱动器列表框的 Drive 属性只能在程序代码中设置、访问，而不能在属性窗口中设置。

2. 常用事件

（1）Change 事件　当驱动器列表框中当前所选驱动器发生改变时，如用户使用鼠标或在程序进行选择设置，则会触发该事件。

8. 6. 2 目录列表框

DirListBox 控件可以显示当前驱动器上的目录结构，它以根目录开头，其下的子目录按层次依次显示在列表框中，如图 8-6 所示。DirListBox 控件的图标为 。目录列表框控件具有列表框的常用属性。

1. DirListBox 控件的重要属性

（1）Path 属性　Path 属性的值反映了目录列表框中打开的当前目录，例如：

```
Dir1. Path = "C: \Windows"
```

设置“C: \Windows”为当前目录。程序在运行时，将首先显示“C: \Windows”下的目录结构，而当双击目录列表框中某个目录时即改变当前目录时，系统就会把这个目录的路径赋给 Path 属性，当 Path 属性值发生改变时，将会触发 DirListBox 控件的 Change 事件。Path 属性只能在程序代码中设置访问，在属性窗口中不能设置。

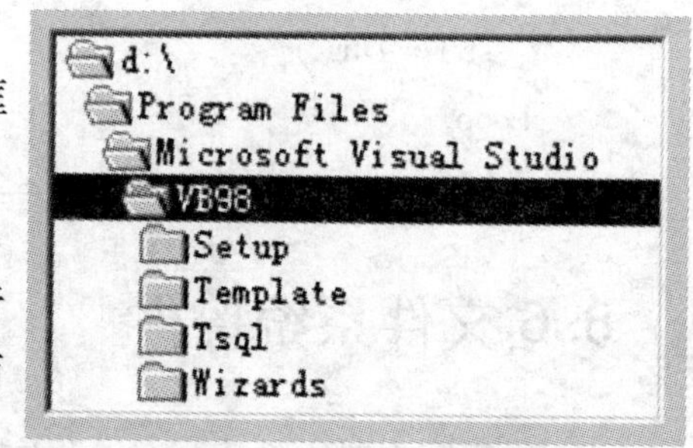

图 8-6 目录列表框控件

（2）ListIndex 属性　该属性值为整型，Visual Basic 规定由 Path 属性所指定目录的 ListIndex 属性值总是为 -1，它的第一个子目录的 ListIndex 属性值为 0，下一级的各子目录依次为 1、2、3 等；而它的上一级目录的 ListIndex 属性值分别为 -2、-3 等。利用该属性可以方便地访问到任何一级目录，尤其对访问当前目录的上下级目录更为方便。

（3）ListCount 属性　该属性值是由 Path 属性值指定的当前目录中包含的子目录的个数，该属性只能在程序代码中进行读访问。

（4）List 属性　该属性值是一个字符串数组，数组中的每个元素包含相应条目完整的路径和目录名，该属性只能在程序代码中进行读访问。

2. 常用事件

(1) Change 事件　当 Path 属性的值即当前目录被改变时触发此事件。

(2) Click　当用户单击目录列表框时触发此事件。

8.6.3 文件列表框

FileListBox 控件用于显示指定目录下所有指定类型的文件，并可选定其中一个或多个文件。FileListBox 控件的图标为▤。

1. FileListBox 控件的重要属性

(1) Path 属性　此属性值为字符串数据类型，用来指定文件列表框中所显示的文件，其所在的目录或文件夹的路径名。

(2) Pattern 属性　该属性使用通配符"*"、"?"规定列表框中所显示的文件类型，如 a*.*、*.exe、a?.exe 等。各项之间使用分号分隔。例如：

```
File1.Pattern = "*.exe;*.bat;*.com;a?.txt"
```

(3) FileName 属性　此属性返回文件列表框中选定的文件名字符串（不包含路径）。如果支持多选，还要使用 Selected 属性。当 FileName 属性值为空字符串时，表示没有选定文件。

2. PathChange 事件　当文件列表框对应的目录即 Path 属性值发生变化时，触发此事件。

8.6.4 文件系统控件应用举例

【例 8-5】如图 8-7 所示，在窗体中允许用户从某一驱动器的各个目录中查找一个可执行文件并运行。

该例中，将三种文件系统控件配合使用。要使三种控件联动，就必须在一个控件属性值发生改变之后，能立即引起其他控件属性值的变化。窗体界面中，分别包含一个 DriveListBox 控件，一个 DirListBox 控件，一个 FileListBox 控件，一个文本框控件，四个分别标记各控件功能的标签控件，以及一个命令按钮。在文本框中显示用户选择的可执行文件，单击"运行"按钮执行该文件。

```
Private Sub Form_Load()
   File1.Pattern = "*.exe"
End Sub

Private Sub Dir1_Change()
   File1.Path = Dir1.Path
End Sub
Private Sub Drive1_Change()
   Dir1.Path = Drive1.Drive
End Sub

Private Sub File1_Click()
```

```
    If Right(File1.Path, 1) <> "\" Then
      Text1.Text = File1.Path & "\" & File1.FileName
    Else
      Text1.Text = File1.Path & File1.FileName
    End If
End Sub

Private Sub Command1_Click()
    Dim int1
    int1 = Shell(Text1.Text, vbNormalFocus)
End Sub
```

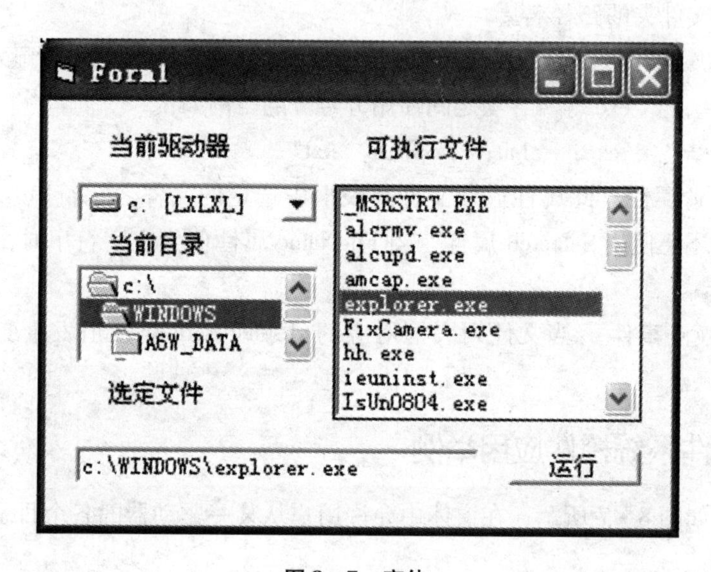

图8－7　窗体

8.7 本章小结

本章介绍了数据文件和文件系统控件的基本概念及其操作，涉及了计算机内存变量、屏幕显示以及外存文件之间的关系，抓住了计算机处理信息的核心问题。

（1）程序处理得到的结果数据，如果希望将其永久保存，则可将其保存在文件中，称之为数据文件，甚至程序所处理的源数据也可通过数据文件保存，以方便数据的输入。

（2）程序在访问不同类型数据文件的时候，处理步骤基本上是相同的：首先，打开文件，然后进行读、写操作，最后关闭文件。

扫码“练一练”

（3）在对文件进行读操作的时候，一般将文件中的数据读入内存变量中，然后对其进行使用和处理，在对文件进行写操作的时候，一般将数据或者内存变量所保存的数据写入文件中。

（4）程序在读写文件时，可通过文件系统控件来引导用户查找/定位磁盘文件，从而为读写数据文件提供更多的灵活性。

本章重点希望大家掌握两点：

（1）不同数据文件的基本访问步骤，打开文件以后，进行相应操作，最后关闭文件。

（2）输出到屏幕窗体和输出到文件的基本方法，注意掌握 print 和 print # 的区别。

第9章　图形与动画

扫码“学一学”

内容提要

- 计算机绘图基本知识
- 图形的属性
- 绘制图形
- 制作动画

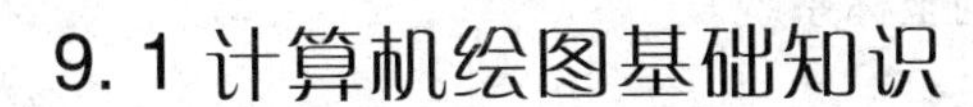

9.1 计算机绘图基础知识

9.1.1 认识坐标系统

坐标系统是绘制各种图形的基础，在VB中，屏幕坐标用于窗体的定位，每个窗体都有自己的坐标系统。也就是说，VB的坐标是针对窗体或窗体上的控件而设计的，因此称为对象坐标系统。

VB的坐标系统可分为：默认坐标系统和用户自定义坐标系统。

在默认坐标系中，对象的左上角坐标为（0，0），当沿着水平轴右移和沿着垂直向下移动时，坐标值增加。对象的Top和Left属性指定了该对象左上角距原点在垂直方向和水平方向的距离，如图9－1。

扫码“看一看”

注：只能在窗体或图片框上绘制图形，窗体的容器是系统对象Screen（屏幕），即窗体的Left和Top属性值是相对于屏幕的。而窗体又是其他控件的容器，所以，窗体中的控件坐标原点在窗体的左上角上，即窗体中各控件的Left和Top属性值都是相对于窗体的。

VB使用的度量单位共有8种。系统默认的度量单位是缇（Twip，1厘米＝567缇），用户可以根据需要，选择系统提供的其他标准度量单位。度量单位的设置是由窗体或图片框的ScaleMode属性定义的。其属性值及对应的度量单位及用法见表9－1。

表9－1　VB的度量单位

属性值	字符常量	说明
0	VbUser	用户自定义类型。若用户使用ScaleWidth、ScaleHeight、ScaleTop、ScaleLeft设置坐标系统，VB会自动设置ScaleMode为0
1	VbTwips	默认值，以Twip为单位。1英寸＝1440 Twip
2	VbPoints	以磅（Point）为单位，1英寸＝72磅
3	VbPixels	像素（Pixel），即显示器分辨率的最小单位。
4	VbCharacters	字符，1个字符宽度＝120 Twip，1个字符高度＝240 Twip
5	VbInches	英寸
6	VbMillimeters	毫米
7	VbCentimeters	厘米

说明：

(1) 上表中，除了0和3外，其余规格均可用于打印机，所使用的单位长度就是打印机上输出的长度。

(2) ScaleMode属性可以在设计阶段在属性窗口设置，也可以通过程序代码设置。

例如：

```
Form1. ScaleMode = 5    '窗体坐标系统以英寸为单位
Picture1. ScaleMode = 7    '图片框坐标系统以厘米为单位
```

9.1.2 内部刻度与外部刻度

1. 内部刻度 是指一个对象（如图片框）自身的坐标系统的刻度，用来指定容器对象中可用区域的大小或指定在容器中放置对象的位置。例如，一个放置在屏幕中的窗体的内部刻度指除去窗体的标题栏和边框后的大小。

2. 外部刻度 指存放该对象的容器或屏幕的坐标系统。

说明：

默认的坐标系统是以对象的左上角（0，0）为原点。坐标值沿水平方向向右增加，沿垂直方向向下增加，并且度量单位都是规范的。VB允许用户定义自己的坐标系统，包括原点位置、轴线方向和轴线“刻度”。(注：自定义刻度指内部刻度)

用ScaleLeft、ScaleTop、ScaleHeight和ScaleWidth属性设置坐标系统

自定义坐标系统通过以下4个属性设定：

ScaleLeft和ScaleTop：用于设置和返回窗体或图片框左上角的坐标值。

ScaleHeight和ScaleWidth：设置和返回窗体、图片框内部宽度和高度等分份数。这里的宽度和高度是指除去了边界和标题行后的净宽度和净高度（内部刻度），即用户自定义坐标的单位。

注意：不论窗体或图片框的实际尺寸有多大，都可以等分成若干份，等分的份数越多，说明宽度（高度）单位越小，反之越大。因此用户可以根据绘制图形数据的大小、范围来等分窗体或图片框，使绘图数据位于由用户定义的坐标范围内。

【例9-1】设置窗体左上角的坐标为(100，150)，右下角的坐标为(300,220)，则可以用如下代码：

```
Form1. ScaleTop = 150
Form1. ScaleLeft = 100
Form1. ScaleWidth = 200
Form1. ScaleHeight = 70
```

坐标原点在(0，0)处。该窗体的位置如图9-1所示。

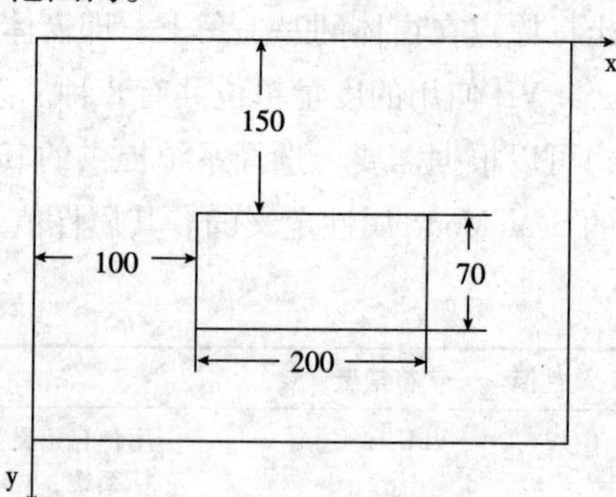

图9-1　用户自定义坐标系统示例

上面4个属性的值也可以是负数。

【例9-2】下面的代码可将窗体坐标原点定义在左下角，向上向右时坐标值增加，与数学中所用的坐标一致，右上角的坐标为(120,100)，更符合绘制各种曲线图的习惯。

```
Form1. ScaleLeft = 20
Form1. ScaleTop = 0
```

Form1. ScaleWidth = 100

Form1. ScaleHeight = －100

其坐标系如图 9 －2 所示。

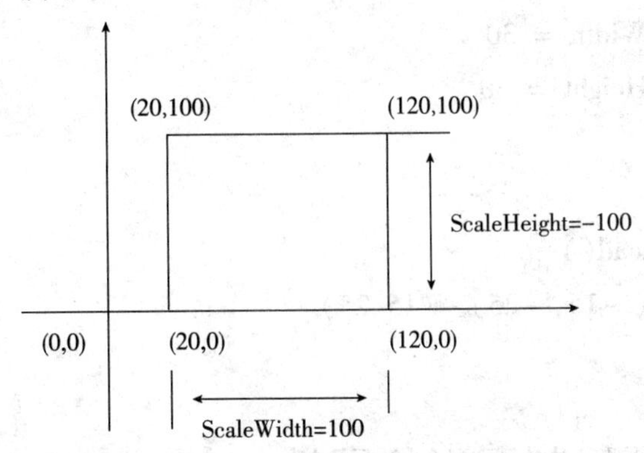

图 9 －2　ScaleHeight 属性为负值

9.1.3 坐标方法

使用 Scale 方法也可以设置用户的坐标系统，使用此方法可以直接定义对象左上角坐标和右下角坐标值，一旦这两个对角坐标确定了，则另外两个角的坐标值也就唯一确定了。

其语法格式为：

[<object>.]scale(x1,y1) －(x2,y2)

说明：

- 对象名指窗体或图片框名称，默认为窗体。
- (x1,y1)设置 <object> 的左上角坐标，(x2,y2)设置 <object> 的右下角坐标。
- 当 Scale 后面不带任何参数时，使用默认坐标系统，即对象的左上角为原点（0，0）。
- (x1,y1) 和 (x2,y2) 和 4 个属性的对应关系如下：

ScaleLeft = x1

ScaleTop = y1

ScaleWidth = x2 － x1

ScaleHeight = y2 － y1

【例 9 －3】下面的代码可将坐标原点设置在图片框 Picture1 的中心，其坐标位置如图 9 －3 所示。

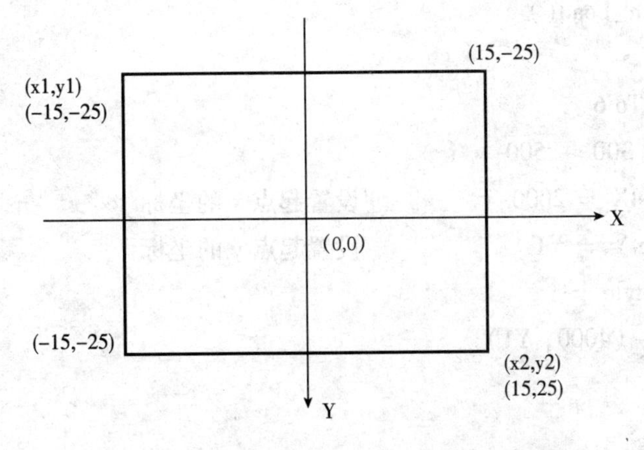

图 9 －3　坐标点(x1，y1)和(x2，y2)示意图

```
Private Sub Form_Load()
    Picture1.ScaleLeft = -15
    Picture1.ScaleTop = -25
    Picture1.ScaleWidth = 30
    Picture1.ScaleHeight = 50
End Sub
```

用 Scale 方法为：

```
Private Sub Form_Load()
    Picture1.Scale(-15,-25)-(15,25)
End Sub
```

9.2 设置所要绘制图形的属性

9.2.1 属性

1. DrawWidth 属性 用来指定用图形方法（PSet、Line 和 Circle 方法）输出时线条的宽度。

DrawWidth 属性的语法为：

[<对象名>.] DrawWidth = [<值>]

其中，对象名是窗体或图片框的名称，缺省时为窗体。<值>以像素为单位，取值范围 1～32767，缺省值为 1。

2. DrawStyle 属性 DrawStyle 属性用于指定图形方法创建的线条样式，它有 7 种值，用来产生不同间隔的实、虚线。默认值为 0（实线）。

DrawStyle＝5 时无边线（透明）。

DrawStyle 属性的语法格式为：

[<对象名>.] DrawStyle = [<值>]

注意：当 DrawWidth＝1 时，DrawStyle 的设置值全部起作用；当 DrawWidth＞1 时，DrawStyle 的设置为 1～4 时，DrawStyle 属性不起作用，此时绘出的都是实线。

【例 9－4】下列程序演示了 DrawStyle 属性所支持的各种设置值。

```
Private Sub Form_Load()
    Show
    For i = 0 To 6
        Y1 = 300 + 500 * i
        CurrentX = 2000            '设置起点 x 的坐标
        CurrentY = Y1              '设置起点 y 的坐标
        DrawStyle = i
        Line -(4000, Y1)
    Next i
End Sub
```

3. FillColor 属性和 FillStyle 属性 FillColor 属性和 FillStyle 属性，可以对已绘制好的封

闭的图形设置填充色和填充图案。

FillColor 属性的语法为：

[<对象名>.] FillColor [= <值>]

其中 <值>可以用 RGB 函数或 QBColor 函数指定的颜色。

FillStyle 属性的语法为：

[<对象名>.] FillStyle [= <值>]

其中 <值>由 0 ~ 7 共 8 种选择。

4. AutoRedraw 属性

该属性用于确定在窗体或图片框中用绘图方法绘制的图形，在覆盖它的对象移走后是否重新显示，它的值是布尔值（True 或 False）。

例如，若设图片框的 AutoRedraw 属性设置为 True，当最小化的窗体还原为标准化窗体时，图片框中的图形会自动重新显示。或者覆盖此图片框的其他窗口被移走后，图形也重新显示。如果 AutoRedraw 属性设置为 False 时，则图片框中的图形不会自动重新显示。

说明：对于以图标、位图、元图文件形式加载的图形，与 AutoRedraw 属性无关，因为 VB 能保存并重绘这些图形。只有在程序中用绘图方法绘制的图形及放置的文本才需要用 AutoRedraw 属性。此外，如果将 AutoRedraw 属性设置成 False，而又需要能自动重绘图形的话，可将绘图方法放在 Paint 事件中。

9. 2. 2 Paint 事件

Paint 事件是在当窗体或图片框被其他窗体覆盖又移开后被触发，或者在窗体加载、最小化、还原、最大化时被触发的事件。因此该事件可用于重绘图片框或窗体中用 Circle、Line 等方法绘制的图形，使用时只需要将这些绘图方法放在此事件过程中即可。

注意：使用 Paint 事件时，可以不依赖 AutoRedraw 属性的值，因此，该方法常用于在 AutoRedraw 属性设置为 False 时，恢复图片框或窗体上被破坏的图形或文本。

9. 2. 3 设置绘图的颜色和文字属性

关于颜色的两个属性 BackColor 和 ForeColor。在设计时指定颜色属性比较简单，只要在“属性”窗口中单击相应的属性就可以直接利用调色板进行颜色的选择。而在程序运行中要设置颜色可以使用颜色值，VB 预先定义好的颜色常量，颜色函数来指定颜色。

1. 直接使用颜色值　使用颜色值表示颜色是一种最准确的方法，VB 中通常用十六进制表示颜色值。其表示方法为：&HBBGGRR 。其中 &H 表示该数为十六进制，BB 代表蓝色分量的十六进制值（00 ~ FF），GG 代表绿色分量的十六进制值（00 ~ FF），RR 代表红色分量的十六进制值（00 ~ FF），将这三个原色按以上格式构成一个十六进制数，即可代表相应的颜色。例如：

&HFF0000 表示蓝色　　　&H0000FF 表示红色

代码中使用 backcolor = &HFF0000 设置窗体背景色为蓝色。

2. 颜色常量　VB 预先定义好的颜色常量可以使用“对象浏览器”列出，当使用这些内部常数时，无需了解这些常数是如何产生的，也无须声明。例如，无论什么时候想指定红色作为颜色参数或颜色属性的设置值，都可以使用常数 vbRed：

BackColor = vbRed

常用的颜色常量见表 9－2 所示。

表 9－2 常用颜色常量表

颜色常量	颜色值	颜色
VbBlack	&H0	黑色
VbRed	&HFF	红色
VbGreen	&HFF00&	绿色
VbYellow	&HFFFF&	黄色
VbBlue	&HFF0000	蓝色
VbMagenta	&HFF00FF	紫红
VbCyan	&HFFFF00	青色
VbWhite	&HFFFFFF	白色

3. 颜色函数 使用颜色常量可以在运行时改变颜色属性的值，但颜色有限，VB 还提供了两个专门处理颜色的函数 RGB 和 QBColor 函数，使颜色更加丰富。

（1）RGB 函数。

在这两个颜色函数中，RGB 是最常用的一个。语法为

RGB(red，green，blue)

其中，red、green、Blue 分别表示颜色的红色成分、绿色成分、蓝色成分。取值的范围都是从 0 到 255。

RGB 函数采用红、绿、蓝三基色原理，返回一个 Long 整数，用来表示一个 RGB 颜色值。

图 9－4 渐变过程效果

【例 9－5】演示颜色的渐变过程。

要产生渐变过程效果，可以多次调用 RGB( ) 函数，每次对 RGB( ) 函数的参数稍作变化。下面的程序用线段填充矩形区，通过改变直线的起终点坐标和 RGB( ) 函数中三基色的成分产生渐变效果，如图 9－4 所示：

```
Private Sub Form_Click()
    Dim j As Integer, x As Single, y As Single
    y = Form1. ScaleHeight
    x = Form1. ScaleWidth
    sp = 255 / y
    For j = 0 To y
```

```
        Line (0, j) - (x, j), RGB(j * sp, j * sp, j * sp)
    Next j
End Sub
```

(2) QBColor 函数

该函数返回一个用来表示所对应颜色值的 RGB 颜色码。语法为：QBColor(color)

其中，color 参数是一个介于0 到15 的整型值，代表16 种基本颜色（颜色对应如表9 - 3）。

表9 - 3 颜色与颜色对应表

颜色码	颜色	颜色码	颜色	颜色码	颜色	颜色码	颜色
0	黑	4	红	8	灰	12	亮红
1	蓝	5	品红	9	亮蓝	13	亮品红
2	绿	6	黄	10	亮绿	14	亮黄
3	青	7	白	11	亮青	15	亮白

9.3 绘制图形

在 VB 中，主要通过两种办法进行图像绘制：一种是利用 ActiveX 控件，如用图形框、图像框显示图片；另外一种是通过 VB 语言本身的函数和方法，在屏幕上绘制点、线和图形。

9.3.1 绘制直线

1. Line 方法 Line 方法用于画直线或矩形，其语法格式如下：

[对象.] Line [[Step](x1,y1)] - (x2,y2)[,颜色][,B[F]]

参数(x1，y1)为线段的起点坐标或矩形的左上角坐标，(x2，y2)为线段的终点坐标或矩形的右下角坐标；关键字 Step 表示采用当前作图位置的相对值；关键字 B 表示画矩形，关键字 F 表示用画矩形的颜色来填充矩形。

【例9 - 6】在图形框控件中用 Line 方法绘制一条(0，0)到(1000，1000)的直线。

```
Private Sub Command1_Click()
Picture1.Line (0, 0) - (1000, 1000)
End Sub
```

效果如图9 - 5 所示：

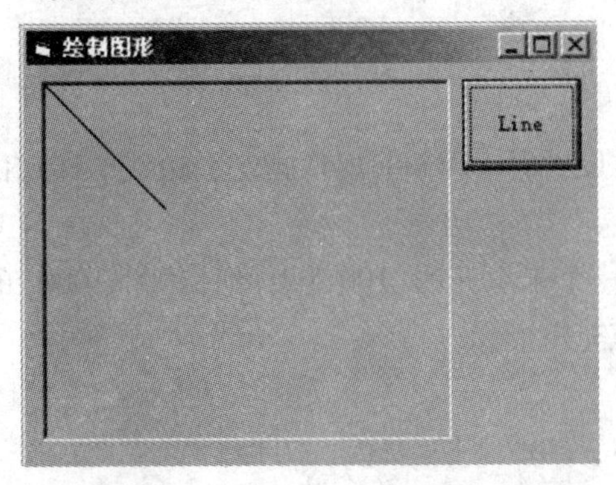

图9 - 5 Line 方法绘制直线

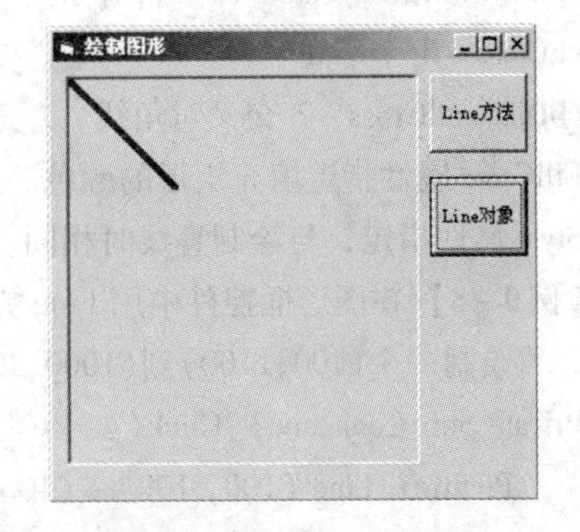

图9 - 6 Line 对象绘制直线

2. Line 对象 线段对象 Line 也可用于在 VB 中画直线。其常用属性：

x1，y1，x2，y2 用于设定一条直线的两个端点坐标。

BorderWidth 设定线条的粗细。

使用时，可在设计阶段将该对象添加到工程中，用鼠标拖动直线两端的两个黑点，直接改变直线的位置和长短。运行阶段可用对端点坐标属性的赋值来改变其位置和长短。

【例 9－7】用 Line 对象在屏幕上画一条粗线。

操作方法：选中对象视窗的 Line 对象，在窗体中画出直线，代码如下：

```
Private Sub Form_Load( )
    Line1. Visible = False
End Sub
Private Sub Command2_Click( )
  Line1. Visible = True
  Line1. X1 = 0
  Line1. Y1 = 0
  Line1. X2 = 1000
  Line1. Y2 = 1000
  Line1. BorderWidth = 4
End Sub
```

运行结果如图 9－6 所示。

9. 3. 2 绘制矩形、填充矩形

1. Line 方法绘制和填充矩形 Line 方法的关键字 B 表示画矩形，矩形对角顶点分别为(x1，y1)、(x2，y2)；关键字 F 表示用画矩形的颜色来填充矩形。也可以设置对象的 FillStyle 属性对矩形进行图案填充，此时不要使用 F 参数。有关 FillStyle 属性的常数及对应属性值说明如下：

vbFSSolid－0 实心

vbFSTransparent－1（默认值）透明

vbHorizontalLine－2 水平直线

vbVerticalLine－3 垂直直线

vbUpwardDiagonal－4 上斜对角线

vbDownwardDiagonal－5 下斜对角线

vbCross－6 十字线

vbDiagonalCross－7 交叉对角线

FillColor 属性指定填充矩形的颜色。边线的宽度由 DrawWidth 属性指定，边线的样式由 DrawStyle 属性指定，与绘制直线时相同。

【例 9－8】在图形框控件中用 Line 方法绘制一个未填充的(100,100)到(1000,1000)的矩形，再绘制一个(100,1100)到(1000,2000)的填充矩形。

```
Private Sub Command3_Click( )
    Picture1. Line (100, 100) - (1000, 1000), , B
    Picture1. Line (100, 1100) - (1000, 2000), , BF
```

```
End Sub
```

效果如图 9－7 所示：

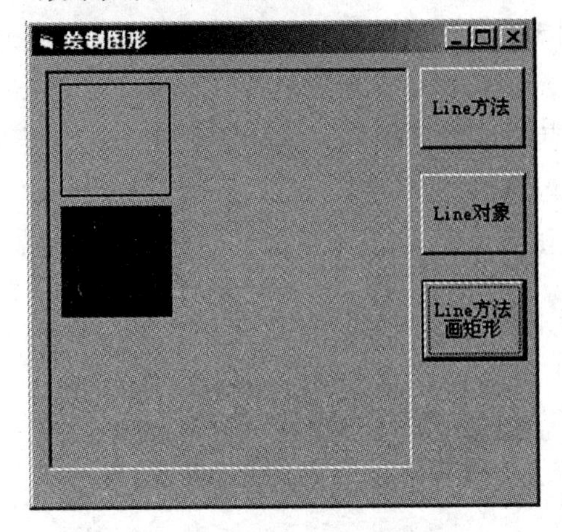

图 9－7　Line 方法绘制、填充矩形

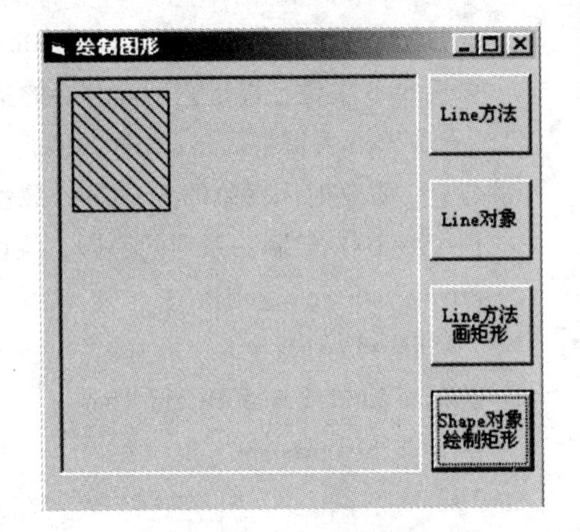

图 9－8　Shape 对象绘制矩形

2. Shape 对象　Shape 对象可以用做绘图的图形对象，也可用做图形或其他输出内容的外边框。其常用属性包括：

Shape　用于设定外形的形状，其值为 0～5 分别代表六种形状。

BorderWidth 外形边框宽度。

FillColor 指定颜色填充的填充色。

FillStyle 指定图案填充填充格式，有 0～7 共八种格式。

【例 9－9】用 Shape 对象绘制一个矩形。

选中工具条中的 Shape 对象，将该对象放置到工程中。代码如下：

```
Private Sub Form_Load()
    Shape1.Visible = False
End Sub
Private Sub Command4_Click()
    Shape1.Shape = 0
    Shape1.Left = 100
    Shape1.Top = 100
    Shape1.Width = 900
    Shape1.Height = 1100
    Shape1.FillStyle = 4
    Shape1.Visible = True
End Sub
```

运行结果如图 9－8 所示。

9.3.3 绘制圆、椭圆、圆弧

Circle 方法用来画圆、椭圆、弧等。它的语法格式如下：

[对象].Circle[Step](x,y),radius[,[color][,[start][,end][,aspet]]

前面介绍的属性 DrawWidth，DrawStyle，FillColor，FillStyle 等在 Circle 方法中也同样适用。

1. 圆　使用 Circle 方法绘制圆的运用最简单，只需要指明圆心和半径参数，语法如下：

objectname. Circle [Step] (x, y), radius [, color]

参数 (x, y) 指定圆心的位置。radius 参数用于指定圆的半径。

可选 Step 关键字指定它后面圆心的坐标值(x, y)是相对于当前位置(CurrentX, CurrentY)。省略 Step 关键字，(x, y)为相对与坐标原点的绝对坐标值。color 参数用于指定绘制圆的颜色，省略时用对象的 ForeColor 属性设置的颜色画圆。

【例 9-10】绘制一系列同心圆，颜色由随机函数产生。

```
Private Sub Form_click()
    Dim r!, r1!, i!
If ScaleWidth > ScaleHeight Then
    r = ScaleHeight / 2
Else
    r = ScaleWidth / 2
End If
    For r1 = 0 To r '绘制同心圆，半径 r1 逐渐增加。
Circle (ScaleWidth / 2, ScaleHeight / 2), r1, RGB(255 * Rnd, 255 * Rnd, 255 * Rnd)
  '以窗体中心为圆心，采用随机颜色绘制半径为 R1 的圆
Next
End Sub
```

运行结果如图 9-9 所示。

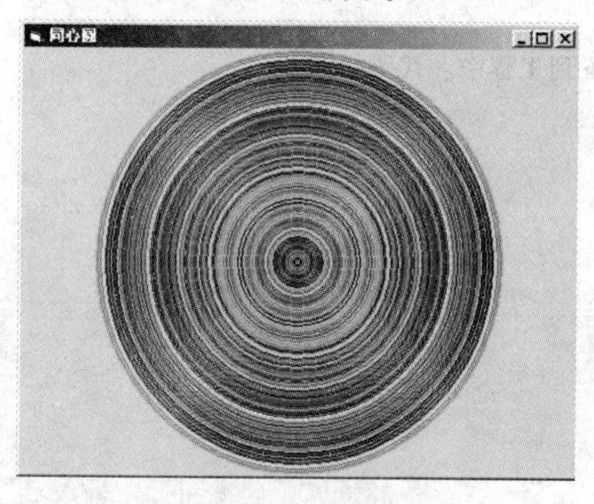

图 9-9　绘制圆

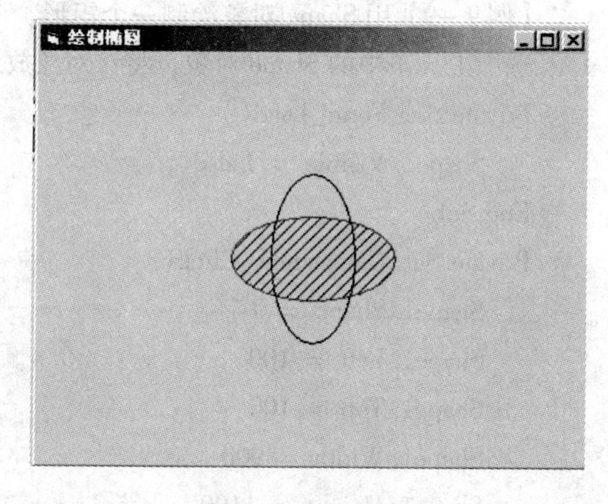

图 9-10　绘制圆

2. 椭圆　椭圆的绘制仍使用 Circle 方法，与画圆相比多一个纵横比参数 aspect。其格式如下：

objectname. Circle [Step] (x, y), radius [, color],,, aspect

其中，aspect 参数为椭圆纵轴与横轴的比值，比值等于 1 时绘制的即是圆。

注意：aspect 参数前的三个逗号“,,,”不能省略，其余参数与画圆时一样。

【例 9-11】绘制椭圆。

```
Private Sub Form_Load()
   Show
   Scale(-20,15)-(20,-15)   '自定义坐标
```

```
    Circle(0, 0), 6,,,, 2  '绘制里层的未填充的椭圆
    FillStyle = 5
    Circle (0, 0), 6, RGB(255, 0, 0),,, 0.5   '用红色绘制里层的填充的椭圆
End Sub
```

运行结果如图9-10所示。

3. 圆弧　使用Circle方法也可以绘制弧和扇形。其格式如下：

objectname. Circle [Step] (x, y), radius [, color] [start, end] [, aspect]

参数start为弧的起始角，end为终止角，单位均是弧度，范围从0～2π。画弧时，start，end都用正值；若画扇形，则start，end都取负值。注意，这里的负值仅表示画扇形，不表示数学上不同的象限。

【例9-12】画圆弧和扇形

```
Const pi = 3.1415926
Private Sub Form_click()
    ForeColor = vbBlue
    FillStyle = 4
    DrawWidth = 3
    Circle(2000,500),1000,, -pi, -1.5 * pi   '画扇形
    Circle(3000,1500),1000,,pi,1.5 * pi   '画弧
End Sub
```

运行结果如图9-11所示。

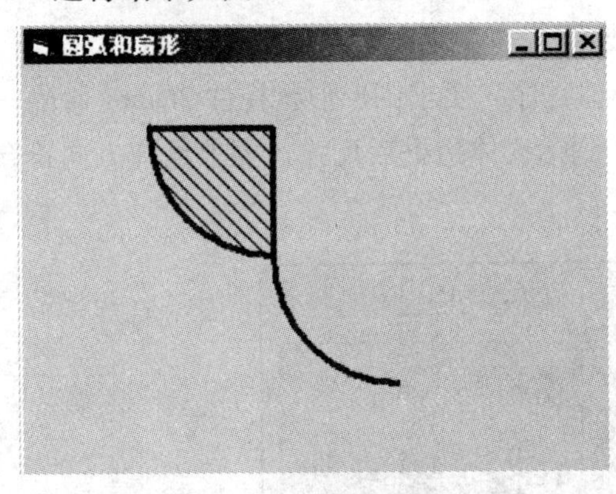

图9-11　圆弧和扇形

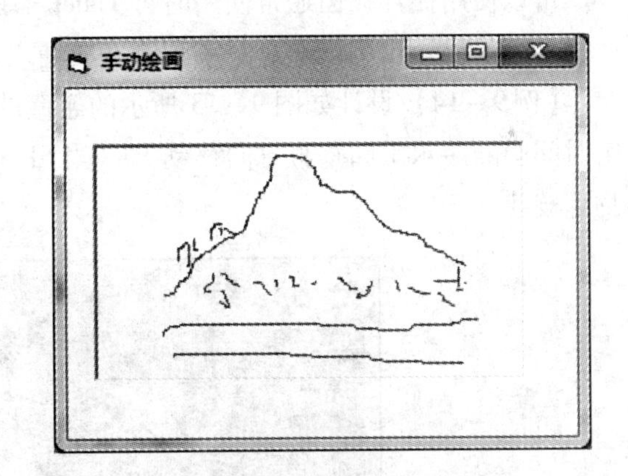

图9-12　手绘任意图形

4. 手动绘制任意图形　利用鼠标的按下和移动事件，手动回执任意图形。

【例9-13】用VB编写一段程序，实现按下鼠标移动时，可以再图片框中进行绘图，放开鼠标则绘图结束。在窗体上画一个Picture控件，输入下面代码。

```
Dim draw As Boolean
Dim x1 As Single, y1 As Single
Private Sub Picture1_MouseDown(Button As Integer, Shift As Integer, X As Single, Y As Single)
    draw = True
    x1 = X
    y1 = Y
End Sub
```

```
Private Sub Picture1_MouseMove(Button As Integer, Shift As Integer, X As Single, Y As Single)
    If draw = True Then
        Picture1.Line (x1, y1) - (X, Y), vbRed
            x1 = X
            y1 = Y
    End If
End Sub
Private Sub Picture1_MouseUp(Button As Integer, Shift As Integer, X As Single, Y As Single)
    draw = False
End Sub
```

运行结果如图 9 - 12 所示。

9.4 制作动画

9.4.1 移动控件对象实现动画

持续地改变一个对象的位置，或者改变对象的形状尺寸，可以产生动画效果。在 VB 中可以通过 Move 方法，或者直接改变控件对象的 Top 及 Left 属性来移动该对象。改变控件的 Width、Height 属性值，可以在移动对象的同时改变对象的大小。

可以使用循环，但通常使用时钟 Timer 来控制动画的速度。除了改变图形的大小和位置产生动画效果，也可以通过一系列静态图辅之以连续快速变化产生动画效果。

【例 9 - 14】设计如图 9 - 13 所示的碰壁的小球程序，要求圆形形状控件 Shape1 每隔一定时间间隔沿水平和垂直方向移动 50。当 Shape1 到达窗体边框后反弹，要求反弹方向符合物理规律。

图 9 - 13　小球碰撞

（1）设计如图所示的程序界面。注意 Shape1 的形状、窗体的标题和背景图片。

（2）添加一个 Timer 控件，将 Interval 属性设为大于 0 的值，例如 10。

（3）定义一个标识变量 Shuiping，值为 1 或 - 1，为 1 时 Shape1 向右移动，为 - 1 时向左移动；同理定义变量 Chuizhi。

（4）在 Timer 事件过程中，先将小球移动，然后判断它是否碰到了窗体边界。

（5）小球碰到窗体右边框的判断条件是：

Shape1. Left >= Form1. ScaleWidth - Shape1. Width

程序代码如下：

```
Dim shuiping As Integer
Dim chuizhi As Integer
Private Sub Form_Load( )
    shuiping = 1
    chuizhi = 1
End Sub
Private Sub Timer1_Timer( )
    Shape1. Move Shape1. Left + 50 * shuiping, Shape1. Top + 50 * chuizhi
If Shape1. Left <= 0 Or Shape1. Left >= Form1. ScaleWidth - Shape1. Width Then
    shuiping = -1 * shuiping
End If
If Shape1. Top <= 0 Or Shape1. Top >= Form1. ScaleHeight - Shape1. Height Then
    chuizhi = -1 * chuizhi
End If
End Sub
```

9.4.2 利用 Pset 动态绘制曲线

PSet 方法可以在窗体或图片框指定的位置用给定的色彩画一个“点”，其大小由对象的 DrawWidth 属性指定。PSet 方法的使用格式如下：

[formname] | pictureboxname. PSet [Step] (x, y) [, color]

其中，(x, y)是画点的坐标。color 用来指定绘制点的颜色，数据类型为 Long。默认时，系统用对象的 ForeColor 属性值作为绘制点的颜色。color 参数还可用 QBColor( )，RGB( )函数指定。Step 关键字是下一个画点位置相对于当前位置的偏移量的标记，使用 step 关键字时，坐标(x, y)是相对于当前位置的偏移量。

利用循环，或使用 Timer 控件在 Timer 事件过程中不断改变 x，y 坐标连续绘制若干个点，可以动画方式绘制出一条动态的函数曲线。

【例 9－15】绘制一条三角函数 y = cos(x)的曲线，并用一个小球沿此曲线动态前进。

```
Dim x!, y!
Private Sub Form_Load( )
    x = -3. 1415926
End Sub
Private Sub Timer1_Timer( )
    x = x + 0. 05
    y = Cos(x)
    x0 = x + Line2. X1
```

```
    y0 = -y + Line1.Y1
    Shape1.Move x0, y0 - Shape1.Height / 2
    PSet (x0, y0), RGB(255, 0, 0)
    If x > 3.1415926 Then Timer1.Interval = 0
End Sub
```

运行结果如图 9－14 所示。

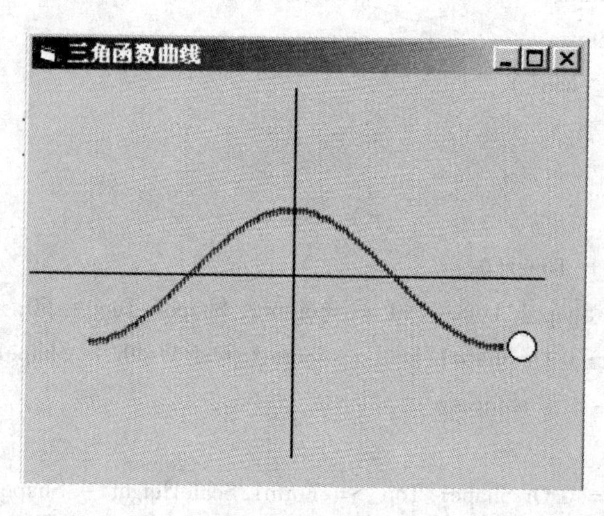

图 9－14　图形框

当然，利用 Line 等图形方法连续不断绘制图形，也能产生很漂亮的动画效果。

【例 9－15】下列程序，将在图形框中动态绘制若干个三维锥体。

```
Private Sub Picture1_Click()
    Dim x!, y!
    Picture1.DrawWidth = 1
    Picture1.BackColor = RGB(255, 250, 0)
    Picture1.Cls
    Do
        x = Rnd * Picture1.ScaleWidth
        y = Rnd * Picture1.ScaleHeight - 500
        For i = 0 To Rnd * 900
        Picture1.Line(x,y+2.5*i) - (x+i/2,y+2*i),RGB(200,200,200)
        Picture1.Line(x,y+2.5*i) - (x-i/2,y+2*i),RGB(60,60,60)
        Next i
        DoEvents
    Loop
End Sub
```

扫码“练一练”

第 10 章　访问数据库

扫码“学一学”

- 数据库基本知识
- 可视化数据管理器、数据控件
- 结构化查询语言
- 数据库应用

随着信息科学的不断发展。数据库技术在信息系统中占据着越来越重要的地位，人们经常需要收集、加工、处理大量的信息。几十年来，随着计算机软件和硬件技术的不断提高，数据管理技术也从原来的文件系统阶段发展到现在的数据库阶段。

利用 VB 提供的 Microsoft Jet 数据库引擎或数据库访问对象（DAO），可以开发具有各种功能的数据库应用程序。

10.1 数据库概述

数据库是存储结构化信息的系统，通过一定方法组织和存储数据，以便迅速有效地读取数据。数据库是计算机编程中应用最广泛和最多样的领域。了解如何设计与开发数据库系统之前，首先要了解数据库访问技术，再根据相关知识编写程序代码。

10.1.1 数据库概念

所谓数据库(Database)就是指按一定组织方式存储在一起的、相互有关的若干数据的集合。简单地说，数据库就是数据信息的仓储。本章介绍的数据库知识都是针对关系数据库的。

所谓关系数据库就是将数据表示为表的集合，通过建立简单的表之间的关系来定义结构的一种数据库。它可以由一个表或多个表对象组成。表(Table)是一种数据库对象，它由具有相同属性的记录(Record)组成，而记录由一组相关的字段(Field)组成，字段用来存储与表属性相关的值。

扫码“看一看”

所谓数据库管理系统(Database Management System)，就是一种操纵和管理数据库的软件，简称 DBMS，例如 FoxPro、Microsoft Access 或 Microsoft SQL Server 等。它们在操作系统的基础上，对数据库进行统一的管理和控制。其功能包括数据库定义、数据库管理、数据库建立和维护、与操作系统通信等。DBMS 通常由数据字典、数据描述语言及其编译程序、数据操纵(查询)语言及其编译(或解释)程序、数据库管理例行程序等部分组成。

数据库应用程序是指以数据库为基础，用 Visual Basic 或其他开发工具开发的、实现某种具体功能的程序。数据库应用程序利用数据库管理系统提供的各种手段来访问数据库及其中的数据。

Visual Basic 所编写的数据库应用程序，负责的是与用户的交互。用该程序可以选择数

据库中的数据项，并把所选择的数据项按用户的要求显示出来。数据库系统本身被称为后台系统，通常是关系表的集合。

这时就涉及到一个问题，应用程序如何与后台的数据库建立连接呢？首先，数据库要能支持用户的访问，其次用户的 Visual Basic 程序可以访问这些数据库。

10.1.2 可视化数据管理器

对 Visual Basic 而言，其标准内置为 Microsoft Access 数据库，可以提供不逊色于专业数据库软件的支持，可以进行完整的数据库维护、操作及事务处理。在 Visual Basic 中，将非 Access 数据库称为外来数据库。对于 Foxpro、dBASE、Paradox 等外来数据库，虽然借助 Visual Basic 的 Data Manager 能够对这些数据库进行 NEW、OPEN、DESIGN、DELETE 等操作，但在应用程序的运行状态中并不能从底层真正实现这些功能。

在 Visual Basic 中提供了一个非常方便的数据库操作工具，即可视化数据管理器(Visual Data Manager)，使用可视化数据管理器可以方便地建立数据库，添加表，对表进行修改、添加、删除、查询等操作。

在 Visual Basic 集成开发环境中单击“外接程序”菜单下的“可视化数据管理器”命令，即可以启动可视化数据管理器“VisData”窗口。可视化数据管理器启动后的窗口如图 10－1 所示。

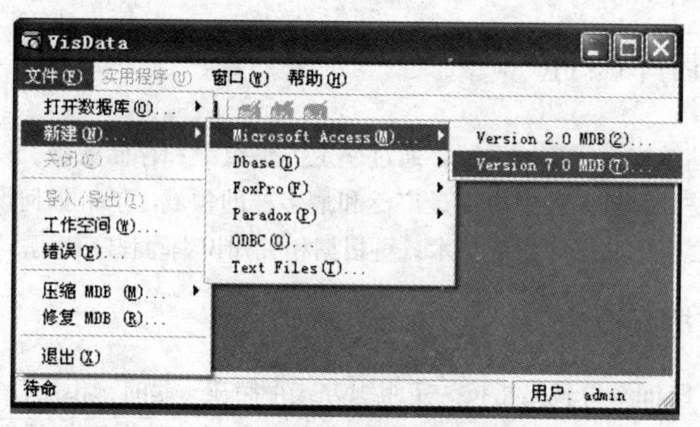

图 10－1　可视化数据管理器窗口

一个数据库的建立主要包括新建数据库、添加表及录入数据。利用 Visual Basic 的可视化数据管理器可以很容易地建立一个新的数据库。下面图 10－2 是一张学籍表，读者可以按照 Visual Basic 的可视化数据管理器的导航提示操作，顺序是：建立数据库→建立数据表→设计数据表字段→建立索引或其他约束→输入表内容→修改或继续输入表内容，逐步实现数据库的建立。

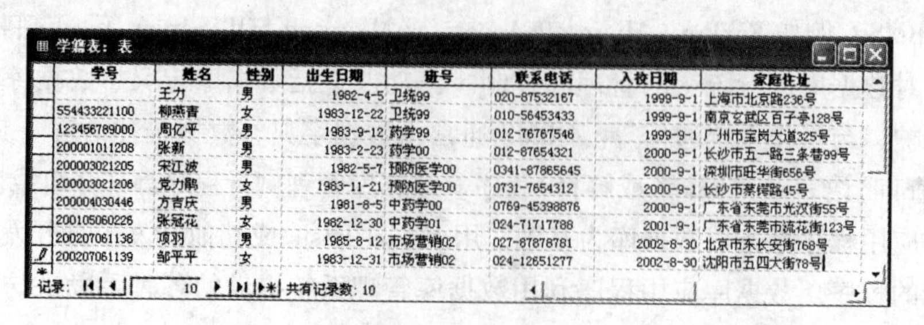
学籍表：表

学号	姓名	性别	出生日期	班号	联系电话	入校日期	家庭住址
	王力	男	1982-4-5	卫统99	020-87532167	1999-9-1	上海市北京路236号
554433221100	柳燕青	女	1983-12-22	卫统99	010-56453433	1999-9-1	南京玄武区百子亭128号
123456789000	周亿平	男	1983-9-12	药学99	012-76767546	1999-9-1	广州市宝岗大道325号
200001011208	张新	男	1983-2-23	药学00	012-87654321	2000-9-1	长沙市五一路三条巷99号
200003021205	宋江波	男	1982-5-7	预防医学00	0341-87865645	2000-9-1	深圳市旺华街656号
200003021206	党力鹏	女	1983-11-21	预防医学00	0731-7654312	2000-9-1	长沙市蔡锷路45号
200004030446	方吉庆	男	1981-8-5	中药学00	0769-45398876	2000-9-1	广东省东莞市光汉街55号
200105060226	张冠花	女	1982-12-30	中药学01	024-71717788	2001-9-1	广东省东莞市流花街123号
200207061138	项羽	男	1985-8-12	市场营销02	027-87878781	2002-8-30	北京市东长安街768号
200207061139	邹平平	女	1983-12-31	市场营销02	024-12651277	2002-8-30	沈阳市五四大街78号

记录: 10 共有记录数: 10

图 10－2　学籍表

在本书中选用了 Microsoft Access 数据库系统，由于该数据库使用简单方便，读者也可以直接通过 Access 系统建立数据库、表、索引和输入数据。

10.1.3 Data 控件

Visual Basic 中的 Data 控件是一种在数据库和窗体之间建立联系的数据控件，Data 控件是 Visual Basic 早期版本提供的用于访问数据库的数据控件。

Data 控件可以使用三种类型的记录集(表类型、动态集类型和快照类型)对象中的任何一种来访问数据库中的数据。利用 Data 控件可以对数据库中的数据进行操作，却不能显示数据库中的数据，显示数据的工作需要由数据感知控件来完成。数据感知控件的作用主要是将文件和数据库中的数据动态地反映在窗体中。例如，TextBox 控件、ComboBox 控件和 ListBox 控件就是一些常用的数据感知控件。

在不用编写代码的情况下，可以使用 Data 控件来执行大部分数据访问操作。与 Data 控件相连结的数据感知控件自动显示来自当前记录的一个或多个字段的数据，或者在某些情况下，显示来自当前记录旁边的一个记录集合中的一个或者多个字段中的数据。Data 控件在当前记录上执行所有操作。数据感知控件、数据控件和数据库之间的关系如图 10－3 所示。

图 10－3　数据感知控件、数据控件和数据库之间的关系

数据控件是 Visual Basic 的内部控件，在工具箱中的名称为 Data。下面通过一个例子简要介绍 Data 数据控件的常用属性、事件和方法。

由于 Data 控件是 Visual Basic 早期版本所用的控件，所以只能使用 Office 97 以前的 Access 系统，读者可以在计算机中调用 VB6.0 系统中自带的 NWIND. MDB 数据库。

【例 10－1】用 Data 控件、TextBox 控件和 OLE 表现 NWIND. MDB 数据库中 Categories 表中的字段内容。Categories 表中的内容如图 10－4 所示。

Categories: 表

	Category ID	Category Name	Description	Picture
+	1	Beverages	Soft drinks, coffees, teas, beers, and ales	位图图像
+	2	Condiments	Sweet and savory sauces, relishes, spreads, and seasonings	位图图像
+	3	Confections	Desserts, candies, and sweet breads	位图图像
+	4	Dairy Products	Cheeses	位图图像
+	5	Grains/Cereals	Breads, crackers, pasta, and cereal	位图图像
+	6	Meat/Poultry	Prepared meats	位图图像
+	7	Produce	Dried fruit and bean curd	位图图像
+	8	Seafood	Seaweed and fish	位图图像

记录：9　共有记录数：9

图 10－4　Categories 表中的内容

在 Visual Basic 中设计如下窗体，如图 10－5 所示 Data 控件使用窗体。该窗体中有一个 Data 控件、三个 TextBox 控件和一个 OLE 控件。Data 控件使用窗体运行效果如图 10－6 所示。

控件的属性设置：

(1) 为 Data1 控件的 DatabaseName 属性设定为相应路径下的 NWIND. MDB 数据库，RecordSource 属性设定为 Categories 表。

（2）将 Text1 控件的 DataSource 属性选择为 Data1；DataField 属性选择为 CategoryID。

（3）将 Text2 控件的 DataSource 属性选择为 Data1；DataField 属性选择为 CategoryName。

（4）将 Text1 控件的 DataSource 属性选择为 Data1；DataField 属性选择为 Description；MultiLine 属性设置为 True。

（5）将 OLE1 控件的 DataSource 属性选择为 Data1；DataField 属性选择为 Picture。

（6）其他属性可以选用系统默认值。

Data 控件使用方便简单，在一些早期版本的数据库应用软件中应用广泛，但是随着 Visual Basic 的升级和功能扩充，一些功能更强的数据控件被使用，所以关于数据控件使用过程中的一些常用事件、属性和方法的知识介绍等，放在对下面的 ADO 数据控件的描述之中了。

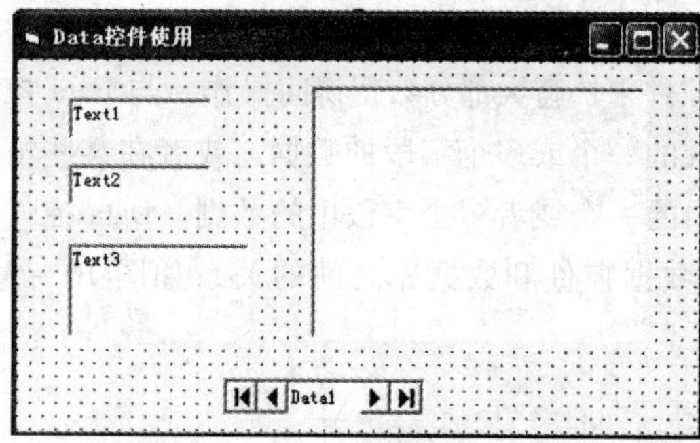

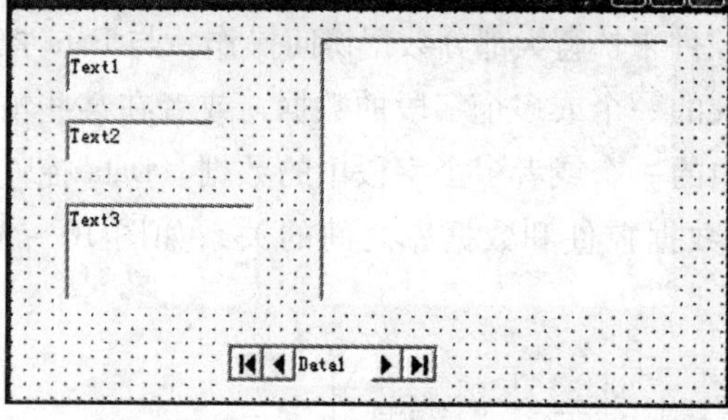

图 10－5　Data 控件使用设计窗体

图 10－6　Data 控件使用窗体运行效果

10.1.4 ADO 数据控件

Microsoft 的一个新的数据访问技术是 ActiveX Data Objects(ADO)。ADO 是以前的 DAO，尤其是 RDO 数据访问接口的一个替代，它提供了前两者都不具备的附加功能。ADO 访问数据是通过 OLE DB 来实现的，是连接应用程序和 OLE DB 的桥梁，使用 ADO 提供的编程模型可以完成几乎所有的访问和更新数据源操作。

尽管可以在应用程序中直接使用 ADO 数据对象，但 Visual Basic 提供的 ADO 控件有着作为图形控件的一些优势(例如，具有向前、向后的按钮，以及一个易于使用的界面)，从而可以用最少的代码创建数据库应用程序。

由于 ADO 数据控件是 ActiveX 控件，创建工程时都要选中“部件”中的“Microsoft ADO Data Control 6.0（OLEDB）”复选框，ADO Data 控件的图标才会出现在工具箱中，双击 ADO Data 控件的图标，或者单击后在窗体上画出控件，都可以在窗体上添加 ADO Data 控件，其外观与 Data 控件的外观相似，默认名称为 Adodc1。

1. ADO Data 控件的属性　ADO Data 控件的常用属性如表 10－1 所示。

表 10－1　ADO Data 控件的常用属性

属性	说明
ConnectionString	设置到数据源的连接信息，可以是 ODBC 数据源或连接字符串
RecordSource	返回或设置一个记录集的查询，用于决定从数据库中查询什么信息
CommandType	设置或返回 RecordSource 的类型
Mode	设定对数据的操作范围
UserName	用户名称，当数据库受密码保护时，需要指定该属性
Password	设置 RecordSet 对象创建过程所使用的口令，当访问一个受保护的数据库时是必需的

2. ADO Data 控件的属性设定　ADO Data 控件的属性可以在窗体中设定，也可以在程序运行的过程中设定。这里先介绍在窗体中设定属性。

【例 10 - 2】用 ADO Data 控件 Adodc1 和数据感知控件 DataGrid1 表现“学籍管理 1. mdb”数据库中学籍表中的字段内容。

在举例 1 的 VB 工程中增加一个“ADO 控件窗体”。该窗体中有一个 Adodc1 控件用来连接数据库，和一个 DataGrid1 控件用来表现数据，如图 10 - 7 所示。

ADO Data 控件的大多数属性可以通过“属性页”对话框设置。用鼠标右键单击 ADO Data 控件（Adodc1），在弹出的快捷菜单中选择“ADODC 属性”，即可打开“属性页”对话框，如图 10 - 8 所示。

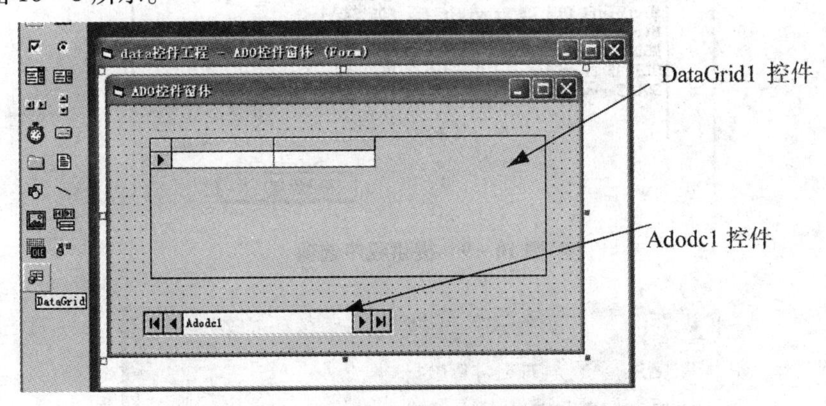

图 10 - 7　ADO 控件窗体

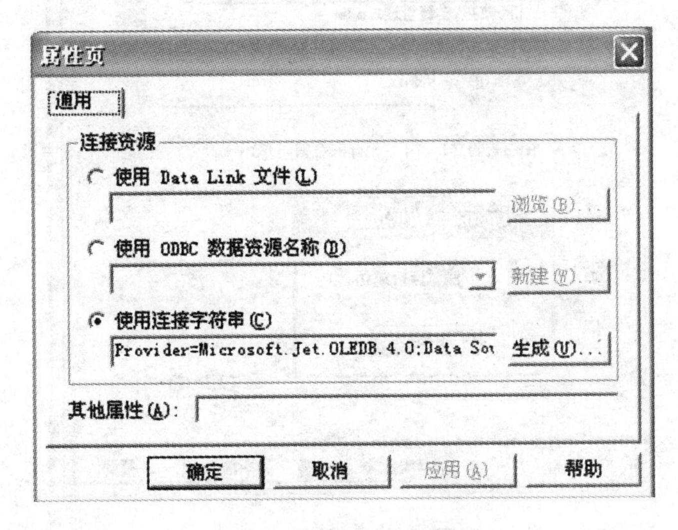

图 10 - 8　Adodc1 属性页

控件属性设置步骤：

（1）为 Adodc1 控件的 ConnectionString 属性设置参数，单击图 10 - 8 Adodc1 属性页中的“生成（U）”按钮，在“提供程序”选项卡中选择“Microsoft Jet 4. 0 OLE DB Provider”，参见图 10 - 9 提供程序选项。

（2）在“连接”选项卡中，指定所要建立连接的数据库，参见图 10 - 10 所在路径与数据库 名称，并按下“测试连接（T）”按钮。

（3）在 Adodc1 控件的 RecordSource 属性中选择数据库中要展示的表，本例中先将记录源的命令类型选择为“2 - adCmdTable”，再在数据表中选择“学籍表”。设置完成之后的

属性参见图 10－11。

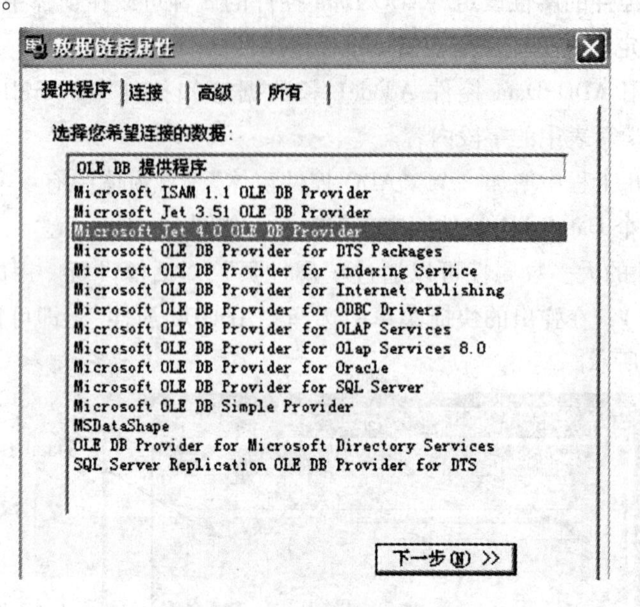

图 10－9　提供程序选项

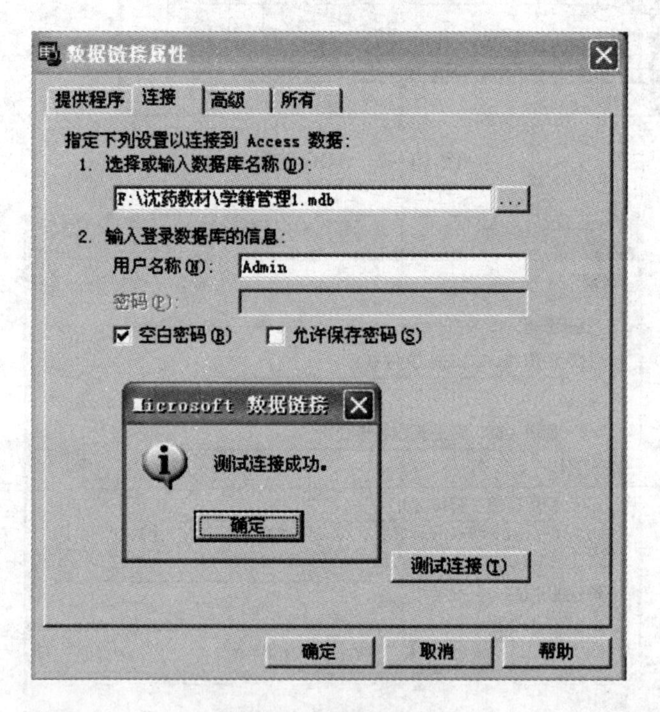

图 10－10　连接选项

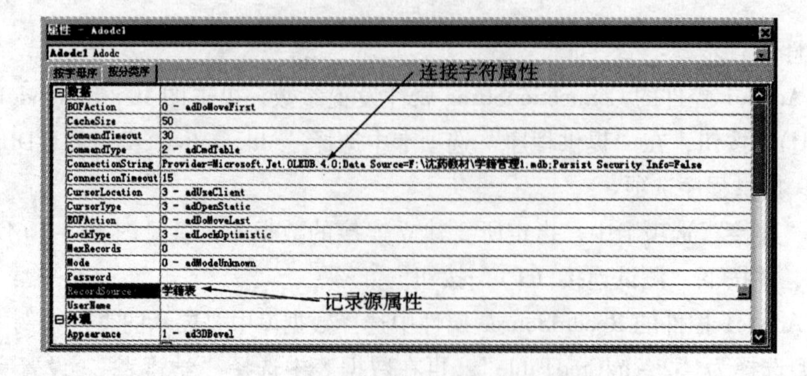

图 10－11　Adodc1 的主要属性设置

（4）将 DataGrid1 控件的 DataSource 属性设置为 Adodc1，这样数据感知控件的显示内容，将由 Adodc1 数据控件提供。窗体运行结果参见图 10 - 12。

ADO控件窗体

学号	姓名	性别	出生日期	班号	联系电话	入校日期	家庭住址	备注
554433221100	柳燕青	女	1983-12-22	卫统99	010-56453433	1999-9-1	南京玄武区百子亭128号	
123456789000	周亿平	男	1983-9-12	药学99	012-76767546	1999-9-1	广州市宝岗大道325号	
200001011208	张新	男	1983-2-23	药学00	012-87654321	2000-9-1	长沙市五一路三条巷99号	
200003021205	宋江波	男	1982-5-7	预防医学00	0341-87865645	2000-9-1	深圳市旺华街656号	
200003021206	党力鹏	女	1983-11-21	预防医学00	0731-7654312	2000-9-1	长沙市蔡锷路45号	
200004030446	方吉庆	男	1981-8-5	中药学00	0769-45398876	2000-9-1	广东省东莞市光汉街55号	
200105060226	张筱花	女	1982-12-30	中药学01	024-71717788	2001-9-1	广东省东莞市流花街123号	

Adodc1

图 10 - 12　ADO 控件窗体运行结果

ADO Data 控件的属性在窗体中可以设定，在程序运行的过程中也可以设定。在图 10 - 7 所示窗体的 Form_Load( )事件中编写如下代码：

```
Private Sub Form_Load( )
    Adodc1. Visible  =  False
End Sub
```

图 10 - 7 ADO 控件窗体在运行时，用户就看不见 Adodc1 控件了。因为 Adodc1 的可见属性 Visible = False，读者可以自己试一下。

3. ADO Data 控件的事件和方法　ADO Data 控件的常用事件有 WillMove、WillChangeRecord 和 MouseMove 等，但是在数据库应用程序设计中用的最多是 ADO Data 控件操作记录集的各种方法。例如，添加新记录、修改记录、删除记录和记录移动等。

AddNew 方法，给记录集增加一条新记录。

例如，Adodc1. Recordset. AddNew

Delete 方法，删除记录集中的当前记录。

例如，Adodc1. Recordset. Delete

Update 方法，对记录集进行更新。

例如，Adodc1. Recordset. Update

MoveFirst 方法，将记录集指针移到第一条记录上。

例如，Adodc1. Recordset. MoveFirst

下面用一个例子说明 ADO Data 控件这些方法的使用。

【例 10 - 3】为图 10 - 2 所显示的学籍表设计数据输入窗体。参见图 10 - 13 数据输入窗体。

在举例 1 的 VB 工程中增加一个“ADO 事件方法”窗体。该窗体中有一个 Adodc1 控件用来连接数据库，添加七个文本框控件和一个 ComboBox 控件用来表现数据，这八个控件的 DataSource 属性均设定为 Adodc1，其各自的 DataField 属性设置为控件要表现的相应字段，给各字段配上合适的 Label 标签。最后添加一个命令按钮数组，Command1(0)—Command1(5)，将每个命令按钮的 Caption 属性设置好以后，就要对命令按钮的 Click 事件编写代码。在这段代码中用到了 ADO Data 控件一些常用的方法。

（1）学籍表数据输入窗体

如图 10 - 13 所示。

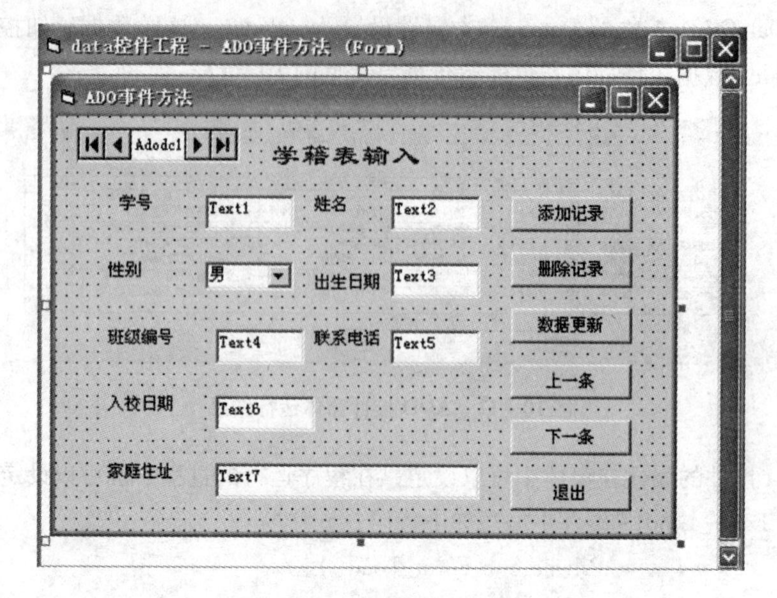

图 10－13　数据输入窗体

（2）学籍表数据输入命令按钮代码

```
Private Sub Command1_Click(Index As Integer)
    Select Case Index
Case 0
    Adodc1.Recordset.AddNew
Case 1
    mb = MsgBox("真的要删除吗?", vbYesNo, "删除这条记录。")
    If mb = vbYes Then
            Adodc1.Recordset.Delete
            Adodc1.Recordset.MoveLast
    End If
Case 2
    Adodc1.Recordset.Update
Case 3
    Adodc1.Recordset.MovePrevious
    If Adodc1.Recordset.BOF Then Adodc1.Recordset.MoveFirst
Case 4
    Adodc1.Recordset.MoveNext
    If Adodc1.Recordset.EOF Then Adodc1.Recordset.MoveLast
Case 5
    Unload Me
  End Select
End Sub
```

（3）学籍表数据输入窗体的运行结果如图 10－14 所示。

（4）学籍表数据输入窗体功能

从图 10－14 数据输入窗体的运行结果中可以看出，学籍表输入窗体可以通过“上一

条”和“下一条”按钮逐条显示数据表记录；“添加记录”按钮按下之后各文本框清空，供用户输入数据；输入或更改过的数据可以在按下“数据更新”按钮之后改变数据库的内容。按下“删除记录”按钮，可以删除当前记录。请有兴趣的同学自己试一下。

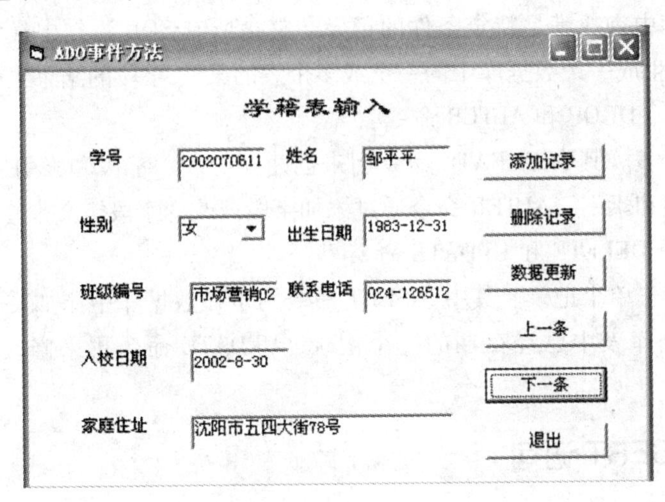

图10－14　数据输入窗体的运行结果

10.2 结构化查询语言（SQL）

结构化查询语言SQL(Structure Query Languange)是目前ANSI的标准数据语言。经过多年的实践，SQL在众多的数据库查询语言中脱颖而出，1986年美国国家标准化组织ANSI确认SQL作为数据库系统的工业标准。现在已有一百多个数据库管理产品支持SQL语言，在大多数关系型数据库管理系统中，都需要用到SQL。

10.2.1 SQL概述

SQL是一种非过程化的语言，用SQL语言编写程序，用户只需指出“干什么”，而无须指出“怎么干”，所有SQL要执行的操作由系统自动完成；SQL语言在结构上，接近英语口语，是一种用户性能良好的语言，非常易于学习和掌握。

数据库应用程序执行的过程实际上可以看成一系列SQL查询语句执行的过程；应用程序用来指定查询的方式和查询的内容；ADO实现应用程序与数据库的连接；ADO的命令对象(Command)传递并执行查询语句，用数据集对象(Recordset)代表返回的查询结果。本节将介绍如何把用户的需求转化成SQL查询语句。

一个SQL查询至少要包括下面3个元素：

（1）一个动词，例如SELECT，它决定了操作的类型。

（2）一个谓词宾语，由它来指定一个或多个字段名，或者指定一个或多个表对象，例如：使用（＊）表示选中表中的所有字段。

（3）一个介词短语，由它来决定动词在数据库中哪个对象上动作，例如“From Table Name”。

一个SQL语句被传送给一个基于SQL的查询引擎，产生结果数据集合。结果集合以行（记录）和列（字段）的形式给出。SQL语句由命令、子句、运算符和合计函数构成，这些元素结合起来组成语句，用来创建、更新和操作数据库。

任何的SQL语句都是以下面n种命令开头：SELECT、CREATE、DROP、ALTER、INSERT、DELETE、UPDATE。使用这些命令来指定所要进行操作的类型。

（1）SELECT命令：

用于在数据库中查找满足特定条件的记录。它是所有SQL语句中最常用的一个命令，SELECT命令可以生成一个数据库中的一个或多个表的某些 字段的结果集合。

（2）CREATE、DROP和ALTER命令

用来操纵整个表。其中CREATE命令用来创建新的表、字段和索引，DROP命令用来删除数据库中的表和索引，ALTER命令通过添加字段或改变字段定义来修改表。

（3）INSERT、DELETE和UPDATE命令

主要适用于操作单个记录。其中INSERT命令用于在数据库中添加一个记录，DELETE命令用于删除数据库表中已经存在的一个记录，UPDATE命令用来修改特定记录或字段的值。

10.2.2 INSERT语句

将表添加到数据库中以后，就可以使用SQL语句对表中的数据进行操作，包括向表中添加记录、删除记录或修改记录数据等。

SQL提供了INSERT INTO语句来添加数据库表中的记录。

具体语法是：

INSERT INTO 数据表名[(field1 [, field2 [, …]])]
VALUES (value1[, value2 [, …]])

其中第一个圆括号内包括了要更新的字段名称。如果更新一个记录中的所有字段，那么这对括号中的字段名列表可以省略。这时，数据库服务器会为表中的第一个字段赋第一个值、第二个字段赋第二个值等。例如，若向“学籍表”中添加记录，可以使用下面的语句：

INSERT INTO 学籍表（学号，姓名，性别，出生日期，班号，联系电话，入校日期，家庭住址）VALUES（'200512070612','丁乐','女', 1987 - 12 - 22,'计算机05','061 - 3546178', 2005 - 9 - 1,'山西省大同市云南路342号')"）

实际上，可以将上面的代码作为Database对象的Execute方法的参数来运行，同样将数据添加到数据库表中。例如，为了执行上面的SQL语句，在图10 - 12 ADO控件窗体中添加一个按钮“添加‘丁乐’”，如图10 - 15所示ADO控件窗体修改版。

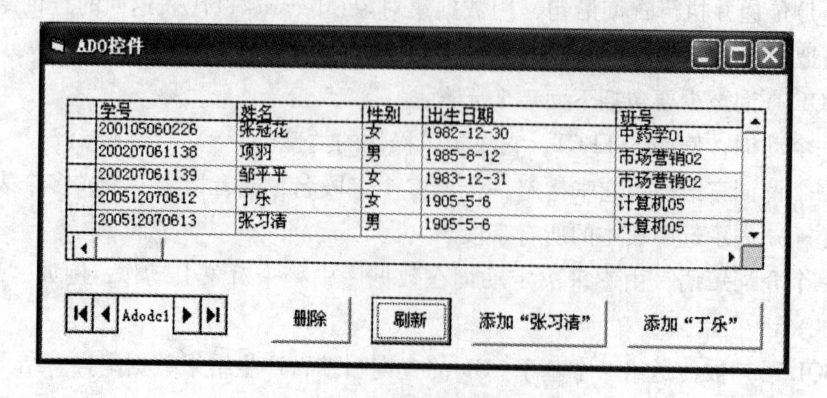

图10 - 15　ADO控件窗体修改版

“添加‘丁乐’”按钮的代码如下：

```
Private Sub Command1_Click( )
    Dim dbs1 As Database
    Dim myws As Workspace
    Set myws = DBEngine. Workspaces (0)
    Set dbs1 = OpenDatabase("F:\沈药教材\学籍管理 1. mdb")
    dbs1. Execute ("INSERT into 学籍表(学号,姓名,性别,出生日期,班号,联系电话,
入校日期,家庭住址) VALUES('200512070612','丁乐','女',1987 - 12 - 22,'计算机 05','061 -
3546178', 2005 - 9 - 1,'山西省大同市云南路 342 号')")
    dbs1. Close
End Sub
```

标题为添加“张习清”的按钮对应代码与上面类似，仅以下语句不同：

```
dbs1. Execute ("INSERT into 学籍表(学号,姓名,性别,出生日期,班号,联系电话,入校
日期,家庭住址) VALUES('200512070613','张习清','男',1987 - 12 - 22,'计算机 05','066 -
3546178', 2005 - 9 - 1,'江苏省苏州市北京路 552 号')")
dbs1. Close
```

从以上两个例子可以看出，INSERT 语句在记录插入时一次只能插入一条具有固定内容的记录，如果希望用这个方法在人机交互环境中插入数据，就要对需插入的内容进行字符串变量代换。

10. 2. 3 DELETE 语句

SQL 提供的 DELETE 语句将指定的记录从表中删除。

具体语法是：

```
DELETE FROM 数据表
        WHERE 条件
```

其中 FROM 子句后面的参数用来指定将哪个表中的数据删除，而 WHERE 参数则用来指定要删除表里的哪些记录。

例如．用下面的代码就是可以删除刚才添加到“学籍表”中的记录：

```
Private Sub Command3_Click( )
    Dim dbs1 As Database
    Dim myws As Workspace
    Set myws = DBEngine. Workspaces(1)
    Set dbs1 = OpenDatabase("F:\沈药教材\学籍管理 1. mdb")
    dbs1. Execute ("DELETE FROM 学籍表 WHERE 姓名 ='丁乐'")
    dbs1. Close
End Sub
```

10. 2. 4 UPDATE 语句

在数据库应用程序中经常需要对数据进行修改。在 SQL 命令中，可以使用 UPDATE 语句来按照某个固定条件修改特定表中的字段值。

UPDATE 语句的具体格式是：

UPDATE　数据表
SET　新的字段值
WHERE　条件

这里，‘数据表’参数用于确定要修改数据表的名称；‘新的字段值’参数用来指定要修改表中的哪些字段以及将这些字段的值修改为多少；‘条件’参数用于指定哪些记录将要修改。

例如，下面的代码就是将“学籍表”中名为“丁乐”的那条记录的学号改为200508070612。

```
UPDATE　学籍表
SET 学号 = '200508070612'
WHERE 姓名 = '丁乐'
```

10.2.5 SELECT 语句

SQL 语言除了可以对表中的数据进行插入、删除或修改等操作。还可以用来从一个或多个表中检索数据，查找和检索是 SQL 语句的主要功能，下面将分别介绍从一个或多个表中检索数据。

虽然查询与用户之间可以有不同的交互方式，但是它们完成的任务都是相同的，即将 SELECT 语句执行后形成的数据集提供给用户，即使用户从不指定 SELECT 语句，数据库管理系统也可以将每个用户查询转换成 SELECT 语句，然后发送给数据库管理系统，然后以一个或多个数据集的形式返回给用户。数据集是对来自 SELECT 语句的数据的表格排列，数据集也包括行和列。

SELECT 语句的格式：

SELECT 字段列表
FROM 数据表名
[WHERE 选择条件]
[GROUP BY 分组关键字]
[HAVING 分组条件]
[ORDER BY 分组字段名]

在所有的 SELECT 查询中，最简单的 SELECT 语句为：

SELECT * FROM　数据表名

它表示从指定的表中取得所有记录中的所有字段的值。例如，要返回“学籍表”中的所有记录的所有列的语句是：

SELECT * FROM　学籍表

其中的(*)表示要检索该表中的所有列，也可以指定只检索部分列。显示时，每一列中的数据将按照它们排列的顺序出现。例如，下面的 SELECT 查询将返回“学籍表”中所有记录中的“学号”、“姓名”和“家庭住址”三个字段的数据：

SELECT 学号，姓名，家庭住址　FROM　学籍表

将上述语句设置在 ADODC1 控件中，可以得到下面的运行结果，如图 10－16 所示 SQL 语句查询输出。

一般来说，SELECT 语句总是有一个 FROM 子句，用来指定从哪一个表中取得记录。如果一个字段名被包含在 FROM 子句的多个表中，在它前面加上表名和一个点(.)运算符。在下面的例子中，“学号”字段同时包含在“成绩表”（成绩表结构如图 10－17 所示）和“学籍表”中，FROM 子句将从“成绩表”中选择“学号”、“姓名”、“数学”、“物理”和“英语”字段，从“学籍表”中选择“班号”和“家庭住址”字段，构成两个表联合查询。

ADO控件

学号	姓名	家庭住址
554433221100	柳燕青	南京玄武区百子亭128号
123456789000	周亿平	广州市宝岗大道325号
200001011208	张新	长沙市五一路三条巷99号
200003021205	宋江波	深圳市旺华街656号
200003021206	党力鹏	长沙市蔡锷路45号
200004030446	方吉庆	广东省东莞市光汉街55号
200105060226	张冠花	广东省东莞市流花街123号
200207061138	项羽	北京市东长安街768号
200207061139	邹平平	沈阳市五四大街78号

Adodc1　　添加“丁乐”

图 10－16　SQL 语句查询输出

成绩表：表

学号	姓名	数学	物理	英语	计算机
554433221100	柳燕青	89	65	98	77
123456789000	周亿平	89	87	78	65
200001011208	张新	82	65	86	85
200003021205	宋江波	65	96	92	74
200003021206	党力鹏	78	85	69	62
200004030446	方吉庆	69	65	67	59
200105060226	张冠花	63	75	85	85
200207061138	项羽	91	77	86	82
200207061139	邹平平	92	65	79	96
200512070612	丁乐	93	78	94	88
200512070613	张习清	62	74	74	68

记录：1　共有记录数：13

图 10－17　成绩表

两个表查询：选择查询

学号	姓名	数学	物理	英语	班号	家庭住址
554433221100	柳燕青	89	65	98	卫统99	南京玄武区百子亭128号
123456789000	周亿平	89	87	78	药学99	广州市宝岗大道325号
200001011208	张新	82	65	86	药学00	长沙市五一路三条巷99号
200003021205	宋江波	65	96	92	预防医学00	深圳市旺华街656号
200003021206	党力鹏	78	85	69	预防医学00	长沙市蔡锷路45号
200004030446	方吉庆	69	65	67	中药学00	广东省东莞市光汉街55号
200105060226	张冠花	63	75	85	中药学01	广东省东莞市流花街123号
200207061138	项羽	91	77	86	市场营销02	北京市东长安街768号
200207061139	邹平平	92	65	79	市场营销02	沈阳市五四大街78号
200512070612	丁乐	93	78	94	计算机05	山西省大同市云南路342号
200512070613	张习清	62	74	74	计算机05	山西省大同市云南路342号

记录：11　共有记录数：11

图 10－18　两个表联合查询结果

使用如下查询语句在两个表中查询，查询结果如图 10－18 所示 双表查询结果。

SELECT 成绩表.学号，成绩表.姓名，成绩表.数学，成绩表.物理，成绩表.英语，学籍表.班号，学籍表.家庭住址

FROM 成绩表 INNER JOIN 学籍表

ON 成绩表.学号 = 学籍表.学号；

此例中用到了数据库连接，这是关系数据库最强大的功能之一，就是能够把两个表或多个表连接成一个表，这个表包含了前面表的信息。而表的连接方式则要根据它们之间的关系来确定。最常见的连接是内部连接。上例中就使用了“INNER JOIN 学籍表 ON 成绩表. 学号 = 学籍表. 学号”，INNER JOIN 就把两个表中的学号相同的记录连接起来了。有兴趣的同学可以自己试一试。

10.3 数据库应用

最常用的数据库应用系统是管理信息系统，管理信息系统就是常说的 MIS(Management Information System)，在强调管理，强调信息的现代社会中它变得越来越普及。MIS 是一门新的学科，它的基础是数据库应用系统。

在管理信息系统中查询是常用的功能之一。下面用一个简单的按姓名查询的例子，来说明查询的程序设计过程。

在进行查询程序设计时要注意以下几个方面：

（1）友好使用方便的用户界面。

（2）可靠的后台数据库连接。

（3）充分考虑程序的可靠性。

这里可以参照图 10－14 窗体的设计，去掉有六个命令按钮的按钮数组，将原来表示性别的 ComboBox 换成一个文本框，因为这里的目的是输出，不需要选择输入。再增加一个文本框，用于提供给用户输入需要查询的学生姓名；增加一个查询按钮，用于编写代码实现查询和显示指定学生的记录。如图 10－19 所示查询窗体设计。

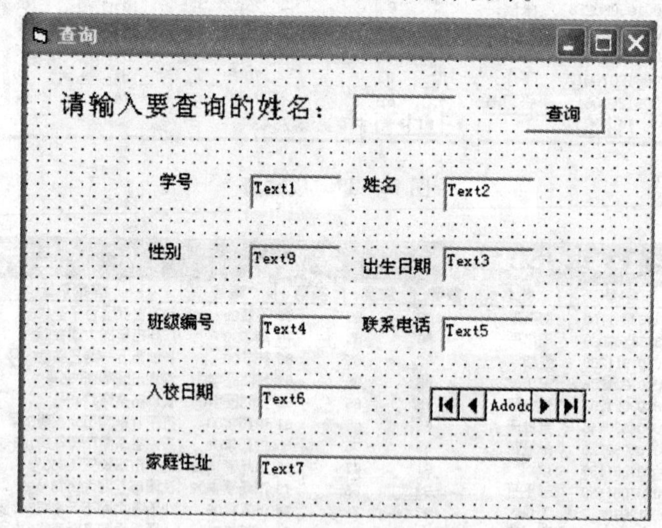

图 10－19　查询窗体设计

上述窗体的控件属性设置可以参见前面学籍表的输入窗体设计，这里仅给出“查询”命令按钮的代码。

```
Private Sub Command1_Click()
    Dim name As String
    name = "select * from 学籍表 where 姓名 = " & "'" & Text8.Text & "'"
    Adodc1.RecordSource = name
```

```
    Adodc1. Refresh
    If Adodc1. Recordset. EOF Then
        MsgBox ("查无此人")
    End If
End Sub
```

以上查询代码中除了查询语句：

"select * from 学籍表 where 姓名 =" & "'" & Text8. Text & "'"

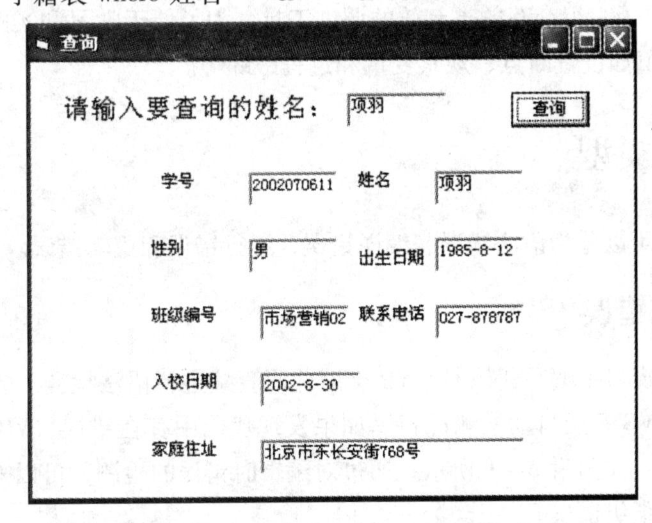

图 10 – 20　查询窗体查询运行结果

表示按照用户在 Text8 中输入的学生姓名，查找指定的记录之外，增加了一个 IF 条件分支结构，主要用于在数据表指针指向数据表末尾的时候，弹出一个信息窗，向用户显示找不到此人的信息，如图 10 – 21 所示“查无此人”信息窗口。

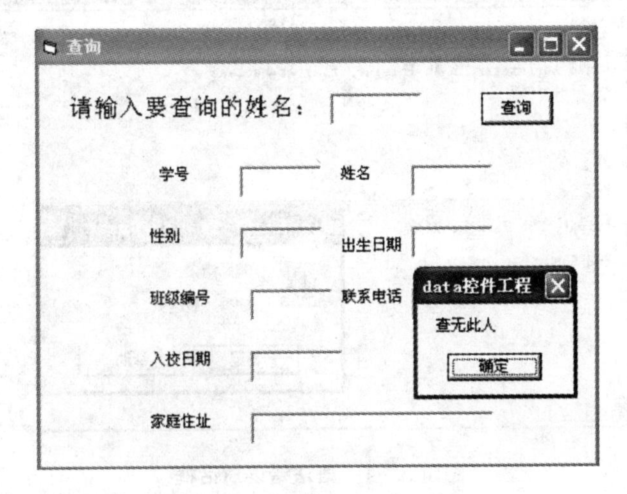

图 10 – 21　“查无此人”信息窗口

扫码“练一练”

附录 A　VB 程序调试

在程序的编写中，错误是在所难免的，这就需要对程序进行检查和修改，而检查和修改程序的过程被称为调试（调试工作通常是在“设计”模式和“中断”模式下完成的）。VB 为调试程序提供了一组交互的、有效的调试工具。为了便于学习和实践，本节介绍简单的 VB 调试功能，例如设置断点、观察变量和过程跟踪等。

A.1 错误类型

程序中的错误可以分为语法错误、编译错误、运行错误和逻辑错误。

A.1.1 语法错误

当用户在代码窗口中编写代码时，VB 会对代码直接进行语法检测。当一行代码输入完毕，按回车键时，VB 开始自动检测此行。如果发现代码中存在错误，VB 会弹出一个对话框，提示错误信息，如图附 A－1 所示。通过对编辑时错误的检测，可以降低程序录入时代码的错写和漏写等低级错误。

常见的语法错误，例如，语句输入不完整、关键字书写错误等。

如图附 A－1 所示，表达式输到一半，误按回车键，VB 系统探测到回车开始检测此行代码，发现表达式不合法，系统提示出错信息，提醒用户改正。

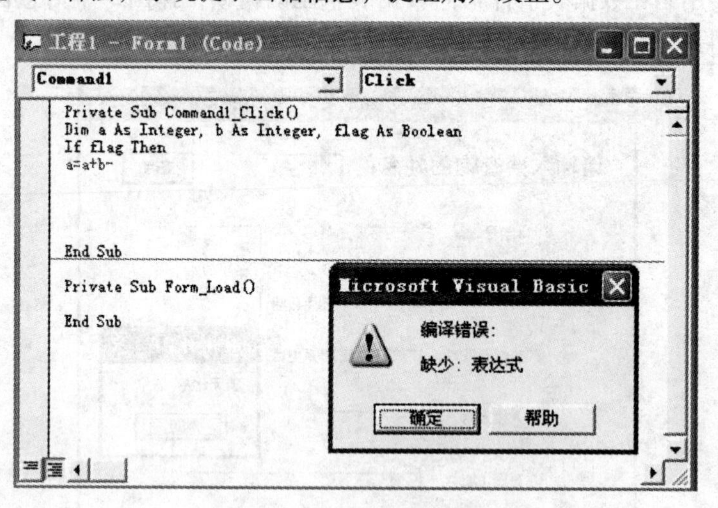

图附 A－1　语法错误对话框

如图附 A－2 所示，用于定义变量的关键字“Dim”错写成“Dlm”，系统检测到关键字书写有误，提示当前错误。

如图附 A－3 所示，当前过程中使用条件语句“If…Then”，其中“If”和“Then”需成对出现，由于漏写了关键字“Then”，VB 检测到语句书写不完整，弹出对话框显示出错信息。

编辑时错误都出现在 VB 的设计模式下。

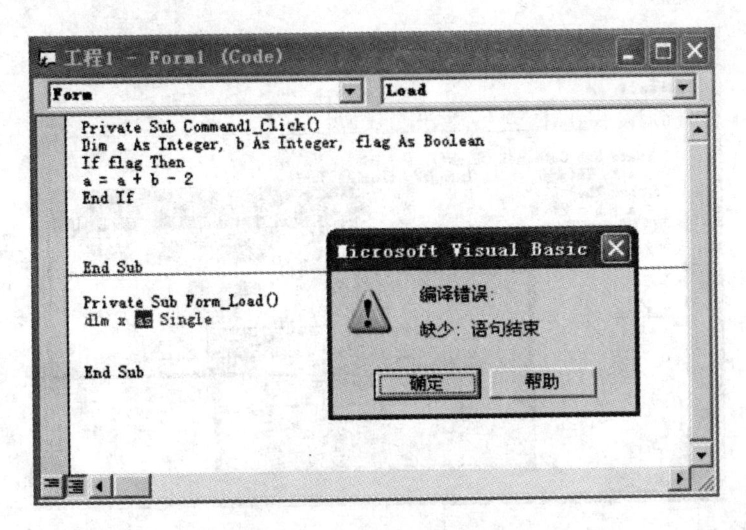

图附 A－2　关键字书写错误

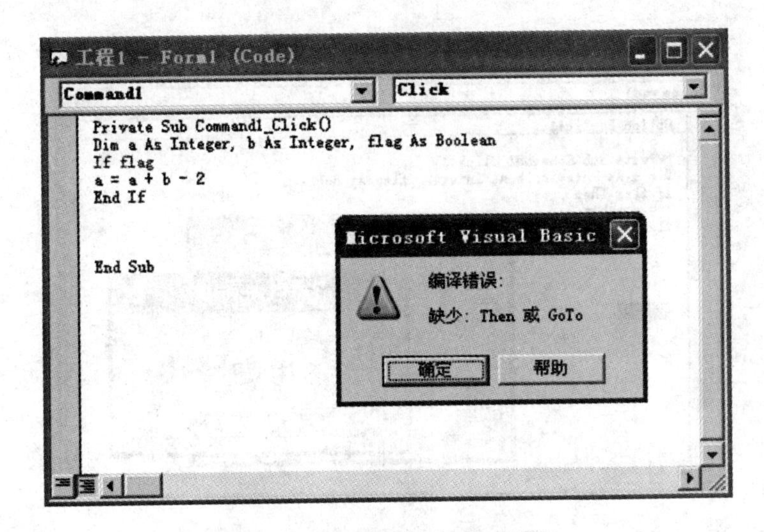

图附 A－3　语句输入不完整错误

A. 1. 2 编译错误

当单击启动按钮时，VB 不能直接执行用户编写的程序，需要对程序进行编译，一边编译一边执行。编译过程中产生的错误称为编译错误。此类错误通常是由于用户未定义变量、遗漏关键字等原因而产生的。这时，VB 也弹出一个对话框，如图附 A－4 所示，提示错误信息。出错的一行被高亮显示，同时 VB 停止编译，进入中断模式。这时，用户必须单击“确定”按钮，关闭出错提示对话框，然后对出错行进行修改。

如图附 A－4 所示，由于用户将变量名“flag”误写成“flog”，使程序中产生一个新的变量。由于在过程前使用了“Option Explicit”语句，强制显式声明模块中的所有变量，在编译时系统就对“flog”变量显示“变量未定义”错误。此时，若用户删掉“Option Explicit”语句，虽然系统不显示错误，但造成程序难以正确调试的问题。建议初学者使用显式声明语句“Option Explicit”，可以避免很多变量名输入的错误。

用户漏写关键字错误例如：For 循环结构中漏写关键字“Next”，If 选择结构中漏写关键字“End If”等，如图附 A－5 所示。

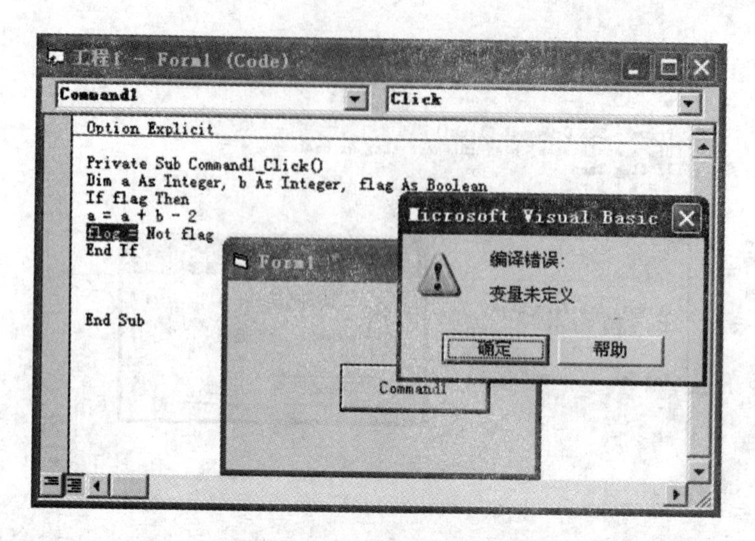

图附 A-4　变量未定义错误

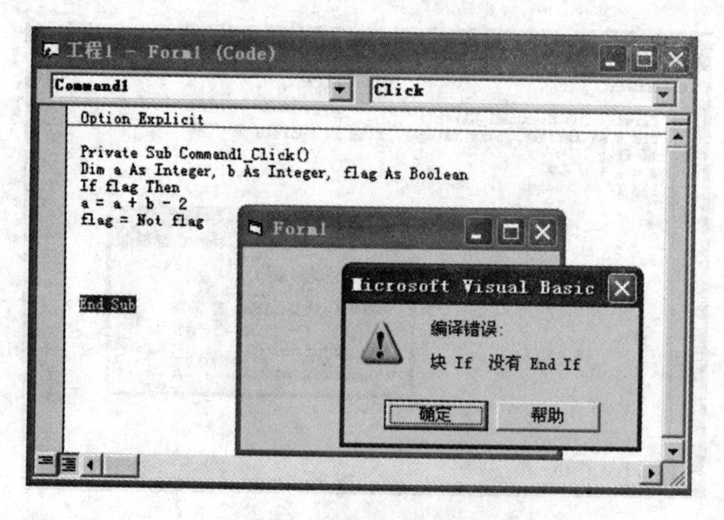

图附 A-5　漏写关键字错误

A. 1. 3 运行错误

运行错误指 VB 程序在编译通过后，运行程序时发生的错误。这类错误往往是由于程序中执行了非法操作引起的。例如，类型不匹配、分母为零、试图打开一个不存在的文件等。

图附 A-6　运行时错误对话框

例如，属性 FontSize 的数据类型为整形（属性也可被认为是 VB 内定的变量），若对其赋值的类型为字符串，系统运行显示如图附 A-6 所示的错误信息。当用户单击“调试”按钮时，进入中断模式，光标停留在引起错误的那一句上，如图附 A-7 所示，此时允许用户修改代码。

A. 1. 4 逻辑错误

程序运行后，得不到所期望的结果，这说明程序存在逻辑错误。例如，运算符使用不

正确，语句的次序不对，循环语句的起始、终止值不正确、将 $x>3$ And $x<8$ 写为 $3<x<8$、试图用 a = b = c = 10 来为 a、b、c 赋初值 10 等。通常，逻辑错误不会产生错误提示信息，故错误较难查找和排除。要排除逻辑错误，需要程序员仔细分析程序，并掌握一定的调试程序经验。VB 提供一组完善的调试程序工具，来帮助程序员提高调试程序的效率 。

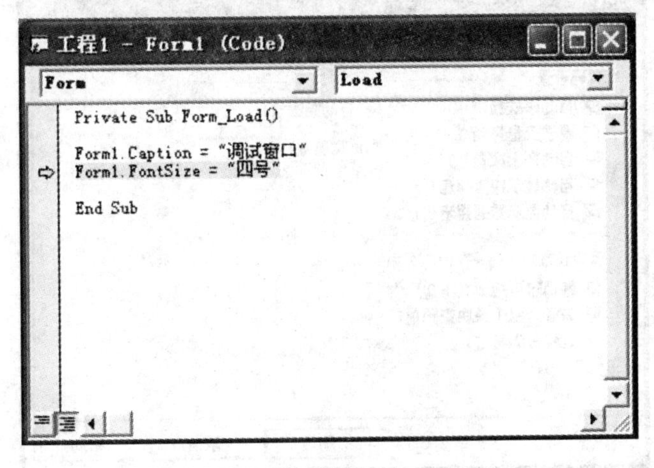

图附 A－7　类型不匹配错误

A. 2 防止程序错误准则

减少程序错误最好的方法是遵守良好的程序设计规范，在编写程序时遵循以下原则可以预防大量的程序错误。

（1）总是使用 Option Explicit 语句（Option Explicit 只能出现在代码窗口顶部，不可写在过程内，如图附 A－4 所示），从而显式声明变量，防止变量名拼写错误。

（2）编写程序时加上注释。恰当的注释可以防止用户在阅读程序或维护程序时产生错误的理解（当程序运行时，注释不会使计算机执行任何动作。注释符为从单引号或“Rem”，每行注释都必须使用单引号或“Rem”，如图附 A－8 所示）。

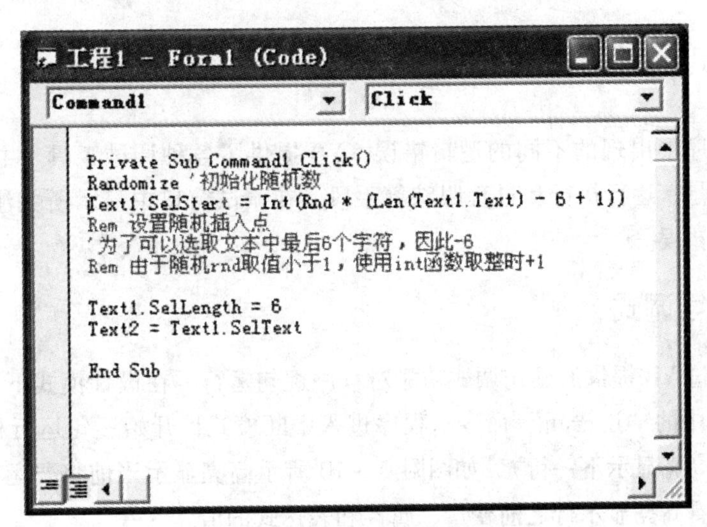

图附 A－8　插入注释

（3）总是关注 VB 的语法检测。语法检测器在用户单击回车键后核对此行代码的语法。

如果语法错误，则当前行代码变为红色，默认状态下还会弹出对话框指明语法错误。如果取消“工具”菜单“选项”对话框中的“自动语法检测”选项，如图附 A－9 所示，则不会弹出对话框。

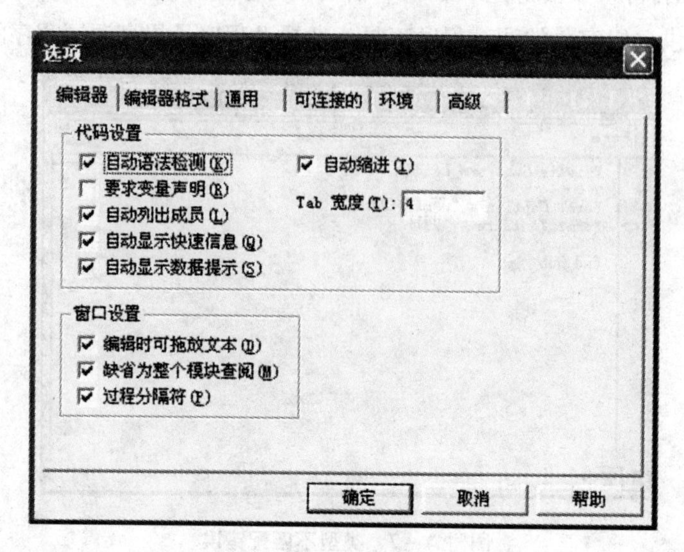

图附 A－9　选项对话框

（4）为对象命名时，使用固定前缀。例如：窗体对象（frm）、标签对象（lbl）、文本框对象（txt）、命令按钮对象（cmd）等。前缀可以清晰地表明对象的类型。

（5）对变量使用尽可能紧密的作用域及使用符号常量。在将有问题的变量和符号常量限定在过程和函数中时更易于将其定位。例如：变量 a 仅在当前过程中被使用，那么变量 a 应该在当前过程中定义，来缩小变量的作用域

（6）对于必须限定取值范围的变量，在代码中对其值进行范围检测（保证变量的值在合适的范围内）。例如：一个指定用来存储 0～5 之间随机数的变量 x，它的取值范围应该限定在 0～5 之间，如果超出取值范围，则说明随机数表达式构造有误。可以通过 Debug. Assert 方法测试变量 x 是否在取值范围内，如图附 A－16 所示。

A. 3 调试与排错

为了更正程序中出现的不同的逻辑错误，VB 提供了各种调试工具。主要通过设置断点、插入观察变量、逐行执行和过程跟踪等手段，在调试窗口中显示所关注的信息，让程序员发现和排除错误。

A. 3. 1 逐句调式

用户可以通过 VB 提供的逐句调式功能对程序逐句运行，在设计模式下，按 F8 键或选择“调试”菜单中的“逐语句”命令，程序进入中断模式，开始逐句运行程序（按 F8 键运行当前行，并高亮显示下一行），如图附 A－10 所示高亮显示当前将要运行的行。此时，用户可以直接查看高亮显示行之前变量、属性和表达式的值。

A. 3. 2 设置断点

在调试程序时，通常可通过设置断点来中断程序的运行，然后逐语句跟踪检查相关变

量、属性和表达式的值是否在于其范围之内。

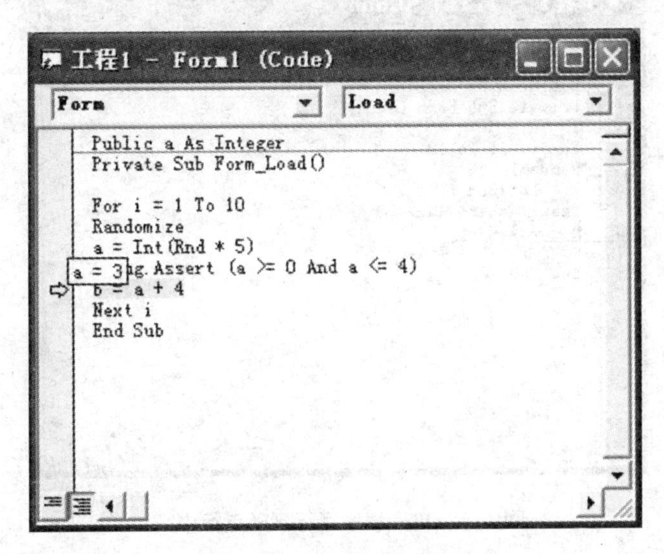

图附 A－10　逐语句运行

可以在中断模式或设计模式中设置和删除断点。当应用程序处于空闲时，也可在运行时设置和删除断点。在代码窗口选择怀疑存在问题的代码行，按下 F9 键，即为当前行设置断点，也可直接单击代码行左侧的灰色区域为当前行设置断点（单击断点可将断点删除），如图附 A－11 所示。在程序运行到断点行时停止运行（断点行语句未执行如图附 A－12 所示），进入中断模式，此时用户可以查看断点前所有变量、属性和表达式的值。

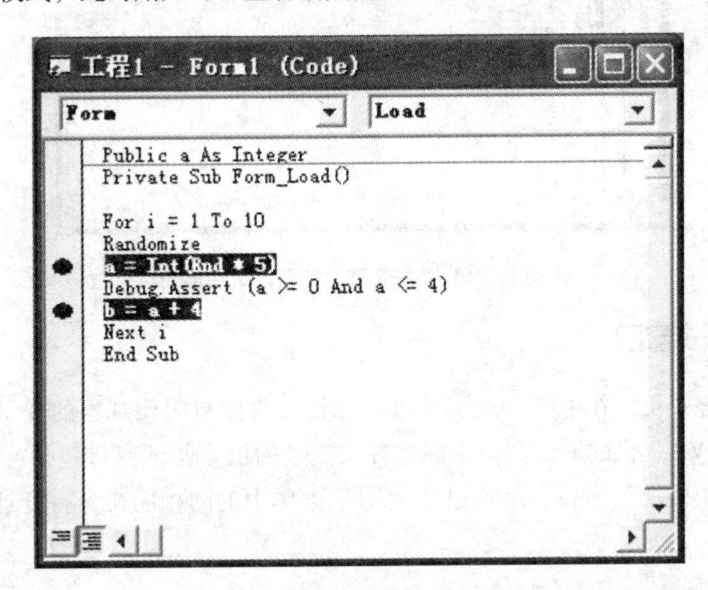

图附 A－11　在程序中插入断点

设置断点后用户只能查看断点前各变量、属性和表达式的值，若要继续跟踪断点后语句的情况，可以使用 VB 的逐句调试功能，通过此功能对断点后的语句逐句执行，如图附 A－13 所示。

在中断模式下，VB 中提供了直接查看变量、属性和表达式的值的功能。只要把鼠标指向用户需要查看的变量、属性或表达式（查看表达式的值需先选中当前表达式），稍停片刻，即可在鼠标指针下方显示其值，如图附 A－10 所示。

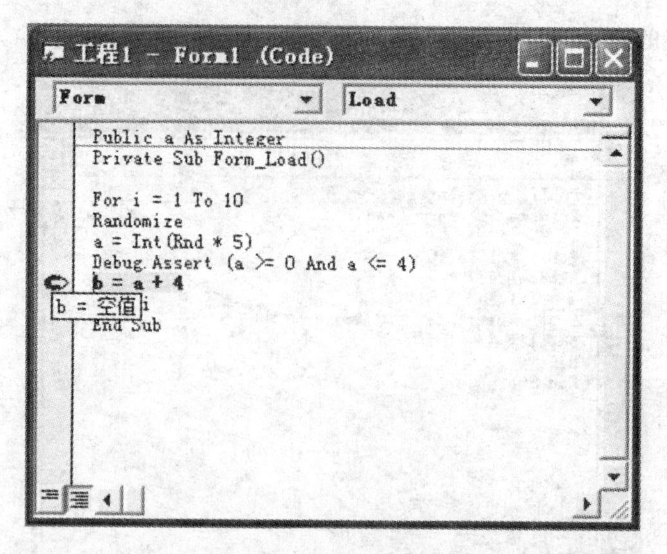

图附 A－12　程序运行到断点行中断

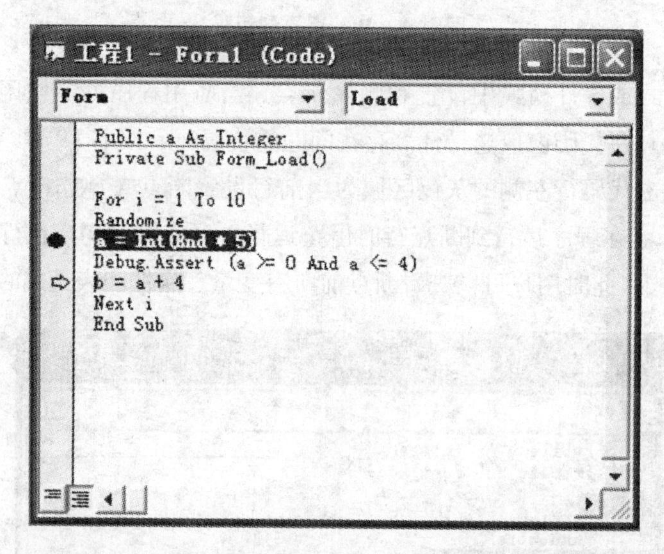

图附 A－13　按 F8 键执行断点之后语句

A. 3. 3 调试窗口

在 VB 中，除了可以在中断模式下通过鼠标指针直接指向要观察的变量直接显示其值外，还可以通过 VB 提供的调试窗口来观察有关变量的值。调试窗口包括："立即"窗口、"本地"窗口和"监视"窗口。可通过"视图"菜单中的的相应命令打开这些窗口，如图附 A－14 所示。

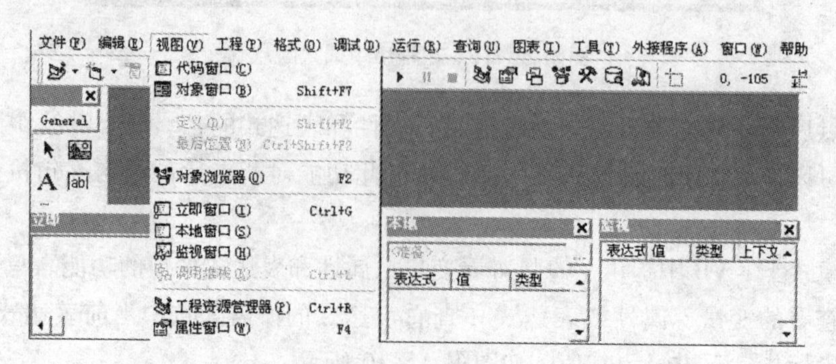

图附 A－14　调试窗口

A. 3. 4 “立即” 窗口

“立即” 窗口是调试程序时最方便、最常使用的窗口之一。在 “设计模式”、“中断模式” 和 “运行模式” 中均可使用 “立即” 窗口来测试变量、属性和表达式的值。

可以在 “立即” 窗口中直接使用 Print 语句或问号 “?” 来显示变量、属性、表达式和算式的值。也可以在程序代码中利用 Debug 对象的 Print 方法（Debug. Print 语句是在程序运行期间执行的，即在 “运行模式” 下执行），把输出结果送到 “立即” 窗口，如图附 A－15 所示。

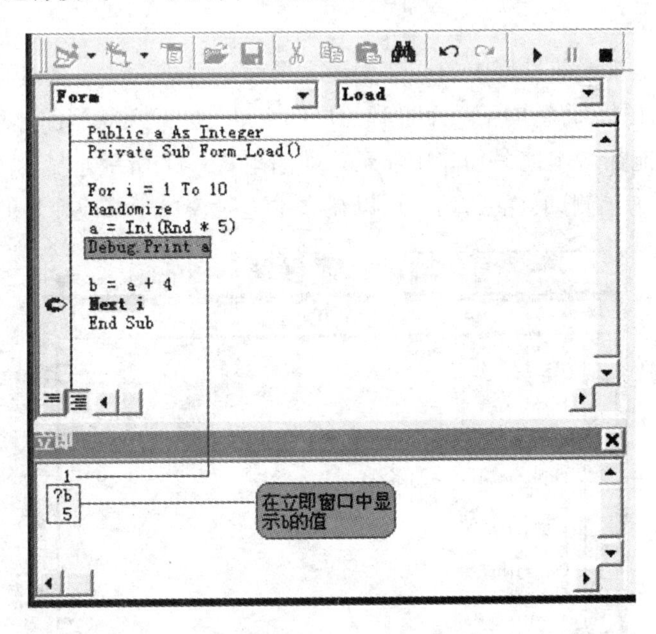

图附 A－15　“立即” 窗口

Debug 对象还提供了的 Assert 方法，此方法可以测试程序中变量的值是否在取值范围内。Debug. Assert 可以向 VB 传递逻辑值 “Ture” 或 “False”（传递的值不会在 “立即” 窗口中显示），当传递 “False” 时，Debug. Assert 将 VB 置为 “中断模式”。例如：如果变量 x 的值应该总是在 0 到 9 之间，那么下列语句：Debug. Assert(x >=0 And x <=9) 测试 x 的值，在超出范围时程序中断，以便用户调试。如果变量的值在指定范围内，则程序继续执行，如图附 A－16 所示。

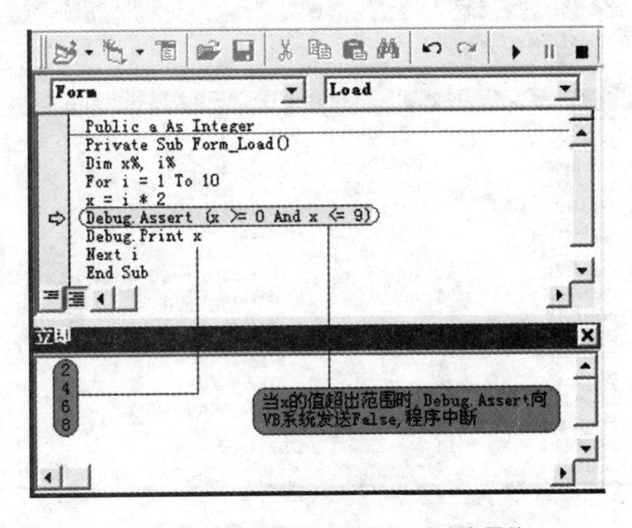

图附 A－16　用 Debug. Print 测试变量值

当将程序生成可执行文件时，Debug. Print 语句和 Debug. Assert 语句不会被编译，它们仅在程序开发阶段起作用。

A. 3. 5 “本地”窗口

在中断模式下，“本地”窗口显示所有局部变量的当前值和数据类型。当变量的值改变后，VB 自动刷新“本地”窗口以显示最新值。在使用“逐语句”跟踪程序时（按 F8 键），经常使用“本地”窗口显示被跟踪行之前各变量的值。随着跟踪行的改变，各变量的值也会即时刷新。

本地窗口仅能监视当前过程中的局部变量，当程序的执行从一个过程切换到另一过程时，“本地”窗口的内容将转向下一个过程的局部变量，它只反映当前过程中的局部变量的状态。模块变量不能在“本地”窗口中显示。如图附 A－17 所示，显示了调试程序时出现的“本地”窗口。为了测试目的，用户可以在“本地”窗口中修改变量的当前值。

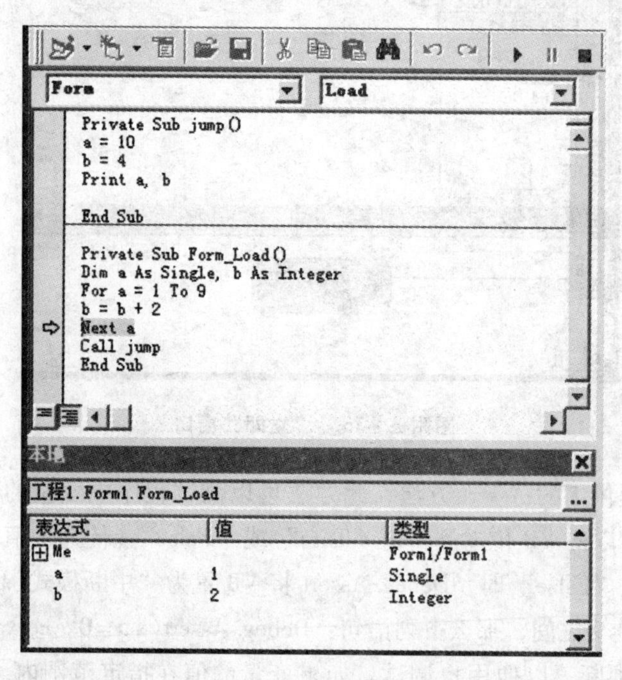

图附 A－17　“本地”窗口

本地

工程1. Form1. Form_Load

表达式	值	类型
Me		Form1/Form1
ActiveControl	Nothing	Control
Appearance	1	Integer
AutoRedraw	True	Boolean
BackColor	-2147483633	Long
BorderStyle	2	Integer
Caption	"Form1"	String
ClipControls	True	Boolean
Command1		CommandButton/CommandButton
ControlBox	True	Boolean
Controls		Object
Count	1	Integer
CurrentX	0	Single
CurrentY	0	Single
DrawMode	13	Integer
DrawStyle	0	Integer
DrawWidth	1	Integer
Enabled	True	Boolean

图附 A－18　本地窗口中 Me 列表

注意“本地”窗口第一行指明的“Me”，是对当前操作窗体的引用。通过点击“Me”左边的加号（+）如图附 A－18 所示，可以显示当前窗体的所有属性以及该窗体内各对象的属性。并可在此列表中修改属性值。

A. 3. 6 “监视”窗口

在中断模式下“监视”窗口提供了自动监视变量值的功能。与“本地”窗口不同，“监视”窗口可以监视程序中的任何变量（局部变量、窗体模块变量和全局变量均可）。当需要用“监视”窗口监视某变量时，需先将该变量添加到“监视”窗口中。添加变量的方法有两种：可以选择“调试”菜单中的“添加监视”命令（此时会弹出“添加监视”对话框，窗口如图附 A－19 所示）将变量添加到“监视”窗口，也可以将选中的变量直接拖入“监视”窗口。

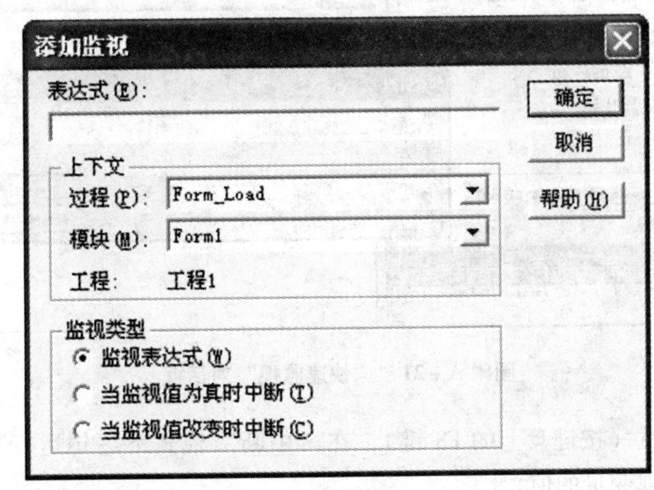

图附 A－19　“添加监视”对话框

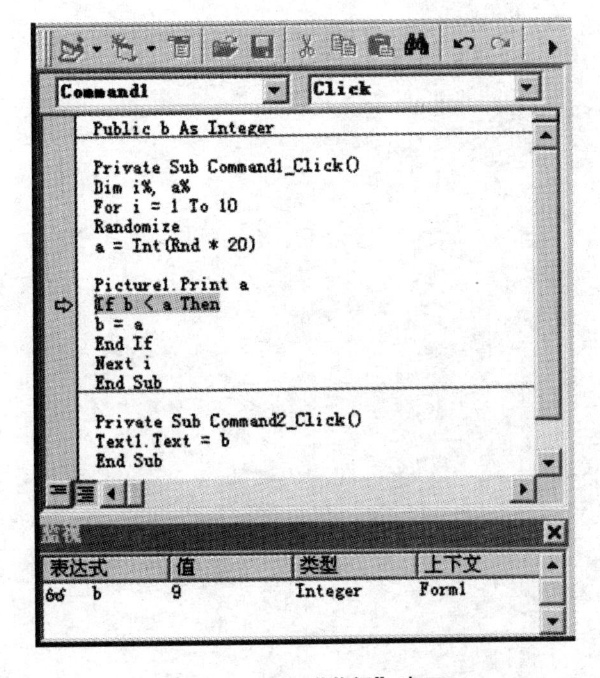

图附 A－20　“监视”窗口

“添加监视”对话框提供了一个标为“表达式”的文本框，在其中输入要观察的变量

名。用户选择变量所在的过程或模块。监视类型框架让用户指定观察行为，其中“监视表达式”把变量值添加到“监视”窗口中，“当监视值为真时中断”在变量值为 Ture 时挂起程序，“当监视值改变时中断”当变量值修改后挂起程序。当完成“添加监视”对话框中的各项设置后，单击“OK”按钮，将变量添加到“监视”窗口中，如图附 A－20 所示。

如果不使用“监视”窗口，用户也可以在选中变量后选择“调试”菜单中的“快速监视”命令，来快速查看变量的值。接着显示“快速监视”对话框，如图附 A－21 所示。点击“添加”按钮，把变量添加到“监视”窗口中。

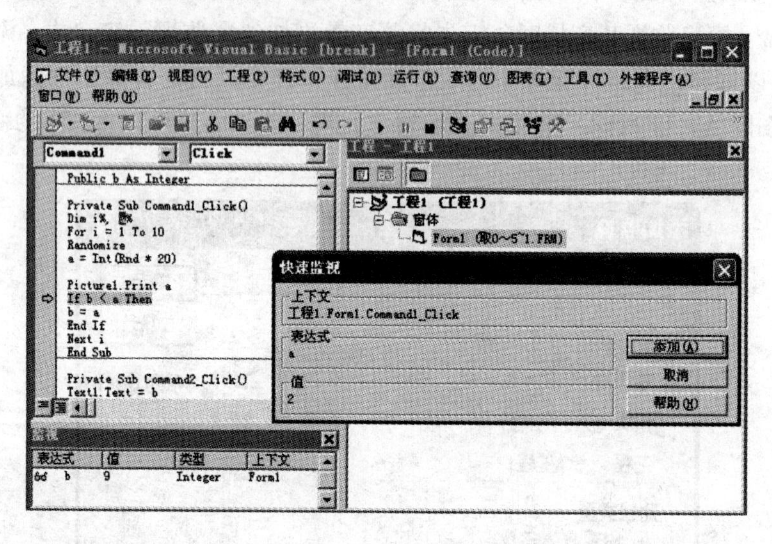

图附 A－21 “快速监视”对话框

通过逐语句调试（按键盘上的 F8 键），在“中断”模式下逐句运行程序时，“监视”窗口始终跟踪被监视变量的值。

附录 B　键盘与鼠标操作

程序在运行过程中，经常需要知道用户对键盘和鼠标的具体操作，例如用户按下键盘上的“A”键时是想输入字符“A”还是输入“a”呢，当用户利用鼠标选中“删除”时是想彻底删除还是想放入回收站呢等等，以便于根据不同的情况，执行不同的具体操作。为此 Visual Basic 专门定义了和键盘与鼠标有关的事件和方法。

B. 1 键盘操作

当敲击一下键盘上的某个按键时，将会先后触发对应对象的 KeyDown、KeyPress、(对于文本框之类的对象还会触发 Change)、KeyUp 等一系列事件。根据不同的具体应用，可以选择不同的事件进行编程。

需要说明的是，对键盘的某个按键进行操作时，触发的是目前具有输入焦点(Focus)对象的事件。一般情况下窗体对象不响应这些事件，除非满足下面几个条件：

(1) 目前窗体上没有添加任何对象，则窗体接收键盘事件。

(2) 目前窗体上有对象，但是它们属于下面两种情况：

①这类对象不具有接收焦点的能力，例如：标签、框架、形状(Shape)、Timer、Image 等等。

②这类对象本来可以接收焦点(例如：文本框)，但目前处于 Disabled 状态。

(3) 窗体的 KeyPreview 属性为 True。所谓 KeyPreview 的属性为 True，就是说无论在窗体内的什么控件内利用键盘输入，都需要事先经过窗体进行检查。

其中，前两种情况下只触发窗体的 KeyDown、KeyPress、KeyUp 事件，第三种情况下将先后触发窗体的 KeyDown、控件的 KeyDown、窗体的 KeyPress、控件的 KeyPress、窗体的 KeyUp、控件的 KeyUp 事件。

B. 1. 1 KeyPress 事件

KeyPress 事件过程的的形式有两种：

Private Sub 对象名_KeyPress(KeyAscii As Integer)'用于非控件数组

Private Sub 对象名_KeyPress(Index As Integer, KeyAscii As Integer) '用于控件数组

其中：KeyAscii 的值在本过程中由系统自动提供，就是用户输入字符的 ASCII 值。

例如：正常情况下按下键盘上的“A”键，则 KeyAscii 的值为 97，表示用户想输入字符“a”；当 Caps Lock 键锁定为大写或同时按下 Shift 键时，KeyAscii 的值为 65，表示用户想输入字符“A”。

说明：

(1) 并不是按下键盘上的任意一个键都会引发 KeyPress 事件，只有那些会产生 ASCII 的按键(例如：数字键、大小写字母键、回车、空格等)才会触发 KeyPress 事件。对于那些不能产生 ASCII 的按键(例如：方向键←↑→↓)则不会触发 KeyPress 事件。

(2) 因为 KeyPress 事件在 Change 事件之前触发，因此如果在 KeyPress 事件中改变了

KeyAscii 的值，那么在控件中回显的字符将是改变后的结果。例如下面代码可实现无论输入大写字母还是小写字母，在 Text1 内都强制显示为小写字母：

```
Private Sub Text1_KeyPress(KeyAscii As Integer)
    If KeyAscii >= 65 And KeyAscii <= 90 Then
        KeyAscii = KeyAscii + 32
    End If
End Sub
```

（3）当窗体的 KeyPreview 属性为 True 时，在窗体的 KeyPress 事件里如果改变了 KeyAscii 的值，那么控件的 KeyPress 事件里的 KeyAscii 的值也会跟着改变，当然回显的字符也就被改变了。例如下面的代码就是强制用户在成绩录入窗体里只能输入数值，如果输入非数值字符则鸣笛报错，如图附 B－1 所示：

```
Private Sub Form_KeyPress(KeyAscii As Integer)
    If KeyAscii < 48 Or KeyAscii > 57 Then
        KeyAscii = 0
        Beep
    End If
End Sub
```

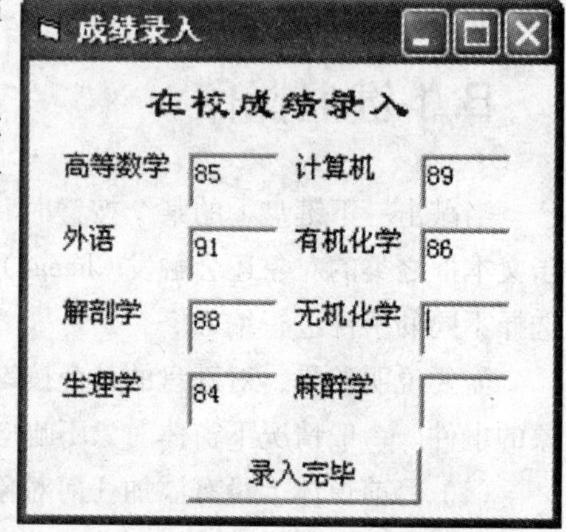

图附 B－1　窗体的 keyPreview 示例

B.1.2 KeyUp 事件和 KeyDown 事件

当焦点在某个对象上时，按下键盘上的某个键就会触发 KeyDown 事件，释放某个按键时就会触发 KeyUp 事件。

根据该控件是否为控件数组的不同，KeyDown 和 KeyUp 事件过程也存在两种形式：

```
Private Sub 对象名_KeyDown(KeyCode As Integer, Shift As Integer)
Private Sub 对象名_KeyUp(KeyCode As Integer, Shift As Integer)
Private Sub 对象名_KeyDown(Index As Integer, KeyCode As Integer, Shift As Integer)
Private Sub 对象名_KeyUp(Index As Integer, KeyCode As Integer, Shift As Integer)
```

其中：

（1）KeyCode 表示用户操作的是键盘上的哪个按键。

键盘上每个物理的键分配有一个不同的编码，即 KeyCode。因此无论是输入“A”还是“a”，其 KeyCode 是相同的，也就是说 KeyDown 和 KeyUp 事件里认为你执行的是相同的操作。相反从数字小键盘上输入 1 和从大键盘上输入 1，其 KeyCode 值是不同的，也就是说 KeyDown 和 KeyUp 事件里认为你执行的是不同的操作。

而 KeyAscii 则不同，每个字符分配有一个不同的 ASCII 编码，因此无论是从数字小键盘上输入 1 还是从大键盘上输入 1，其 ASCII 值是相同的，在 KeyPress 事件里认为你执行的是相同的操作。相反用户输入“A”和“a”，其 KeyAscii 是不同的，也就是说 KeyPress 事件里认为你执行的是不同的操作。

因此说 KeyPress 是靠字符来识别的，而 KeyDown、KeyUp 是靠键来识别用户操作的。KeyCode 和 KeyAscii 的对比参见表附 B－1。

表附 B－1　KeyCode 和 KeyAscii 对比表

字符（键）	KeyCode	KeyAscii	字符（键）	KeyCode	KeyAscii
backspace	8	8	空格	32	32
回车	13	13	A	65	65
1	49	49	a	65	97
!	49	33	F1	112	无

（2）Shift 表示用户按下键盘上的某个按键的同时还按下了 Shift、Ctrl、Alt 这三个辅助键中的哪一个或哪几个。

Shift 是一个整型数，把它转换为二进制数后，低三位的含义如图附B－2 所示。

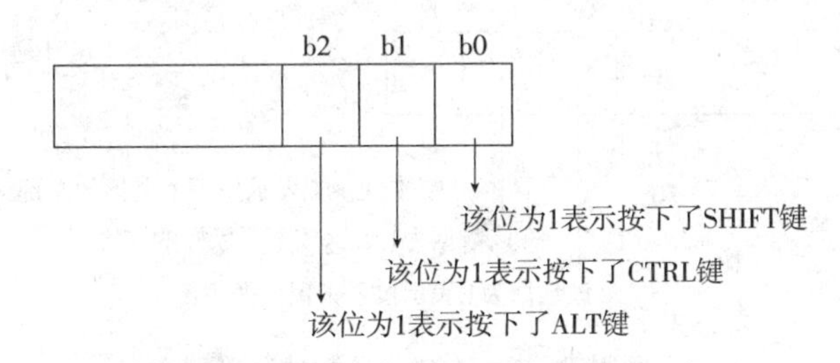

图附 B－2　SHIFT 参数值的含义

表附 B－2　Shift 参数整数值的含义

内部常数	整数值	对应的操作
vbShiftMask	1	同时按下了 SHIFT 键
vbCtrlMask	2	同时按下了 CTRL 键
vbAltMask	4	同时按下了 ALT 键

Shift 的值也可以是这三个数据位的组合，例如 Shift＝6 表示同时按下 Ctrl 和 ALT。

由于当用户按下 Ctrl 键时，Shift 参数的值不一定为 2（可能还同时按下了其他键），因此判断用户是否按下 Ctrl 键的方法是让 Shift 参数的值和 2 进行 AND 运算（即“与”运算），如果结果大于 0 则表明用户按下了 Ctrl 键；同理可以对 Shift 键和 Alt 键进行判断。下面的代码就是用来对用户的辅助功能键进行判断：

```
Private Sub Text1_KeyDown(KeyCode As Integer, Shift As Integer)
    Const key_shift = 1
    Const key_ctrl = 2
    Const key_alt = 4
    Print "你按下了";
    If (Shift And key_shift) > 0 Then Print "SHIFT 键";
    If (Shift And key_ctrl) > 0 Then Print "CTRL 键 ";
    If (Shift And key_alt) > 0 Then Print "ALT 键 ";
    Print
End Sub
```

B.2 鼠标操作

与键盘的操作类似，当用户在某个对象上利用鼠标操作时会触发 MouseDown、MouseUp 和 MouseMove 事件。但是鼠标事件的应用范围比键盘事件广泛得多。对于窗体和绝大部分控件都可以响应鼠标操作，而且该控件可以不具有接收焦点的能力(例如标签、Image、Frame 等不能响应键盘事件的控件都可以响应鼠标操作，只有 Shape、Line 、Timer 这样的控件才不响应鼠标操作)。

对应的过程形式为：

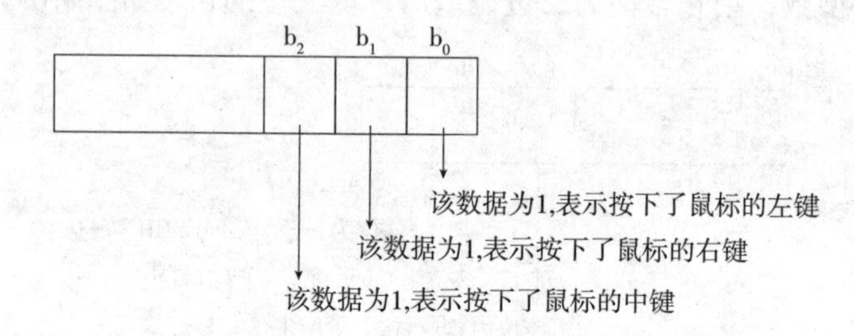

图附 B－3　Button 参数的含义

Sub 对象名_MouseDown(Button As Integer, Shift As Integer, X As Single, Y As Single)
Sub 对象名_MouseUp(Button As Integer, Shift As Integer, X As Single, Y As Single)
Sub 对象名_MouseMove(Button As Integer, Shift As Integer, X As Single, Y As Single)
其中：

表附 B－3　Button 参数整数值的含义

内部常数	整数值	对应的操作
vbLeftButton	1	按下或释放了鼠标左键
vbRightButton	2	按下或释放了鼠标右键
vbMiddleButton	4	按下或释放了鼠标中键

(1) Button 表示用户按下的是鼠标的哪一个或哪几个键。

Button 是一个整型数，把它转换为二进制数后，低三位的含义如图附 B－3 所示。

Button 的值也可以是这三个数据位的组合，例如 Button＝3 表示鼠标操作时同时按下了左键和右键。

(2) Shift 的含义和键盘操作中 Shift 的含义相同。表示在对鼠标操作的同时按下了 Shift、Ctrl、Alt 这三个键中的哪一个或哪几个。

(3) X、Y 表示目前鼠标的位置

当然如果是控件数组，参数列表中还会增加一项“Index As Integer”，以便于识别这是控件数组中的哪一个元素。

应用举例：

例 B－1　利用鼠标随手绘图。要求当按下鼠标左键拖动时随手画线，当按下右键拖动时画圆（拖动过程中以虚线形式提示圆的大小）。程序运行的界面如图附 B－4 所示。

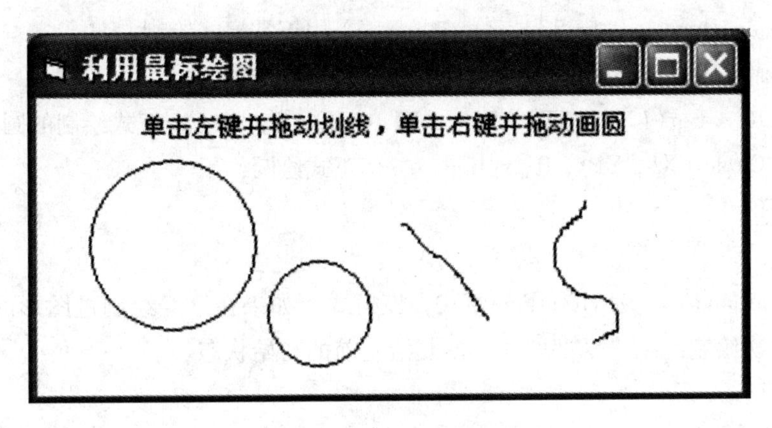

图附 B－4　利用鼠标随手绘图

程序代码：

```
Dim X1%, Y1%, R%                           '所绘圆的圆心坐标和半径
Dim X2%, Y2%                               '决定虚线框位置的坐标
Dim StartX%, StartY%                       '绘制直线时每一个小段的起始点坐标
Private Sub Form_MouseDown(Button As Integer, Shift As Integer, X As Single, Y As Single)
    If Button = 1 Then
        StartX = X: StartY = Y             '按下左键开始画线，记录起始点坐标
    ElseIf Button = 2 Then
        X1 = X: Y1 = Y                     '按下右键开始画圆，记录圆心点坐标
        X2 = X: Y2 = Y
        R = Sqr((X1 - X2)^2 + (Y1 - Y2)^2)      '圆虚线框的半径
    End If
End Sub
Private Sub Form_MouseMove(Button As Integer, Shift As Integer, X As Singl           , Y
As Single)
    If Button = 1 Then                     '按着左键拖动鼠标表示画线
        Line (StartX, StartY)-(X, Y), vbRed
        StartX = X: StartY = Y             '本线段的结束位置为下一线段的开始
    ElseIf Button = 2 Then
        Me.DrawMode = 7                    '该模式下重复绘制的像素还原原始状态
        Me.DrawStyle = 1                   '采用虚线条
        Circle (X1, Y1), R, vbRed          '将原来绘制的虚线框覆盖(删除)
        X2 = X: Y2 = Y                     '记录新虚线框的位置
        R = Sqr((X1 - X2)^2 + (Y1 - Y2)^2)      '新虚线框的半径
        Circle (X1, Y1), R, vbRed          '绘制新的虚线框
    End If
End Sub
Private Sub Form_MouseUp(Button As Integer, Shift As Integer, X As Single, Y As Single)
    If Button = 2 Then                     '抬起右键时画圆
        Circle (X1, Y1), R, vbRed          '将原来绘制的虚线框覆盖(删除)
```

```
        Me.DrawMode = 13              '采用正常模式绘制
        Me.DrawStyle = 0              '采用实线条
        R = Sqr((X1 - X)^2 + (Y1 - Y)^2)       '正式绘制的圆半径
        Circle (X1, Y1), R, vbRed       '正式绘圆
    End If
End Sub
```

说明：DrawMode =7 为 vbXorPen 模式，该模式下如果在已经绘制过图形的区域上再次绘制，则这两次绘制的结果全部取消，恢复绘制前的初始状态。

B.3 拖放

所谓“拖放”就是从一个位置“拖”(Dragging)一个对象到另一个位置再“放”(Dropping)下来。从而实现该对象位置的移动。

该动作涉及到了以下属性、事件和方法：

1. 与拖动相关的属性

(1) DragMode

该属性用来设置可以对该对象进行的操作模式。取值有下面两者情况：

0 - vbManual(默认) 人工方式。表示在程序运行过程中，单击鼠标时触发的是 Click 事件，不能利用鼠标拖动某个对象。若想拖动该对象，必须进行额外的编程。

1 - vbAutomatic 自动方式。表示在程序运行过程中，单击鼠标就会引发该对象的拖动操作。因此不能接收 Click 事件和 MouseDown 事件。

(2) DragIcon

该属性用来设置在拖动该对象过程中，跟随鼠标位置显示的图形。

2. 与拖动相关的事件

(1) DragDrop 事件

当拖动一个对象(例如 Text1)时，在目标对象(例如 Form1)上松开鼠标时就会触发该目标对象(例如 Form1)的 DragDrop 事件。该事件过程的形式为：

Private Sub 对象名_DragDrop(Source As Control, X As Single, Y As Single)

其中：

Source 参数为 Control 类型，它的值就是正在拖动的控件。

X、Y 表示执行放下操作时，鼠标在目标对象上的当前坐标

(2) DragOver 事件

当拖动一个对象(例如 Text1)途径另一个目标对象(例如 Picture1)上方时，就会触发目标对象(例如 Picture1)的 DragOver 事件。该事件过程的形式为：

Private Sub 对象名_DragOver(Source As Control, X As Single, Y As Single, State As Integer)

其中：

Source 参数同 DragDrop 事件，它的值就是正在拖动的控件。

X、Y 表示拖动过程中，鼠标在目标对象(例如 Picture1、Form 等)上的坐标点位置。

State 参数表示被拖动对象和目标对象的位置关系，取值有以下三种情况：

0 - 进入（表示正在拖动某对象进入目标对象区域）

1 – 离去（表示正在拖动某对象离开目标对象区域）

2 – 跨越（表示正在目标对象区域内部拖动某对象）

3. 与拖动相关的方法

Drag 方法。当 DragMode 属性设置为 0 时，在该对象上按下鼠标将会触发该对象的 MoseDown、Click 等事件，并不认为是用户的拖动操作。因此需要在适当的事件过程中调用该控件的 Drag 方法使之处于“被拖动”状态。

语法格式为：

object. Drag action

说明：

object 必要参数。指对哪个对象进行操作。

action 可选参数。有以下取值情况：

0 – vbCancel 取消此次对该对象的“拖动”操作

1 – vbBeginDrag 使该对象开始处于“被拖动”状态

2 – vbEndDrag 使该对象结束“被拖动”状态。并触发一个 DragDrop 事件

B. 3. 1 自动拖放

当一个对象的 DragMode 被设置为 1 时，就会自动跟随鼠标进行拖动。但是当用户松开鼠标时，该对象又会回到原来的位置。原因很简单：因为该对象并不知道被放到什么位置。为此，可以在 DragDrop 事件中为对象的目标位置进行设定。

例 B – 2　DragOver 练习。在窗体上添加图片框 Picture1，将其 DragMode 属性设为 1，Picture 和 DragIcon 分别设为“FACE04. ICO”和“FACE05. ICO”。再添加图片框 Picture2，将其 BackColor 设为白色。在 Picture2 内添加一个图像框 Image1，Picture 属性设为“BEANY. BMP”。添加一个标签 Label1，将 Caption 属性设为“将小孩拖动到图片框上会自动为其戴上帽子”。这三个图形文件位于 Visual Basic 自带的图形目录(一般为“C:\Program Files\Microsoft Visual Studio\Common\Graphics”)下的“\Icons\Misc”和“\Bitmaps\Assorted”子目录中。

要求当将 Picture1 拖动到 Picture2 上时 Image1 自动跟随其移动，形成为小孩戴上帽子的效果。程序运行界面如图附 B – 5 所示。

图附 B – 5　DragOver 练习

程序代码：

```
Private Sub Picture2_DragOver(Source As Control, X As Single, Y As Single, State As Integer)
```

```
    Image1.Left = X - 500 '此处 -500 的意思是让 Image1 处于小孩头像的上方
    Image1.Top = Y - 700
End Sub
```

例 B-3 自动拖放练习。在窗体上添加控件并按照表附 B-4 设置对应的属性。要求当拖动 Picture1 经过 Image1 上方时 Label2 显示，当到达 Image1 右侧松开鼠标时，将 Picture1 移动到当前鼠标位置处。程序运行界面如图附 B-6 所示。

表附 B-4 对象属性设定

对象名	Caption	Visible	Picture	DragIcon	DragMode
label1	小孩过河				
label2	当心！别掉下来呦！	False			
Image1			Azul. jpg		
Picture1			face05. ico	face04. ico	1

face04. ico 和 face05. ico 的位置参见例 B-2。Azul. jpg 位于 WindowsXP 系统自带的桌面壁纸图形文件目录（"C:\WINDOWS\Web\Wallpaper"）下。

图附 B-6 自动拖放练习

程序代码：

```
Private Sub Form_DragDrop(Source As Control, X As Single, Y As Single)
    Source.Move X - Source.Width / 2, Y - Source.Height/2
End Sub
Private Sub Image1_DragOver(Source As Control, X As Single, Y As Single, State As Integer)
    If State = 0 Then
        Label2.Visible = True
    ElseIf State = 1 Then
        Label2.Visible = False
    End If
End Sub
```

控件的位置是由左上角的位置决定的，而在 DragDrop 事件中参数 X 和 Y 指的是鼠标的

坐标(即控件中心点的位置)，因此为了使得其相一致，而使用了 X - Source. Width/2 和 Y - Source. Height/2。

B. 3. 2 手动拖放

当对象的 DragMode 属性设置为 0 时，在该对象上按下鼠标将会触发该对象的 MoseDown、Click 等事件，并不认为是用户的拖动操作。因此需要在适当的事件过程中调用该控件的 Drag 方法使之处于“被拖动”状态。

例 B - 4 手动拖放练习。在窗体上添加控件并按照表附 B - 5 设置对应的属性。要求在窗体上可以对 Text1 和 Picture1 进行自由拖放，当拖放于 Picture2 内时，给出“删除确认”的提示，选择“确定”则将该控件删除，否则取消本次拖放操作。程序运行界面如图附 B - 7 所示。

表附 B - 5 对象属性设定

对象名	Picture	DragIcon	DragMode
Text1			0
Picture1	face05. ico	face04. ico	0
Picture2	waste. ico		0

face04. ico 和 face05. ico 的位置参见例 B - 2。waste. ico 位于“\Icons\Win95”子目录中。

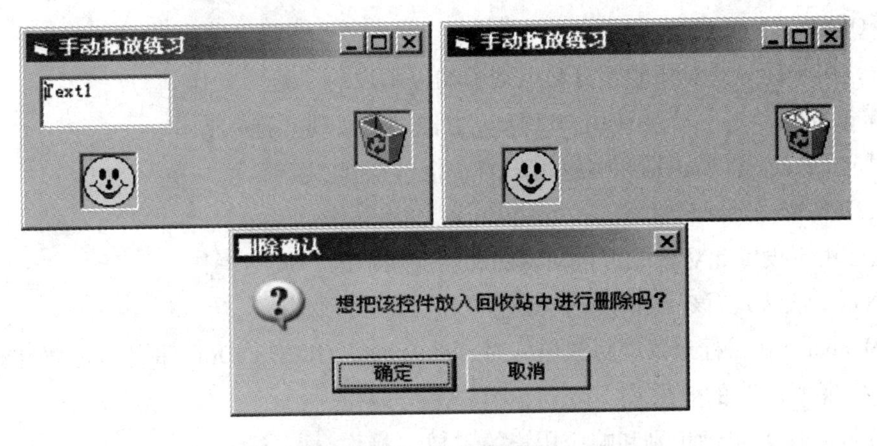

图附 B - 7 手动拖放练习

程序代码:

```
'如果在 Text1 上移动鼠标时，左键处于被按下的状态，则 Text1 被拖动
Private Sub Text1_MouseMove(Button As Integer, Shift As Integer, X As Single, Y As Single)
    If Button = 1 Then Text1. Drag1
End Sub
'如果在 Picture1 上移动鼠标时，左键处于被按下的状态，则 Picture1 被拖动
Private Sub Picture1_MouseMove(Button As Integer, Shift As Integer, X As Single, Y As Single)
    If Button = 1 Then Picture1. Drag1
End Sub
Private Sub Form_DragDrop(Source As Control, X As Single, Y As Single)
```

```
    Source. Move X - Source. Width / 2, Y - Source. Height / 2
End Sub
Private Sub Picture2_DragDrop(Source As Control, X As Single, Y As Single)
    a = "想把该控件放入回收站中进行删除吗?"
    i = MsgBox(a, vbOKCancel + vbQuestion, "删除确认")
    If i = vbOK Then
        Source. Visible = False  '将该控件进行“删除”
        Picture2. Picture = LoadPicture("C:\Program Files\Microsoft Visual Studio\Com-
            mon\Graphics")
    End If
End Sub
```

B. 4 OLE 拖放

在实际应用中，经常进行这样的操作：从一个文本框中选中某些文本利用鼠标拖动到另一个文本框中实现文本的复制或移动操作。这种将数据从一个控件或一个应用程序中拖放到另一个控件或另一个应用程序中的操作就称为“OLE 拖放”。

OLE 拖放涉及到下面的属性、事件和方法：

1. OLE 拖放涉及到的属性

(1) OLEDragMode 属性

该属性用于设置此对象能否自动识别和响应用户的“拖”操作。

0 - Manual(默认)，需要使用 OLEDrag 方法手工实现“拖”操作。

1 - Automatic，自动识别和响应用户的“拖”操作。

(2) OLEDropMode 属性

该属性用于设置此对象能否自动识别和响应用户的“放”操作。

0 - None(默认)，该目标对象不识别 OLE“放”操作。

1 - Manual，在目标对象上释放鼠标时，就会触发 OLEDragDrop 事件，需要在该事件里编程从而实现“放”的效果。

2 - Automatic，自动识别和响应用户的“放”操作。

2. OLE 拖放涉及到的事件

(1) OLEDragDrop 事件

当拖动一个数据对象(例如 Text1 中的部分文本)时，在目标对象(例如 Text2)上松开鼠标时就会触发该目标对象(例如 Text2)的 OLEDragDrop 事件。

该事件过程的形式为：

```
Sub 对象名_OLEDragDrop(Data As DataObject, Effect As Long, Button As Integer, _
Shift As Integer, X As Single, Y As Single)
```

说明：

Data 参数为 DataObject 类型，它的值就是正在拖动的内容。

Effect 参数为源对象设置的一个长整型数，用来决定执行的动作。有三种取值：

0 - VBDropEffectNone 目标对象不接受数据

1 – VBDropEffectCopy 从源对象拷贝 Data 到目标对象

2 – VBDropEffectMove 从源对象移动 Data 到目标对象

Button 参数表明触发此事件时使用的是鼠标的哪个键，参见鼠标操作事件。

Shift 参数表明触发此事件时按下了键盘上的哪个辅助键，参见鼠标操作事件。

X、Y 表示执行放下操作时，鼠标在目标对象上的当前坐标

(2) OLEDragOver 事件

当拖动一个数据对象(例如 Text1 中的部分文本)，经过某目标对象(例如 Picture1)上方时，就会触发该目标对象(例如 Picture1)的 OLEDragOver 事件。

该事件过程的形式为：

```
Sub 对象名_OLEDragOver(Data As DataObject, Effect As Long, Button As Integer, _
Shift As Integer, X As Single, Y As Single, State As Integer)
```

其中各参数的含义同前。

3. OLE 拖动涉及的方法　OLEDrag 方法。当 OLEDragMode 属性设置为 0 时，需要调用该控件的 OLEDrag 方法使之处于"被拖动"状态。

语法格式为：

```
object. OLEDrag
```

说明：

object 必要参数。指对哪个对象进行操作。

在 VB 里几乎所有的控件都支持 OLE 拖放操作。只不过有的控件（例如文本框）支持的程度比较高，可以实现全自动的"拖""放"支持。而有些控件（例如列表框）支持的程度比较低，不支持自动的"放"操作。

例 B－5　编写如图附 B－8 所示的应用程序。实现利用鼠标在两个文本框间进行自动的文本传递功能。

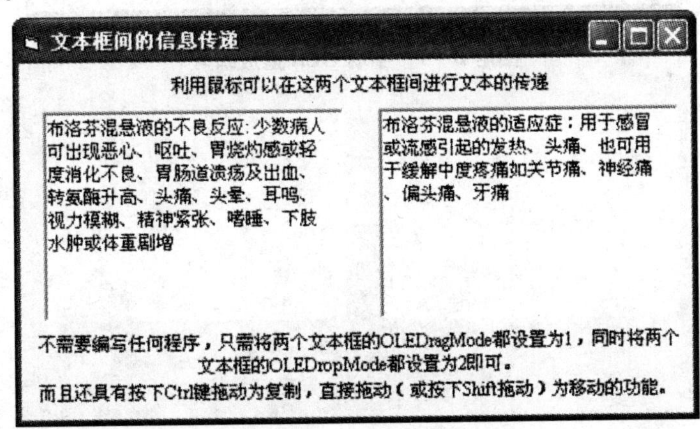

图附 B－8　自动 OLE 拖放练习

例 B－6　编写如图附 B－9 所示的应用程序。实现利用鼠标在两个列表框间进行手动的文本传递功能。

程序代码如下：

```
Private Sub List1_OLEDragDrop(Data As DataObject, Effect As Long, _
Button As Integer, Shift As Integer, X As Single, Y As Single)
    If Shift = 2 Then
```

List1. AddItem Data. GetData(vbCFText) 'GetData 方法的作用是从 DataObject 对象中获取数据，参数 vbCFText 表示获得的是文本数据。

```
        Else
            List1. AddItem Data. GetData( vbCFText)
            List2. RemoveItem List2. ListIndex
        End If
    End Sub
    Private Sub List2_OLEDragDrop( Data As DataObject, Effect As Long, Button As Integer, _
    Shift As Integer, X As Single, Y As Single)
        If Shift = 2 Then
            List2. AddItem Data. GetData( vbCFText)
        Else
            List2. AddItem Data. GetData( vbCFText)
            List1. RemoveItem List1. ListIndex
        End If
    End Sub
```

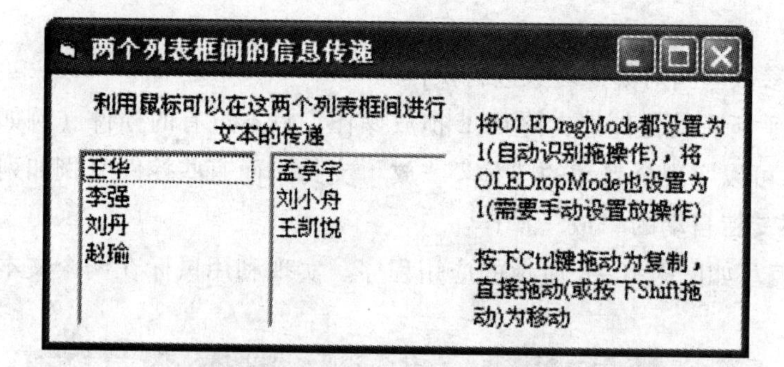

图附 B-9　手动 OLE 拖放练习

参考文献

[1] 于净．计算机程序设计．3 版．北京：中国医药科技出版社，2014.
[2] 龚沛曾．Visual Basic 程序设计教程．4 版．北京：高等教育出版社．2013.
[3] 杨日璟．计算机基础与 Visual Basic 程序设计．3 版．北京：清华大学出版社．2019.
[4] 高原．实用药学计算．2 版．北京：化学工业出版社．2017.
[5] 吴春福．药学概论．4 版．北京：中国医药科技出版社．2015.
[6] 董鸿晔．药学计算导论．北京：中国铁道出版社．2013.
[7] Paul Vick. Visual Basic. NET Programming Language. 英文版．北京：电子工业出版社．2006.
[8] David I. Schneider. An Introduction to Programming Using Visual Basic. 10th version. 北京：电子工业出版社．2019.
[9] 尹利民．Visual Basic 6.0 多媒体使用与开发指南．北京：人民邮电出版社．1999.
[10] 陈志泊．数据库原理及应用教程．4 版．北京：人民邮电出版社．2017.
[11] 刘强．大数据时代统计学思维．北京：水利水电出版社．2018.
[12] 杜建强．医药数据库系统原理与应用．北京：中国中医药出版社．2017.
[13] 谢雁鸣．中医药大数据与真实世界．北京：人民卫生出版社．2019.
[14] 高春燕．Visual Basic 程序开发范例宝典．北京：人民邮电出版社．2012.